普通高等教育“十二五”规划教材

工程力学（I）

主　编　王海容

副主编　危洪清

主　审　邓　晖

中国水利水电出版社

www.waterpub.com.cn

内 容 提 要

本套书是根据教育部高等教育司组织制定的普通高等学校理论力学和材料力学教学的基本要求进行编写的，共分为（Ⅰ）、（Ⅱ）两册。其中：（Ⅰ）册为理论力学部分，包括静力学、运动学、动力学的全部必修内容和部分选修内容，共10章；（Ⅱ）册为材料力学全部必修内容和部分选修内容，包括杆件的轴向拉压、扭转、弯曲、剪切、组合变形、压杆稳定、动载荷、能量方法等，共10章。本书理论严谨，结构紧凑，表述简洁，与后续《弹性力学》、《流体力学》、《机械原理》等课程建立了自然的联系。书末附有附录和习题参考答案。

本书可作为高等院校土木、交通、水利、地矿、材料、能源、动力和机械类等专业本科生教材或教学参考书，也可供有关工程技术人员学习参考。

图书在版编目（CIP）数据

工程力学．1/王海容主编．—北京：中国水利水电出版社，2011.8（2014.1重印）
普通高等教育“十二五”规划教材
ISBN 978-7-5084-8721-2

Ⅰ.①工… Ⅱ.①王… Ⅲ.①工程力学-高等学校-教材 Ⅳ.①TB12

中国版本图书馆CIP数据核字（2011）第170721号

书　名	普通高等教育“十二五”规划教材 **工程力学（Ⅰ）**
作　者	主　编　王海容 副主编　危洪清 主　审　邓　晖
出版发行	中国水利水电出版社 （北京市海淀区玉渊潭南路1号D座　100038） 网址：www.waterpub.com.cn E-mail：sales@waterpub.com.cn 电话：（010）68367658（发行部）
经　售	北京科水图书销售中心（零售） 电话：（010）88383994、63202643、68545874 全国各地新华书店和相关出版物销售网点
排　版	中国水利水电出版社微机排版中心
印　刷	三河市鑫金马印装有限公司
规　格	184mm×260mm　16开本　10.5印张　249千字
版　次	2011年8月第1版　2014年1月第3次印刷
印　数	7001—9000册
定　价	**22.00**元

前言

本套书是根据教育部高等教育司组织制定的普通高等学校理论力学和材料力学教学的基本要求，结合工科类学校学生培养目标和某些专业工程力学少课时的需要，在传统的《理论力学》和《材料力学》教材的基础上，以实用为主、够用为度的原则加以整合而编写的，共分为（Ⅰ）、（Ⅱ）两册。

工程力学既是自然科学的理论基础，又是现代工程技术的理论基础，在日常生活和生产实际中具有非常广泛的应用。它包括理论力学和材料力学两部分，这两部分都是工程设计中最基本的知识。本书是《工程力学》（Ⅰ），为理论力学部分，研究机械运动的一般规律。内容分为静力学、运动学和动力学三部分：静力学主要研究受力物体平衡时作用力所应满足的条件，同时也研究物体受力的分析方法及力系简化的方法等；运动学只从几何观点研究物体的运动规律，而不研究引起物体运动的原因；动力学是研究作用于物体上的力与运动变化之间的关系。

本书共分10章，各章后附有习题供选做，并且书后有习题答案可供参考。本书可作为高等院校土木、交通、水利、地矿、材料、能源、动力和机械类等专业本科生教材或教学参考书，也可供有关工程技术人员参考。

本书由教学经验丰富的老师编写，其中王海容编写第5～9章，危洪清编写第1～4章、第10章，由邓晖审稿。在本书的编写过程中得到了邵阳学院机械与能源工程系领导、老师们的大力支持，在此深表感谢！

由于时间仓促，以及编者水平有限，书中难免存在疏漏和不妥之处，恳请读者批评指正。

编 者

2011年5月

目录

前言

静力学

运动学

静◆力◆学

静力学，是研究物体在力系作用下平衡的普遍规律的科学。

所谓物体的平衡，是指物体相对于惯性参考系（如地球）运动状态不变，即保持静止或匀速直线运动状态。

静力学的研究对象为刚体，刚体是指在力的作用下大小和形状都保持不变的物体。这是物体经过抽象化后得到的一种理想模型。

力是指物体间的相互机械作用，这种作用使物体的运动状态（外效应）和形状（内效应）发生改变。力对物体的效应取决于三要素：力的大小、力的方向和力的作用点。

静力分析部分主要研究以下问题：

(1) 力系的简化（也称力系的合成）。即研究作用在物体上一个复杂力系用简单力系来等效替换寻求其合力的规律。

(2) 受力分析。即分析物体共受几个力的作用，以及每个力的方向和作用位置。

(3) 力系的平衡。即寻求物体处于平衡状态时作用其上的各种力系应满足的条件。

(4) 内力分析。即研究静定结构在外力作用下结构内部各质点间的相互作用力的变化情况。

第 1 章　静力学公理和物体受力分析

1.1　静 力 学 公 理

公理 1　二力平衡条件

刚体受两个力作用而处于平衡状态的必要和充分条件是：此二力必大小相等，方向相反，且作用在同一条直线上（即此二力等值、反向、共线）。

此公理揭示了作用于刚体上最简单的力系平衡时必满足的条件，也是推论各力系平衡条件的基础。

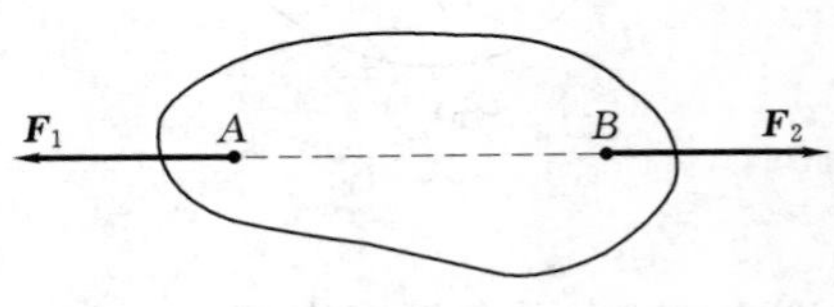

图 1.1

只受两个力作用而平衡的物体，称为二力体或二力构件。由公理 1 可知，二力体不论其形状如何，其所受的两个力的作用线，必沿该两力作用点的连线，如图 1.1 所示二力，表示为：$\boldsymbol{F}_1=-\boldsymbol{F}_2$。

公理 2　加减平衡力系原理

在作用于刚体的力系中加上或减去任意的平衡力系，并不改变原力系对刚体的作用效果。

此公理表明平衡力系对刚体不产生外效应，为力系简化的重要理论依据，根据此公理有下面推论。

推论 1　力的可传性原理

将作用在刚体上的力沿其作用线任意移动到其作用线的另一点，而不改变它对刚体的作用效应。

证明：如图 1.2 所示，在刚体上点 A 处作用有力 $\boldsymbol{F}$，根据加减平衡力系原理，在力的作用线上任取一点 B，加上两个互相平衡的力 $\boldsymbol{F}_1$ 和 $\boldsymbol{F}_2$，使 $\boldsymbol{F}=\boldsymbol{F}_1=-\boldsymbol{F}_2$。由于力 $\boldsymbol{F}$ 和 $\boldsymbol{F}_2$ 也是一个平衡力系，故可去除，这样就只剩下一个力 $\boldsymbol{F}_1$，即相当于原来的力 $\boldsymbol{F}$ 沿其作用线由点 A 移动到了点 B。

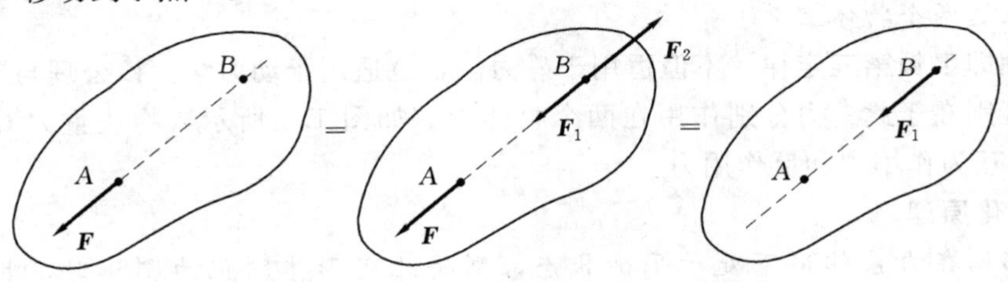

图 1.2

注意，公理 2 和推论 1 都只适用于刚体。

公理 3　力的平行四边形法则

作用在物体上同一点的两个力，可以合成为一个合力，合力的作用点仍在该点，此合力的大小和方向由此二力为邻边所构成的平行四边形的对角线确定。

如图 1.3（a）所示，$\boldsymbol{F}_R$ 为 $\boldsymbol{F}_1$ 和 $\boldsymbol{F}_2$ 的合力，合力等于两分力的矢量和，即 $\boldsymbol{F}_R=\boldsymbol{F}_1+\boldsymbol{F}_2$。亦可由力的三角形法则来求其合力的大小和方向，如图 1.3（b）所示。三角形法则推广之则为力的多边形法则，如图 1.3（c）所示，可由力多边形法则求 n 个共点力的合力。

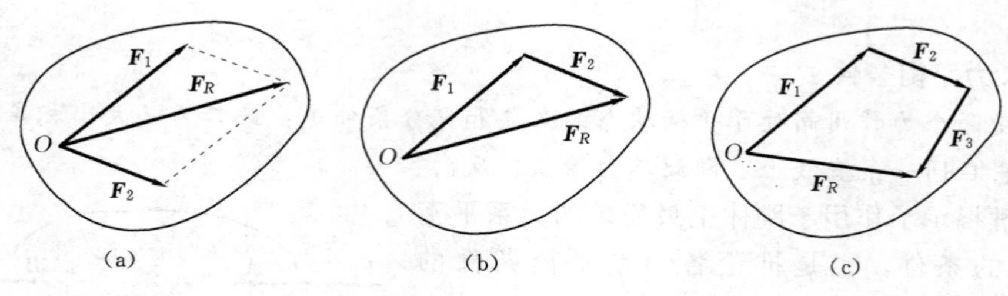

图 1.3

推论 2　三力平衡汇交定理

刚体在三个力作用下平衡，若其中两个力相交，则这三个力必共面且汇交于一点。

证明：如图 1.4 所示，在刚体 A、B、C 三点上分别作用有三个互相平衡的力 $\boldsymbol{F}_1$、$\boldsymbol{F}_2$、$\boldsymbol{F}_3$，其中 $\boldsymbol{F}_1$ 和 $\boldsymbol{F}_2$ 作用线相交于 O 点，根据推论 1 力的可传性，将 $\boldsymbol{F}_1$ 和 $\boldsymbol{F}_2$ 移到汇交点 O 点，然后根据力的平行四边形法则，得到此二力的合力 $\boldsymbol{F}_{12}$。则 $\boldsymbol{F}_3$ 应和 $\boldsymbol{F}_{12}$ 平衡。由二力平衡公理，$\boldsymbol{F}_3$ 必和 $\boldsymbol{F}_{12}$ 共线，故 $\boldsymbol{F}_1$、$\boldsymbol{F}_2$、$\boldsymbol{F}_3$ 三力共面，且汇交于同一点 O 点。

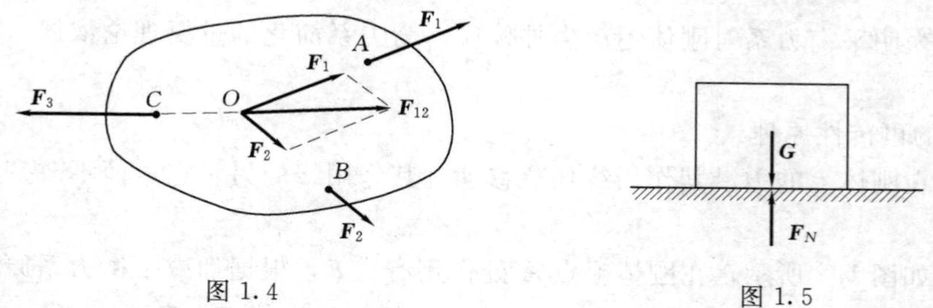

图 1.4　　图 1.5

公理 4　作用力与反作用力定律

两物体间的相互作用的力总是成对出现，大小相等、方向相反、沿着同一条直线，且分别作用在这两个物体上。

该公理即牛顿第三定律，不但适用于静力学，也适用于动力学。该公理与二力平衡公理的本质区别在于此二力分别作用在两个物体上。如图 1.5 所示，物块重力 $\boldsymbol{G}$ 和平面的支持力 $\boldsymbol{F}_N$ 互为作用力和反作用力。

公理 5　刚化原理

若变形体在力系作用下处于平衡状态，则将此变形体刚化为刚体时，其平衡状态不变。

该公理建立了刚体平衡和变形体平衡的联系。不过，刚体的平衡条件只是变形体平衡的必要条件，而非充分条件。例如刚体受一对压力可平衡，而绳索受同样压力却不平衡，如图 1.6 所示。

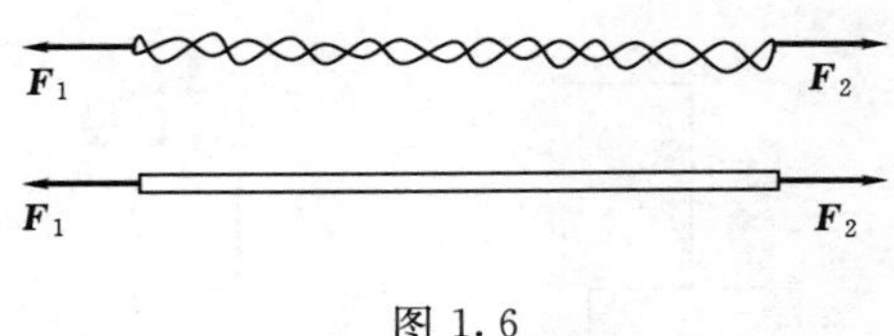

图 1.6

上述五个公理构成了静力学的基础，静力学的定理和公式都可以用它们来证明和推导。

1.2 约束和约束反力

如果一个物体位移不受任何限制，可在空间自由运动（如空中的自由落体等），则此物体称为自由体；反之，如一个物体在空间的位移受到一定的限制（如被绳子悬挂的物体等），则此物体称为非自由体。对非自由体的某些位移起限制作用的周围物体称为约束体（简称约束）。例如，沿轨道行驶的机车，轨道限制车辆的运动，轨道就是约束体；摆动的单摆，绳子就是约束体。

约束体阻碍限制物体的自由运动，改变了物体的运动状态，因此约束体必须承受物体的作用力，同时给予物体以等值、反向的反作用力，这种力称为约束反力或约束力，简称为反力，属于被动力。约束反力的方向总是与约束体所能阻止的物体的运动趋势方向相反，这是确定约束反力方向或作用线位置的准则。除约束反力外，物体上受到的其他各种力如重力、风力等，它们促使物体运动或有运动趋势，属于主动力，工程上常称为载荷。在静力学问题中，一般约束反力和其他已知力（如载荷）组成平衡力系，故可由平衡条件来求未知的约束反力。

1.2.1 分布力与集中力

实际物体间的作用力都是分布在一定范围（面积、体积等）内的力，称为分布力，如风力、液压力和重力等。集中力就是作用在一个点上的力。根据具体情况（例如分布力的作用范围和物体尺寸相比很小时）分布力可简化为一个集中力。

1.2.2 常见约束类型及反力

下面将工程中常见的约束理想化，归纳为几种基本类型。

1. 柔索

属于这类约束的有绳索、皮带和链条等。如图 1.7 所示，这类约束的特点是只能限制物体沿着柔索伸长的方向运动，它只能承受拉力。故柔索的约束反力只能是拉力，作用在接触点，方向沿着柔索的轴线背离物体，一般用 $\boldsymbol{F}_T$ 表示。

2. 光滑接触面

这类约束，忽略了接触面间的摩擦。如图 1.8 所示，不论支承接触表面的形状如何，它只能承受压力，而不能承受拉力。所以光滑接触面的约束反力只能是压力，作用在接触处，方向沿接触表面的公共法线指向物体，一般用 $\boldsymbol{F}_N$ 表示。

3. 光滑圆柱形铰链

圆柱形铰链是连接两个构件的圆柱形零件，通常称为销钉，如机器上的轴承，门窗上

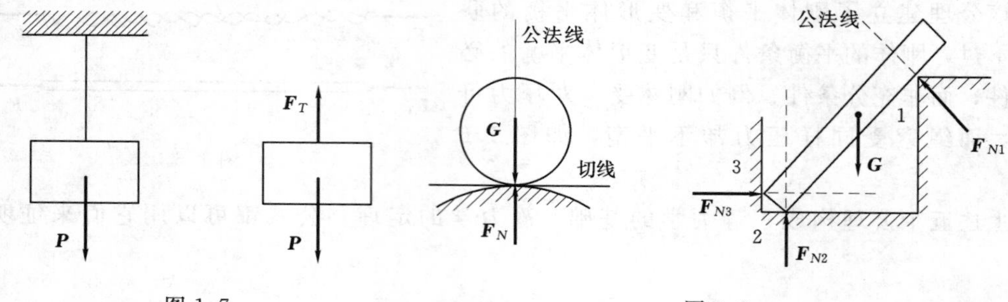

图 1.7　　　　图 1.8

的合叶等。如图 1.9 所示，此类约束忽略了摩擦和圆柱销钉与构件上圆柱孔的余隙，由于圆柱销钉与圆柱孔是光滑曲面接触，则约束反力沿接触线上的一点到圆柱销钉中心的连线且垂直于轴线，因为接触线的位置不能预先确定，所以约束反力的方向不能预先确定。光滑圆柱形铰链约束的反力只能是压力，在垂直于圆柱销钉轴线的平面内，通过圆柱销钉中心，方向不定。在计算时，通常表示为沿坐标轴方向且作用于圆柱孔中心的两个分力 $\boldsymbol{F}_x$ 与 $\boldsymbol{F}_y$，如图 1.9 (d) 所示。

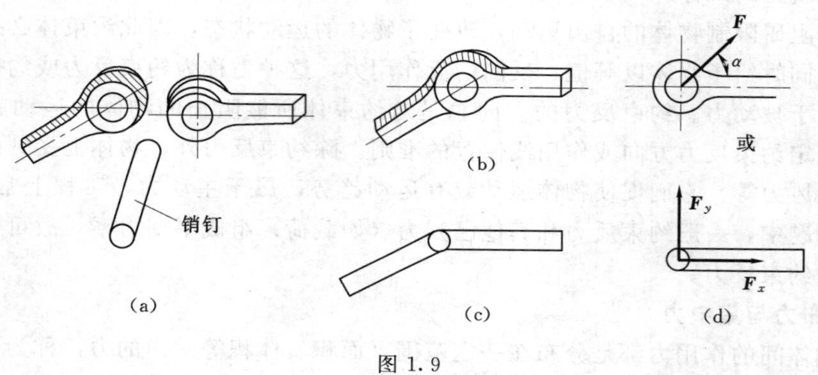

图 1.9

4. 光滑球铰链

球铰链简称球铰，由球和球壳构成，被连接的两个物体可以绕球心作相对转动，但不能相对移动，如图 1.10 所示。若其中一个与地面或机架固定则称为球铰支座，如汽车的操纵杆和收音机的拉杆天线就采用球铰支座。球和球壳间的作用力分布在部分球面上，忽略摩擦，这些分布力均通过球心而形成一空间汇交力系，可合成为一集中力，其大小和方

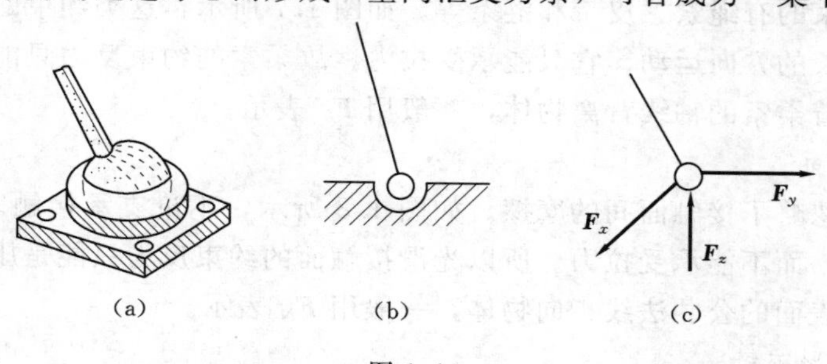

图 1.10

向取决于受约束物体上作用的主动力和其他约束情况，计算时一般用沿坐标轴的 3 个分量 $\boldsymbol{F}_x$、$\boldsymbol{F}_y$、$\boldsymbol{F}_z$ 表示，如图 1.10（c）所示。

5. 支座

支座是把结构物或构件支承在墙、地面和机身等固定支承物上面的装置，它将结构物或构件固定，同时把所受的载荷通过支座传给支承物。平面问题中常用的支座有三种，即固定铰支座、可动铰支座和固定支座。

(1) 固定铰支座。用光滑圆柱铰链把结构物或构件与底座连接，并把底座固定在支承物上的支座称为固定铰链支座或固定铰支座，如图 1.11（a）、（b）所示，计算简图如图 1.11（c）所示。这种支座约束的特点是物体只能绕铰链轴线转动而不能发生垂直于铰轴的任何移动，所以固定铰支座的约束反力在垂直于圆柱销轴线的平面内，通过圆柱销中心，方向不定，通常表示为相互垂直的两个分力 $\boldsymbol{F}_{Ax}$ 与 $\boldsymbol{F}_{Ay}$，如图 1.11（d）所示。

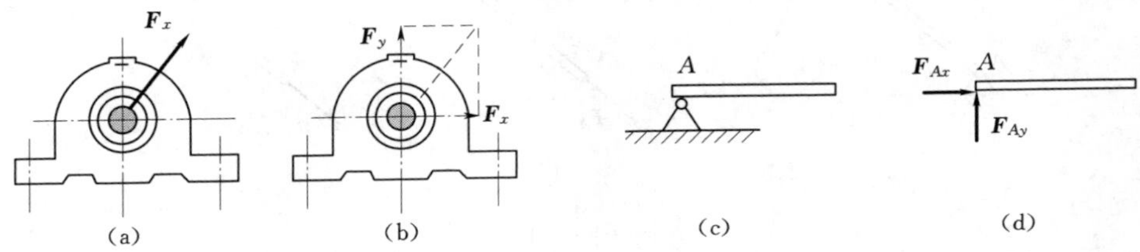

图 1.11

(2) 可动铰支座。如图 1.12（a）所示，将构件的支座用辊轴支承在光滑的支座面上，即可动铰支座，其计算简图如图 1.12（b）、（c）所示。这种支座约束的特点是只能限制物体与圆柱铰连接处沿垂直于支承面的方向运动，而不能阻止物体沿光滑支承面切向的运动，所以可动铰支座的约束反力垂直于支承面，通过圆柱销中心，一般用 $\boldsymbol{F}_{Ay}$ 表示，如图 1.12（d）所示。

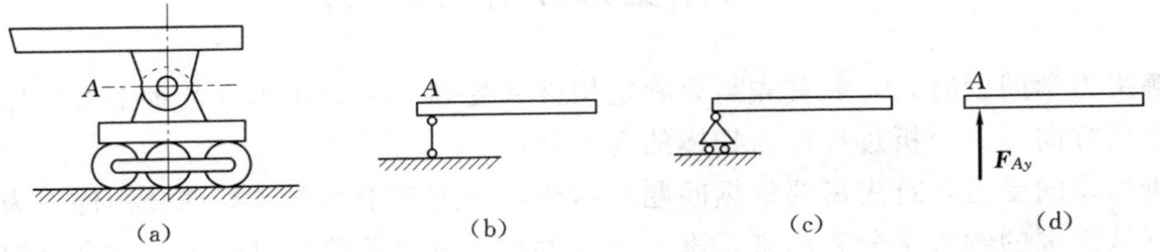

图 1.12

(3) 固定支座。如图 1.13（a）所示，非自由体与其约束物体固结在一起的约束称为

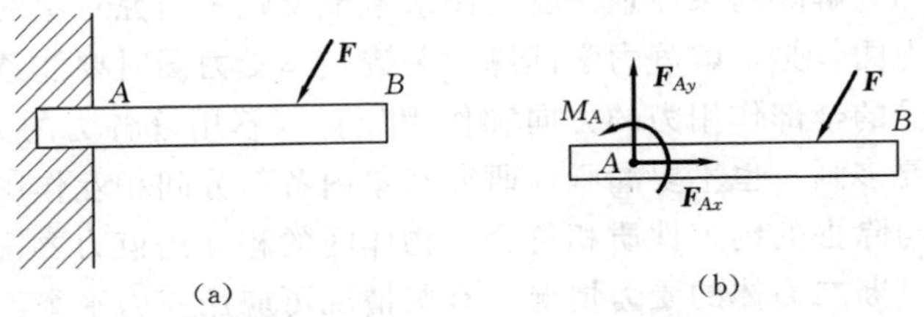

图 1.13

固定端约束，这种约束完全限制了物体在平面内的移动和转动，其约束反力如图 1.13（b）所示，一般分解为三个约束反力 $\boldsymbol{F}_{Ax}$、$\boldsymbol{F}_{Ay}$ 与 $\boldsymbol{M}_A$。

6. 链杆约束

两端用光滑铰链与其他构件连接且不考虑自重的刚杆称为链杆，如图 1.14（a）中的 AB 杆。根据光滑铰链的特性，AB 杆为二力体，在铰链 A、B 处受有两个约束力 $\boldsymbol{F}_A$ 和 $\boldsymbol{F}_B$，根据二力平衡公理，这两个力必共线，且等值、反向。由此可确定 $\boldsymbol{F}_A$ 和 $\boldsymbol{F}_B$ 的作用线应沿 AB 的连线，可能为拉力，如图 1.14（b）所示，也可能为压力，如图 1.14（c）所示。因此，链杆为二力杆，链杆约束的反力沿链杆两端铰链的连线，指向不能预先确定，通常先假设链杆受拉。

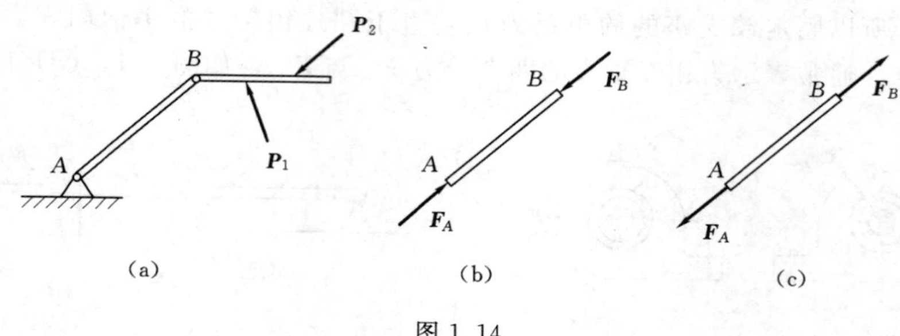

图 1.14

固定铰支座也可以用两根不平行的链杆来代替，如图 1.11（c）所示；而可动铰支座可用一根垂直于支承面的链杆来代替，如图 1.12（b）所示。

除了以上介绍的几种约束外，还有一些其他形式的约束。在实际问题中所遇到的约束有些并不一定与上面所介绍的形式完全一样，这时就需要略去次要因素，抓住主要因素，对实际约束的构造及其性质进行具体分析。

1.3　物体受力分析与受力图

在解决力学问题时，一般首先需要确定构件共受到几个力作用以及每个力的作用位置和力的作用方向，该分析过程称为物体的受力分析。

分析物体的受力，首先需要根据问题的需要，选定其中某个或某部分构件作为研究对象，把它从周围的约束中分离出来，不改变其大小、方位单独画出简图，这个过程叫做取隔离体。然后把作用于研究对象的所有主动力和约束反力全部画出来，这种表示物体受力的简图，称为受力图。将研究对象的约束除去时，代之以相应的约束反力，物体的平衡不受影响，这一原理称为解除约束原理。受力图形象地反映了研究对象的受力情况。

正确地画出受力图，是求解静力学问题的关键。画受力图时要注意，受力图中只画研究对象的简图和所受的全部作用力的方向和作用位置（不用管各力的大小）。每画一个力都要有依据，既不要多画，也不要漏画，研究对象内各部分间相互作用的力（即内力）不画。所画约束力要与除去的约束性质相符合，物体间的相互约束力要符合作用与反作用定律。应特别注意先判断二力体的受力情况，有些情况可应用三力平衡汇交定理判断出铰链处约束反力的方向。

画受力图时，可按下述步骤进行：

(1) 根据题意选取研究对象。取隔离体。

(2) 画作用于研究对象上的主动力。

(3) 画约束反力。依据解除约束原理，逐一在去掉约束处，根据约束的类型相应地画上约束反力。

下面举例说明如何作物体的受力图。

【例 1.1】 均质球重 $\boldsymbol{G}$，用绳系住，并靠于光滑的斜面上，如图 1.15 所示。试分析球的受力情况，并画出受力图。

解： (1) 取球为研究对象，去除球上 A 处的柔索约束和 B 处的光滑面接触约束。

(2) 画出主动力 $\boldsymbol{G}$。

(3) 由柔索约束特点画出作用在 A 处的约束反作用力 $\boldsymbol{F}_T$ 沿绳索方向背离物体，由光滑面接触约束的特点画出作用在 B 处的 $\boldsymbol{F}_N$ 沿接触处公共法线方向指向物体，如图 1.15 (b) 所示。

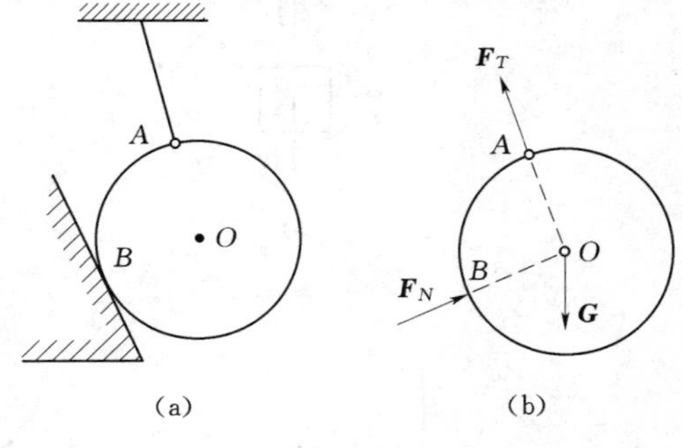

图 1.15

【例 1.2】 如图 1.16 所示，简支梁 AB，跨中受到集中力 $\boldsymbol{F}$ 作用，A 端为固定铰支座约束，B 端为可动铰支座约束。试画出梁的受力图。

解： (1) 取 AB 梁为研究对象，解除 A、B 两处的约束，画出其隔离体简图。

(2) 在梁的中点 C 画主动力 $\boldsymbol{F}$。

(3) 在受约束的 A 处和 B 处，根据约束类型画出约束反力。B 处为可动铰支座约束，其反力通过铰链中心且垂直于支承面，其指向假定如图 1.16 (b) 所示；A 处为固定铰支座约束，其反力可用通过铰链中心 A 并相互垂直的分力 $\boldsymbol{F}_{Ax}$、$\boldsymbol{F}_{Ay}$ 表示。受力图如图 1.16 (b) 所示。

注意到该梁只在 A、B、C 三点受到互不平行的三个力作用而处于平衡，因此，也可以根据三力平衡汇交公理进行受力分析。已知 $\boldsymbol{F}$、$\boldsymbol{F}_B$ 相交于 D 点，则 A 处的约束反力 $\boldsymbol{F}_A$ 也应通过 D 点，从而可确定 $\boldsymbol{F}_A$ 必通过沿 A、D 两点的连线，可画出如图 1.16 (c) 所示的受力图。

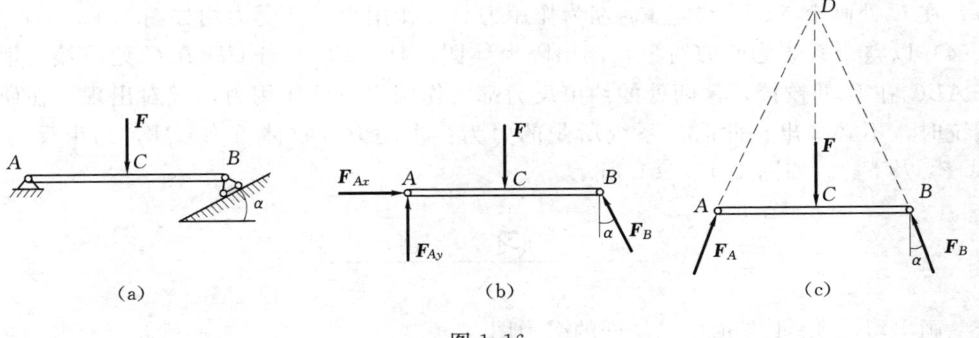

图 1.16

【例 1.3】 如图 1.17 所示的结构由杆 ABC、CD 与滑轮 B 铰接组成。物体重 $\boldsymbol{W}$，用绳子挂在滑轮上。设杆、滑轮及绳子的自重不计，并不考虑各处的摩擦，试分别画出滑轮 B（包括绳子）、杆 CD、ABC 及整个系统的受力图。

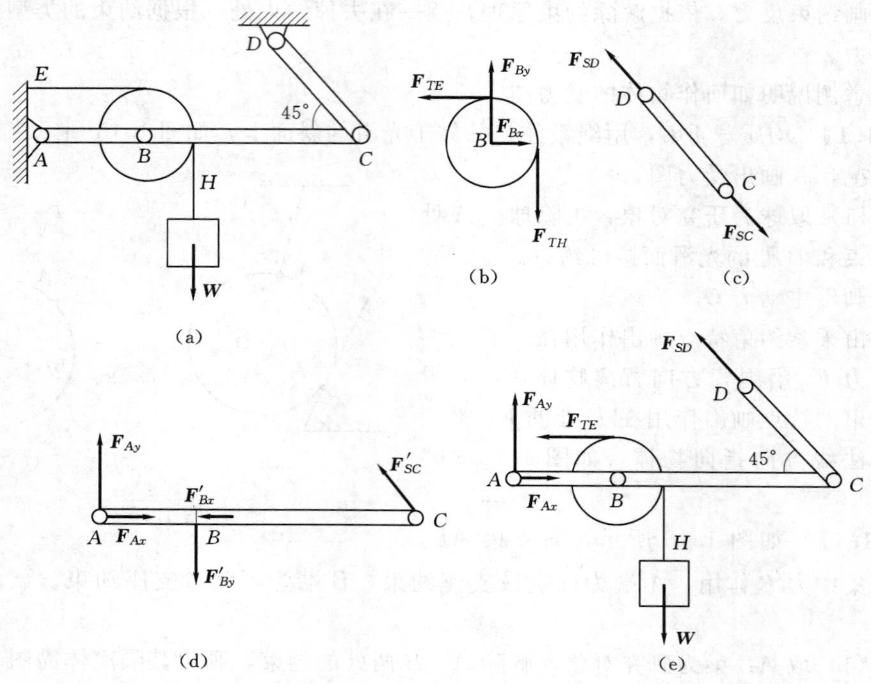

图 1.17

解：（1）以滑轮及绳子为研究对象，画出隔离体图。B 处为光滑铰链约束，杆 ABC 上的铰链销钉对轮孔的约束反力为 $\boldsymbol{F}_{Bx}$、$\boldsymbol{F}_{By}$；在 E、H 处有绳子的拉力 $\boldsymbol{F}_{TE}$、$\boldsymbol{F}_{TH}$，如图 1.17（b）所示，$\boldsymbol{F}_{TE}=\boldsymbol{F}_{TH}=\boldsymbol{W}$。

（2）杆 CD 为二力杆，所以首先对其进行分析。取杆 CD 为研究对象，画出隔离体。从题意可知，设 CD 杆受拉，在 C、D 处画上拉力 $\boldsymbol{F}_{SC}$、$\boldsymbol{F}_{SD}$，且有 $\boldsymbol{F}_{SC}=-\boldsymbol{F}_{SD}$。其受力图如图 1.17（c）所示。

（3）以杆 ABC（包括销钉）为研究对象，画出隔离体图。其中 A 处为固定铰支座，其约束反力为 $\boldsymbol{F}_{Ax}$、$\boldsymbol{F}_{Ay}$；在 B 处画上 $\boldsymbol{F}'_{Bx}$、$\boldsymbol{F}'_{By}$，它们分别与 $\boldsymbol{F}_{Bx}$、$\boldsymbol{F}_{By}$ 互为作用力与反作用力；在 C 处画上 $\boldsymbol{F}'_{SC}$，它与 $\boldsymbol{F}_{SC}$ 互为作用力与反作用力。其受力图如图 1.17（d）所示。

（4）以整个系统为研究对象，画出隔离体图。杆 ABC 与杆 CD 在 C 处铰接，滑轮 B 与杆 ABC 在 B 处铰接，这两处的约束反力都为作用力与反作用力，成对出现，在研究整个系统时，不必画出。此时，系统所受的力为：主动力（物体重力）$\boldsymbol{W}$，约束反力 $\boldsymbol{F}_{SD}$、$\boldsymbol{F}_{TE}$、$\boldsymbol{F}_{Ax}$ 及 $\boldsymbol{F}_{Ay}$。如图 1.17（e）所示。

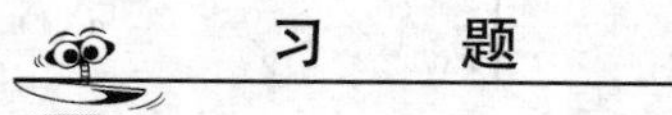

习　题

1-1　画出习题 1-1 图示中 AB 杆的受力图。

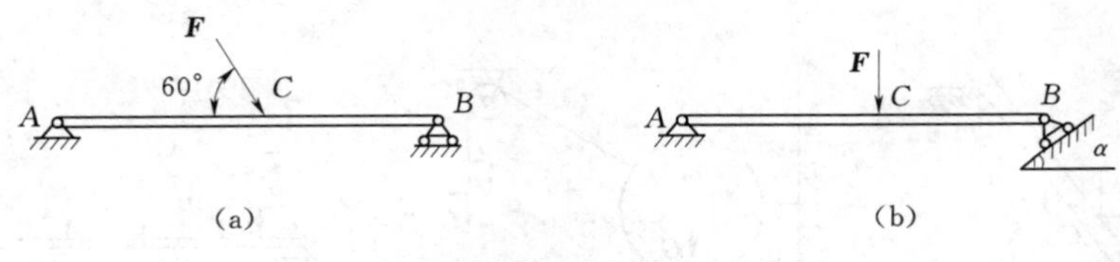

习题 1-1 图

1-2　试画出习题 1-2 图示中圆柱或圆盘的受力图，与其他物体接触处的摩擦力均略去。

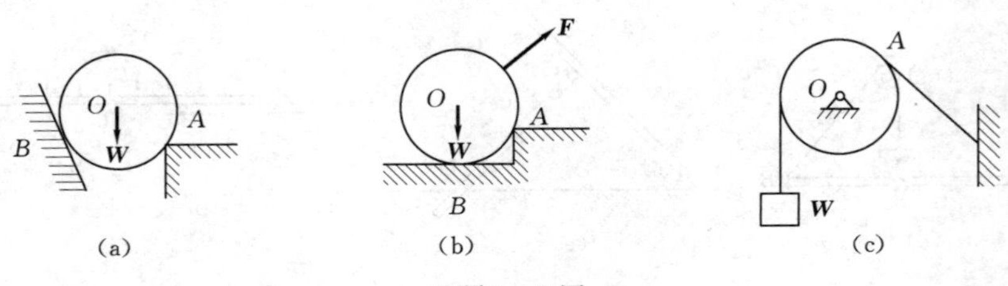

习题 1-2 图

1-3　画出习题 1-3 图示中物体系统中指定物体的受力图。（凡未标出自重的物体，重量不计，接触处不计摩擦）（a）轮 A、轮 B；（b）杆 AB、球 C；（c）构件 AC、BC；（d）梁 AB、CB；（e）曲柄 OA、滑块 B；（f）梁 AB、立柱 AE。

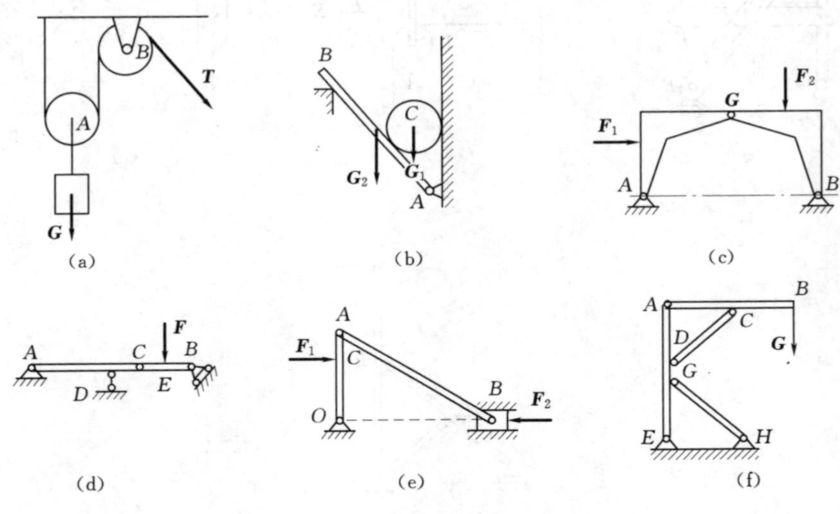

习题 1-3 图

1-4　画出习题 1-4 图示中指定物体的受力图（设各接触处均为光滑接触，未画重力的物体均不计重量）：（a）杆 AB；（b）轮 O；（c）杆 AB；（d）杆 AB；（e）杆 AB、CD；（f）杆 AC。

1-5　画出习题 1-5 图示中物体系统中指定物体的受力图。（a）构件 OA、构件 CD 和构件 AB；（b）杆 AB、杆 CD 和轮 D；（c）滑轮 A 和 C、杆 AB 和 DF。

1-6　分析习题 1-6 图示中杆 ABC、杆 AE、杆 DB 所受的约束反力，并画出受力图。假设所有接触面都是光滑的，物体的自重不计。

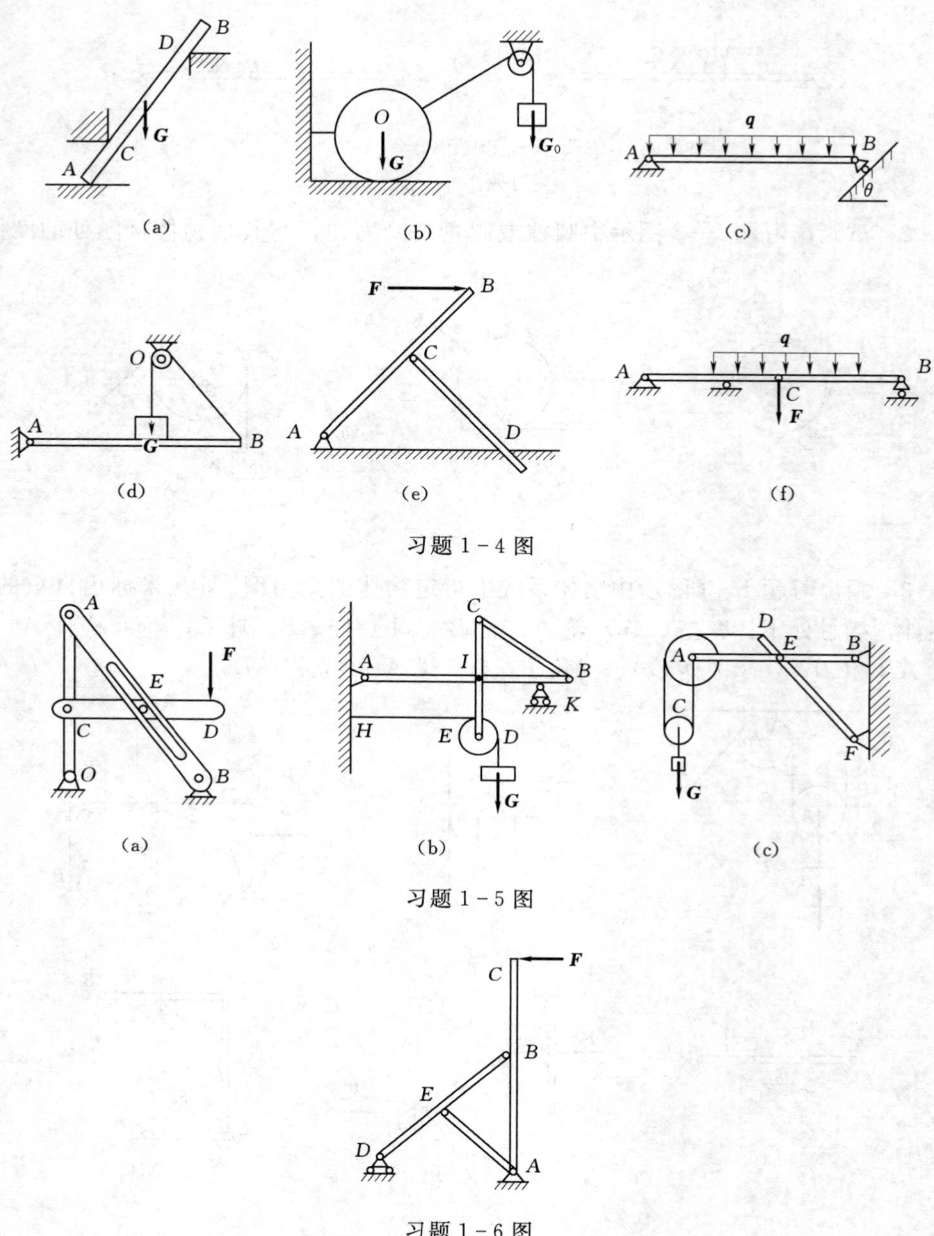

习题 1-4 图

习题 1-5 图

习题 1-6 图

第2章　力　系　简　化

2.1　力的投影、力矩与力偶

2.1.1　力在直角坐标轴上的投影

1. 直接投影法

如图2.1所示，若已知力 $\boldsymbol{F}$ 与直角坐标系 $Oxyz$ 三轴间的夹角，则力 $\boldsymbol{F}$ 在三个轴上的投影为

$$\left.\begin{aligned}F_x&=F\cos(\boldsymbol{F},\boldsymbol{i})\\F_y&=F\cos(\boldsymbol{F},\boldsymbol{j})\\F_z&=F\cos(\boldsymbol{F},\boldsymbol{k})\end{aligned}\right\}\tag{2.1}$$

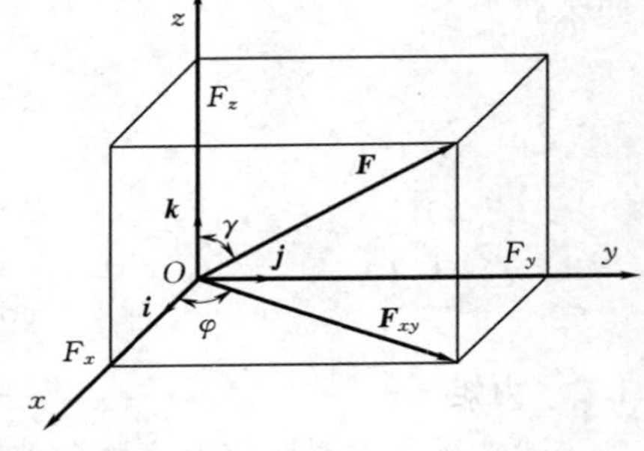

图2.1

2. 间接投影法（二次投影法）

若 $\boldsymbol{F}$ 与 x，y 轴的夹角未知时，可把力 $\boldsymbol{F}$ 先投影到 xy 平面上（如图2.1所示），得力 $\boldsymbol{F}_{xy}$，其大小 $\boldsymbol{F}_{xy}=\boldsymbol{F}\sin\gamma$，再将 $\boldsymbol{F}_{xy}$ 分别向 x，y 轴上投影，得

$$\left.\begin{aligned}F_x&=F_{xy}\cos(\boldsymbol{F}_{xy},\boldsymbol{i})=F_{xy}\cos\varphi=F\sin\gamma\cos\varphi\\F_y&=F_{xy}\sin(\boldsymbol{F}_{xy},\boldsymbol{i})=F_{xy}\sin\varphi=F\sin\gamma\sin\varphi\\F_z&=F\cos(\boldsymbol{F},\boldsymbol{k})=F\cos\gamma\end{aligned}\right\}\tag{2.2}$$

F_x、F_y、F_z 为力 $\boldsymbol{F}$ 在坐标轴的投影，为标量，当力与投影轴间夹角为锐角时，其值为正；当夹角为钝角时，其值为负。

$\boldsymbol{F}_x$、$\boldsymbol{F}_y$、$\boldsymbol{F}_z$ 为力 $\boldsymbol{F}$ 沿三轴分解的分力，为矢量。力的投影不一定等于力的分力大小。如图2.2（a）、（b）所示，力 $\boldsymbol{F}$ 在 x、y 轴的投影为 F_x、F_y，分量为 $\boldsymbol{F}_x$、$\boldsymbol{F}_y$。在直角坐标轴上，力的投影等于分力的大小。

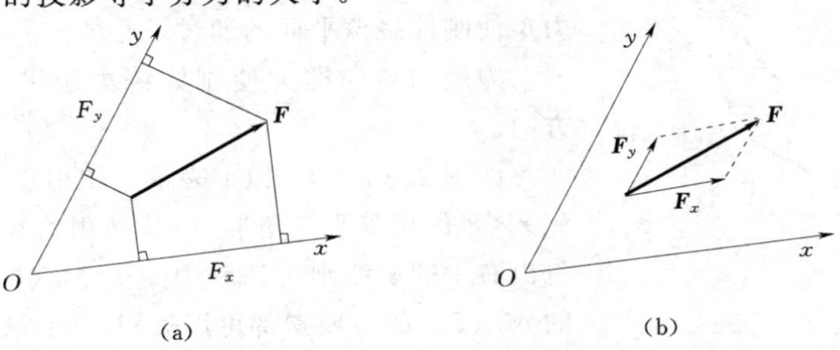

图2.2

在直角坐标系中，有 $\boldsymbol{F}_x = F_x\boldsymbol{i}$；$\boldsymbol{F}_y = F_y\boldsymbol{j}$；$\boldsymbol{F}_z = F_z\boldsymbol{k}$。故

$$\boldsymbol{F} = \boldsymbol{F}_x + \boldsymbol{F}_y + \boldsymbol{F}_z = F_x\boldsymbol{i} + F_y\boldsymbol{j} + F_z\boldsymbol{k} \tag{2.3}$$

3. 合力投影定理

若 $\boldsymbol{F}_1$，$\boldsymbol{F}_2$，…，$\boldsymbol{F}_n$ 通过 O 点，由力多边形法则可得合力 $\boldsymbol{F}_R$，合力矢为

$$\boldsymbol{F}_R = \boldsymbol{F}_1 + \boldsymbol{F}_2 + \cdots + \boldsymbol{F}_n = \sum_{i=1}^{n}\boldsymbol{F}_i$$

由式（2.3）得

$$\boldsymbol{F}_R = \boldsymbol{F}_{Rx} + \boldsymbol{F}_{Ry} + \boldsymbol{F}_{Rz} = F_{Rx}\boldsymbol{i} + F_{Ry}\boldsymbol{j} + F_{Rz}\boldsymbol{k} = \sum F_{ix}\boldsymbol{i} + \sum F_{iy}\boldsymbol{j} + \sum F_{iz}\boldsymbol{k}$$

即

$$F_{Rx} = \sum F_{ix},\ F_{Ry} = \sum F_{iy},\ F_{Rz} = \sum F_{iz}$$

此为合力投影定理，即合力在某轴上的投影，等于各分力在同一轴上投影的代数和。

合力的大小为

$$F_R = \sqrt{(\sum F_{ix})^2 + (\sum F_{iy})^2 + (\sum F_{iz})^2} \tag{2.4}$$

方向余弦为

$$\left.\begin{aligned}\cos(\boldsymbol{F}_R,\boldsymbol{i}) &= \frac{\sum F_{ix}}{F_R}\\ \cos(\boldsymbol{F}_R,\boldsymbol{j}) &= \frac{\sum F_{iy}}{F_R}\\ \cos(\boldsymbol{F}_R,\boldsymbol{k}) &= \frac{\sum F_{iz}}{F_R}\end{aligned}\right\} \tag{2.5}$$

2.1.2　力矩

一般情况下力对刚体既有移动效应，也有转动效应。力对刚体的移动效应可用力的大小和方向即力矢来度量；而力对刚体的转动效应可用力对点的矩（简称力矩）来度量。力矩是度量力对刚体转动效应的物理量。

1. 力对点之矩

力 $\boldsymbol{F}$ 对点 O 之矩记作 $\boldsymbol{M}_O(\boldsymbol{F})$。试验证明，力对点之矩取决于力矩三要素：①力矩的大小；②力的作用线和矩心所确定平面的方位；③力矩的转向。

力矩的大小与力的大小成正比，与力臂的大小也成正比，即

$$|\boldsymbol{M}_O(\boldsymbol{F})| = Fh = Fr\sin(\boldsymbol{r},\boldsymbol{F}) = 2\triangle OAB$$

如图 2.3 所示中 OAB 三角形面积的两倍。其中，h 为 O 点到力的作用线的垂直距离，即力臂。

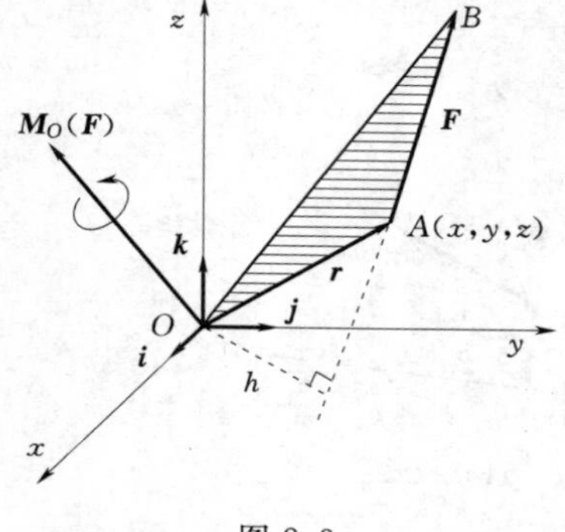

图 2.3

力矩的方位即力 $\boldsymbol{F}$ 与矩心 O 点所确定平面的方位，力矩使刚体绕该平面的通过矩心的法向轴转动。

力矩的转向即力使刚体绕力矩平面法向轴转动的方向。

如图 2.3 所示，以 $\boldsymbol{r}$ 表示力作用点 A 的矢径，则矢积 $\boldsymbol{r}\times\boldsymbol{F}$ 的模等于三角形 OAB 面积的两倍，其转向和方位由右手螺旋法则可知和力矩矢 $\boldsymbol{M}_O(\boldsymbol{F})$ 一致。即力矩的 $\boldsymbol{M}_O(\boldsymbol{F})$ 的三要素都可用矢积 $\boldsymbol{r}\times\boldsymbol{F}$ 来表示。因此有

$$\boldsymbol{M}_O(\boldsymbol{F}) = \boldsymbol{r}\times\boldsymbol{F} \tag{2.6}$$

即力对点的矩矢等于矩心到该力作用点的矢径与该力的矢量积。

若将矢径 $\boldsymbol{r}$ 和力 $\boldsymbol{F}$ 表示成解析式，则为

$$\left.\begin{aligned}\boldsymbol{r}&=x\boldsymbol{i}+y\boldsymbol{j}+z\boldsymbol{k}\\ \boldsymbol{F}&=F_x\boldsymbol{i}+F_y\boldsymbol{j}+F_z\boldsymbol{k}\end{aligned}\right\}$$

代入式（2.6）可得力对点之矩的解析表达式

$$\begin{aligned}\boldsymbol{M}_O(\boldsymbol{F})=\boldsymbol{r}\times\boldsymbol{F}&=\begin{vmatrix}\boldsymbol{i}&\boldsymbol{j}&\boldsymbol{k}\\ x&y&z\\ F_x&F_y&F_z\end{vmatrix}\\ &=(yF_z-zF_y)\boldsymbol{i}+(zF_x-xF_z)\boldsymbol{j}+(xF_y-yF_x)\boldsymbol{k}\end{aligned}\tag{2.7}$$

则力矩 $\boldsymbol{M}_O(\boldsymbol{F})$ 在坐标轴 x、y、z 上的投影为

$$\left.\begin{aligned}[\boldsymbol{M}_O(\boldsymbol{F})]_x&=yF_z-zF_y\\ [\boldsymbol{M}_O(\boldsymbol{F})]_y&=zF_x-xF_z\\ [\boldsymbol{M}_O(\boldsymbol{F})]_z&=xF_y-yF_x\end{aligned}\right\}\tag{2.8}$$

【例 2.1】 已知力 $\boldsymbol{F}=4\boldsymbol{i}-8\boldsymbol{j}+3\boldsymbol{k}$(N) 通过点 $A(-3,8,2)$（m）。求：

（1）$\boldsymbol{F}$ 对坐标原点 O 的矩。

（2）$\boldsymbol{F}$ 对 O_1 点（2，3，−1）（m）的矩。

解：（1）矢径 $\boldsymbol{r}=\overrightarrow{OA}=-3\boldsymbol{i}+8\boldsymbol{j}+2\boldsymbol{k}$

$$\boldsymbol{M}_O(\boldsymbol{F})=\boldsymbol{r}\times\boldsymbol{F}=\begin{vmatrix}\boldsymbol{i}&\boldsymbol{j}&\boldsymbol{k}\\ -3&8&2\\ 4&-8&3\end{vmatrix}=40\boldsymbol{i}+17\boldsymbol{j}-8\boldsymbol{k}\ (\text{N}\cdot\text{m})$$

（2）矢径 $\boldsymbol{r}=\overrightarrow{O_1A}=-5\boldsymbol{i}+5\boldsymbol{j}+3\boldsymbol{k}$

$$\boldsymbol{M}_O(\boldsymbol{F})=\boldsymbol{r}\times\boldsymbol{F}=\begin{vmatrix}\boldsymbol{i}&\boldsymbol{j}&\boldsymbol{k}\\ -5&5&3\\ 4&-8&3\end{vmatrix}=39\boldsymbol{i}+27\boldsymbol{j}+20\boldsymbol{k}\ (\text{N}\cdot\text{m})$$

若 $\boldsymbol{F}_1$，$\boldsymbol{F}_2$，…，$\boldsymbol{F}_n$ 汇交于 A 点，其合力为 $\boldsymbol{F}_R$，矩心 O 到汇交点 A 的矢径为 $\boldsymbol{r}$，则

$$\boldsymbol{M}_O(\boldsymbol{F}_R)=\boldsymbol{r}\times\boldsymbol{F}_R=\boldsymbol{r}\times\sum\boldsymbol{F}_i=\sum\boldsymbol{r}\times\boldsymbol{F}_i=\sum\boldsymbol{M}_O(\boldsymbol{F}_i)\tag{2.9}$$

此为合力矩定理，即合力对任一点之矩等于它的各分力对同一点之矩的矢量和。

2. 力对轴之矩

例如门绕门轴转动、飞轮绕转轴转动等均为物体绕定轴转动，描述力对轴的转动效应时就要用到力对轴之矩。

如图 2.4 所示，作用在门上 A 点的力 $\boldsymbol{F}$，将力 $\boldsymbol{F}$ 沿与门轴 z 平行和垂直于 z 轴的平面这两个方向进行分解，得分力 $\boldsymbol{F}_{xy}$ 和 $\boldsymbol{F}_z$。由于 $\boldsymbol{F}_z$ 和 z 轴平行，不对门产生转动效应，只有 $\boldsymbol{F}_{xy}$ 才对门产生转动效应，因此，力 $\boldsymbol{F}$ 对 z 轴的矩等于分力 $\boldsymbol{F}_{xy}$ 对其所在的 xy 平面与 z 轴交点 O 的矩。现用 $M_z(\boldsymbol{F})$ 表示力 $\boldsymbol{F}$ 对 z 轴的矩，如图 2.5 所示，即

$$M_z(\boldsymbol{F})=M_O(\boldsymbol{F}_{xy})=M_O(\boldsymbol{F}_x)+M_O(\boldsymbol{F}_y)=xF_y-yF_x=[\boldsymbol{M}_O(\boldsymbol{F})]_z$$

同理有

$$\left.\begin{aligned}M_x(\boldsymbol{F})&=yF_z-zF_y=[\boldsymbol{M}_O(\boldsymbol{F})]_x\\ M_y(\boldsymbol{F})&=zF_x-xF_z=[\boldsymbol{M}_O(\boldsymbol{F})]_y\\ M_z(\boldsymbol{F})&=xF_y-yF_x=[\boldsymbol{M}_O(\boldsymbol{F})]_z\end{aligned}\right\}\tag{2.10}$$

式（2.10）表明力对轴之矩等于此力对该轴上任一点之矩在该轴上的投影。

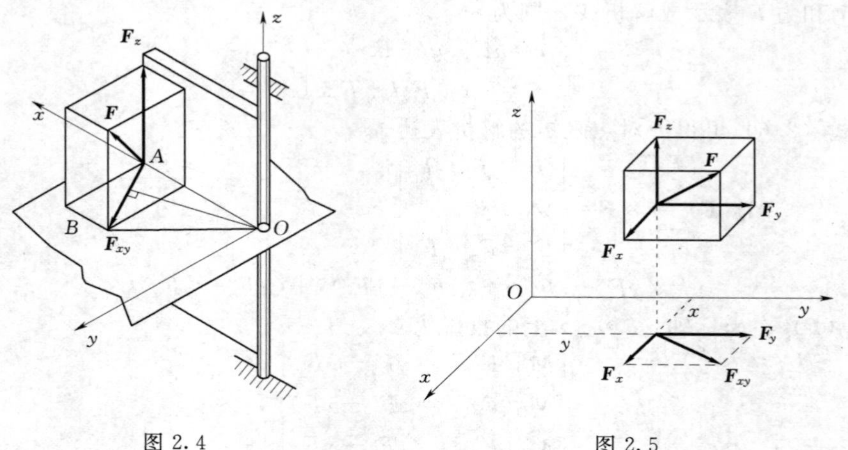

图 2.4　　　　图 2.5

将式（2.9）在任意 x 轴投影有

$$M_x(\boldsymbol{F}_R)=\sum M_x(\boldsymbol{F}_i) \tag{2.11}$$

即合力对任意轴之矩等于各分力对同一轴之矩的代数和。

【例 2.2】 求如图 2.6 所示的力 $\boldsymbol{F}$ 对 AC 轴之矩 $M_{AC}(\boldsymbol{F})$。

解： 由力对轴之矩等于此力对该轴上任一点之矩在该轴上的投影，得

$$M_{AC}(\boldsymbol{F})=[\boldsymbol{M}_C(\boldsymbol{F})]_{AC}=\frac{Fab}{\sqrt{a^2+b^2+c^2}}$$

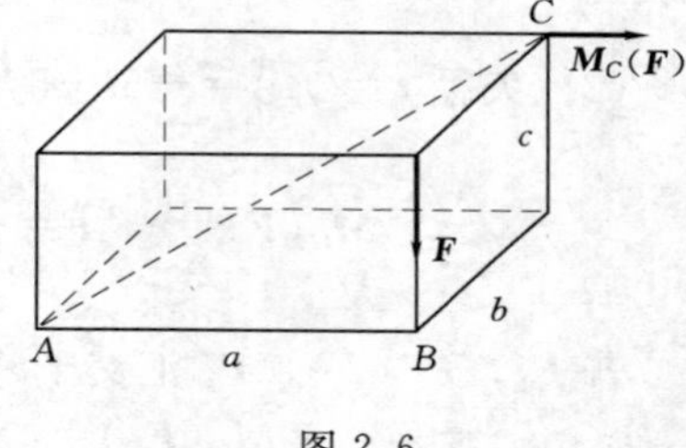

图 2.6

2.1.3　力偶

1. 力偶的概念

由两个大小相等、方向相反且不共线的平行力组成的力系，称为力偶，如图 2.7 所示，记作（$\boldsymbol{F}$，$\boldsymbol{F}'$）。力偶的两力间的垂直距离 h 称为力偶臂，力偶所在平面称为力偶作用面。容易证明，一个力偶无论如何简化，都不能合成为一个力，所以一个力偶不能与一个力等效，也不能和一个力平衡。力偶和力一样，都是基本力学量。

2. 力偶矩矢

力偶是由两个力组成的特殊力系，它对物体只有转动效应。和力矩相似，力偶对刚体的转动效应，取决于力偶三要素：力偶矩的大小、力偶作用面的方位和力偶的转向。

这种转动效应，可用力偶矩矢来度量，即用组成力偶的两个力对其作用物体内某点力矩之和来度量。如图 2.7 所示，力偶（$\boldsymbol{F}$，$\boldsymbol{F}'$）对任一点 O 之矩为

$$\boldsymbol{M}_O(\boldsymbol{F},\boldsymbol{F}')=\boldsymbol{r}_A\times\boldsymbol{F}+\boldsymbol{r}_B\times\boldsymbol{F}'$$

因

$$\boldsymbol{F}'=-\boldsymbol{F},\ \boldsymbol{r}_A=\boldsymbol{r}_B+\boldsymbol{r}_{BA}$$

故

$$\boldsymbol{M}_O(\boldsymbol{F},\boldsymbol{F}')=(\boldsymbol{r}_A-\boldsymbol{r}_B)\times\boldsymbol{F}=\boldsymbol{r}_{BA}\times\boldsymbol{F} \tag{2.12}$$

可见力偶矩的大小为$M=Fh$，其方向由右手螺旋法则确定。力偶矩矢$\boldsymbol{M}(\boldsymbol{F},\boldsymbol{F}')$完全包括了上述的力偶三要素。显然力偶对空间任一点的矩矢都相等，与矩心O位置无关，故力偶矩矢是自由矢量。

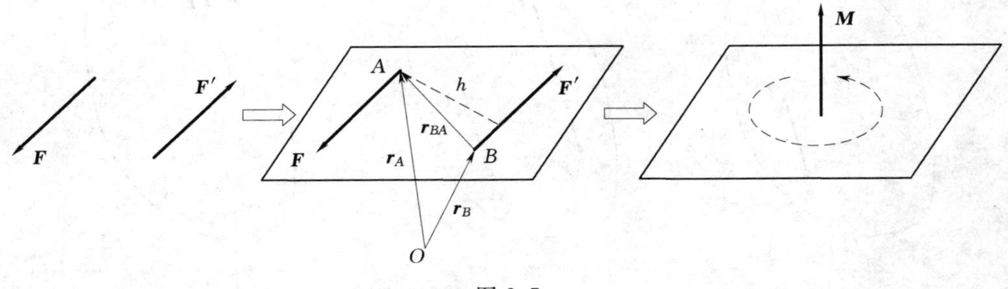

图2.7

综上所述，力偶的等效条件为两力偶的力偶矩矢相等，则它们等效。

3. 合力偶矩定理

设刚体上作用有力偶矩$\boldsymbol{M}_1$、$\boldsymbol{M}_2$、…、$\boldsymbol{M}_n$，由若干个力偶组成力偶系。由于力偶为自由矢量，在不改变力偶矩矢大小和方向的情况下，可在物体上任意平移，故可把它们都平移到任一点，这些共点矢量可合成为一个矢量即合力偶矩。此为合力偶矩定理，即力偶系可合成为一个合力偶，合力偶矩矢等于各分力偶矩矢的矢量和，即

$$\boldsymbol{M}=\boldsymbol{M}_1+\boldsymbol{M}_2+\cdots+\boldsymbol{M}_n=\sum_{i=1}^{n}\boldsymbol{M}_i$$

合力偶矩矢的解析表达式为

$$\boldsymbol{M}=\boldsymbol{M}_x+\boldsymbol{M}_y+\boldsymbol{M}_z=M_x\boldsymbol{i}+M_y\boldsymbol{j}+M_z\boldsymbol{k}$$

其中M_x、M_y、M_z为合力偶矩矢M在x、y、z轴上的投影，即

$$M_x=\sum M_{ix},\ M_y=\sum M_{iy},\ M_z=\sum M_{iz}$$

合力偶矩的大小和方向余弦为

$$\left.\begin{aligned}&M=\sqrt{M_x^2+M_y^2+M_z^2}\\&\cos(\boldsymbol{M},\boldsymbol{i})=\frac{M_x}{M}\\&\cos(\boldsymbol{M},\boldsymbol{j})=\frac{M_y}{M}\\&\cos(\boldsymbol{M},\boldsymbol{k})=\frac{M_z}{M}\end{aligned}\right\}\tag{2.13}$$

2.2 力系的简化

2.2.1 力的平移定理

力系向一点简化是一种简便的力系简化方法，此方法的理论基础就是力的平移定理。

如图2.8所示，作用在刚体上任意点A的力$\boldsymbol{F}$，由加减平衡力系公理，在刚体的另一

点 B 加上平衡力系 $\boldsymbol{F}'=-\boldsymbol{F}''$，并令 $\boldsymbol{F}=\boldsymbol{F}'=-\boldsymbol{F}''$，这样可视为 $\boldsymbol{F}$ 平行移到另一点 B，记作 $\boldsymbol{F}'$。则 $\boldsymbol{F}$ 和 $\boldsymbol{F}''$ 构成一个力偶，其矩为 $\boldsymbol{M}=\boldsymbol{r}_{BA}\times\boldsymbol{F}=\boldsymbol{M}_B(\boldsymbol{F})$。

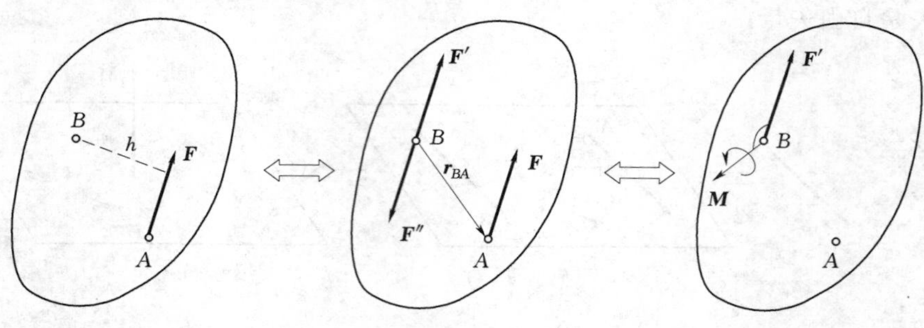

图 2.8

力的平移定理，即可以把作用在刚体上点 A 的力 $\boldsymbol{F}$ 平行移动到任一点 B，但必须同时附加一个力偶，这个附加力偶的距 $\boldsymbol{M}$ 等于原来的力 $\boldsymbol{F}$ 对新作用点 B 点的矩。

2.2.2　一般力系向一点简化

应用力的平移定理，依次把作用在刚体上的每一个力向任意的一简化中心 O 点平移，这样原来的一般力系就被一个汇交力系（$\boldsymbol{F}_1$，$\boldsymbol{F}_2$，$\boldsymbol{F}_3$，…）和一个力偶系（$\boldsymbol{M}_1$，$\boldsymbol{M}_2$，$\boldsymbol{M}_3$，…）两个基本力系等效替换，如图 2.9 所示。

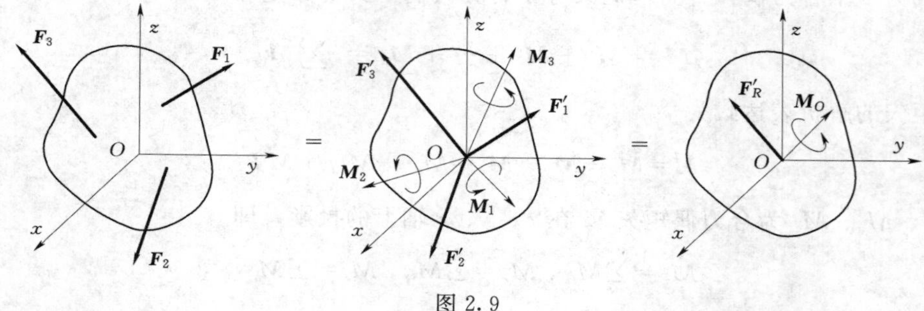

图 2.9

作用于 O 点的汇交力系可合成为一个合力 $\boldsymbol{F}'_R$，称为主矢。$\boldsymbol{F}'_R=\sum\limits_{i=1}^{n}\boldsymbol{F}'_i=\sum\limits_{i=1}^{n}\boldsymbol{F}_i$

附加力偶系可合成为一个力偶 $\boldsymbol{M}_O$，称为主矩。$\boldsymbol{M}_O=\sum\limits_{i=1}^{n}\boldsymbol{M}_i=\sum\limits_{i=1}^{n}\boldsymbol{M}_O(\boldsymbol{F}_i)$

2.2.3　力系的最简形式

力系简化结果的讨论：

(1) $\boldsymbol{F}'_R=0$ 且 $\boldsymbol{M}_O=0$，则原力系与零力系等效，原力系平衡。

(2) $\boldsymbol{F}'_R=0$ 且 $\boldsymbol{M}_O\neq 0$，原力系和一力偶等效，可简化为一个力偶。

(3) $\boldsymbol{F}'_R\neq 0$ 且 $\boldsymbol{M}_O=0$，则原力系简化为在简化中心 O 点的一个力。

(4) $\boldsymbol{F}'_R\neq 0$ 且 $\boldsymbol{M}_O\neq 0$，则原力系简化为在简化中心 O 点的一个力和一个力偶。这种情形还可以进一步简化为：

a. 若 $\boldsymbol{F}'_R\perp\boldsymbol{M}_O$，可最终简化为一个力 $\boldsymbol{F}_R$。

如图 2.10 所示，使 $\boldsymbol{F}_R=\boldsymbol{F}'_R=-\boldsymbol{F}''_R$，$\boldsymbol{M}(\boldsymbol{F}_R,\boldsymbol{F}''_R)=\boldsymbol{M}_O$，则 $h=\left|\dfrac{\boldsymbol{M}_O}{\boldsymbol{F}_R}\right|$

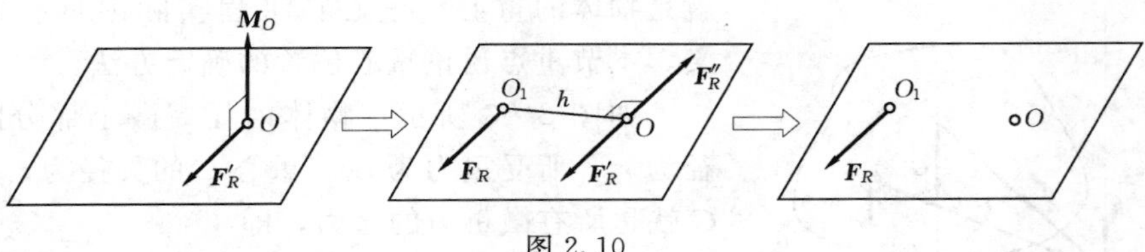

图 2.10

b. 若 $\boldsymbol{F}'_R // \boldsymbol{M}_O$，如图 2.11 所示可简化为一力螺旋。

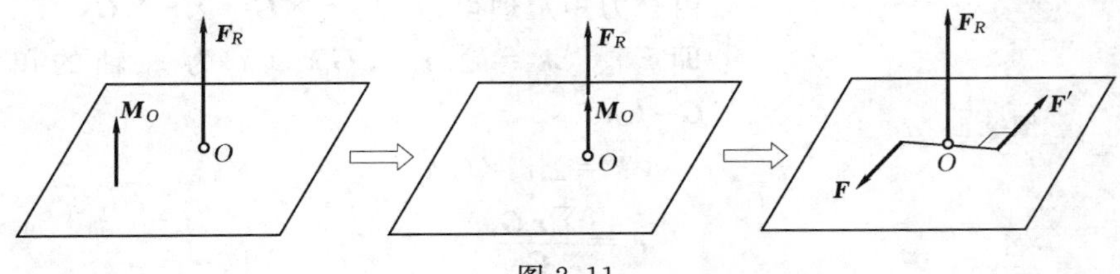

图 2.11

c. 既不平行也不垂直，可将 $\boldsymbol{F}'_R$ 分解成与 $\boldsymbol{M}_O$ 平行与垂直的两分矢量，再由 a、b 可简化为一力螺旋，工程中钻头对工件的作用和用拧螺丝时螺丝刀对螺丝的作用等都是力螺旋。

上述分析表明，力系简化的最简形式有四种：平衡、合力、合力偶和力螺旋。所有非零最简力系是由力和力偶组成，因此力和力偶是组成力系的基本元素。

【例 2.3】 计算图 2.12 所示三角形分布力的合力。已知载荷集度 $\boldsymbol{q}(x)$ 的值在 A 点为 $\boldsymbol{q}_0$，在 B 点为零。

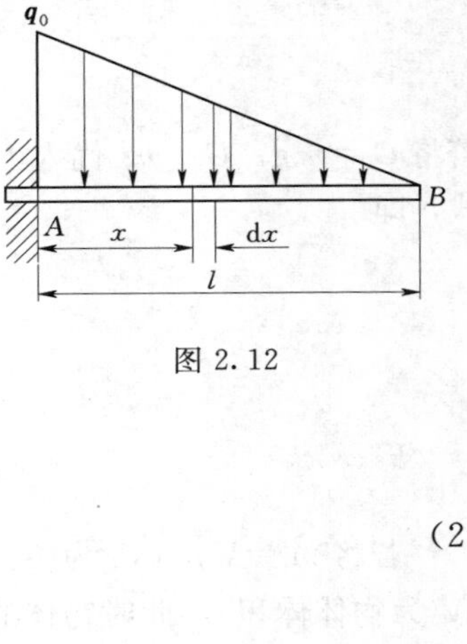

解：对于如图 2.12 所示中的 x，载荷集度 $\boldsymbol{q}(x)$ 呈线性规律变化

$$q(x)=\frac{q_0}{l}(l-x) \tag{1}$$

图 2.12

在 x 处的 $\mathrm{d}x$ 微段上的合力为 $\mathrm{d}\boldsymbol{F}=\boldsymbol{q}(x)\mathrm{d}x$。式（2.3）和式（2.9）可写作积分形式，即

$$F=\int_0^l q(x)\mathrm{d}x\ ,x_C=\frac{\int_0^l q(x)x\mathrm{d}x}{\int_0^l q(x)\mathrm{d}x} \tag{2}$$

将式（1）代入式（2）后积分，求出此三角形分布力的合力大小和作用线位置，即

$$F=\frac{1}{2}q_0 l$$

$$x_C=\frac{l}{3}$$

2.3　物体的重心、质心与形心

由物理学可知，地球上物体中的每一微小部分所受的重力都指向地心，该分布力系可视为平行力系，而平行力系可简化为一合力，合力的大小就是物体的重量，合力的作用点

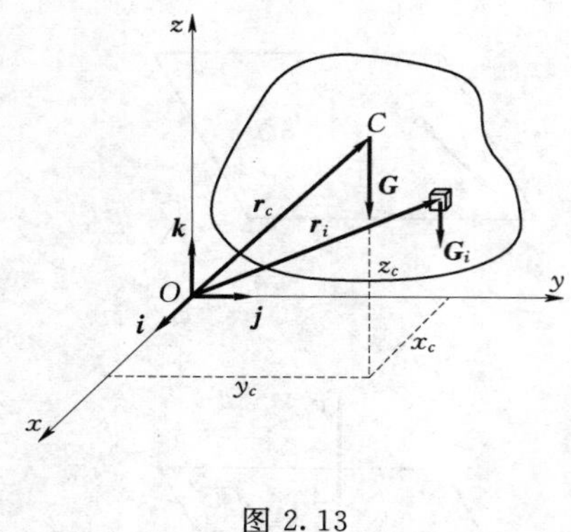

图 2.13

就是物体的重心。重心在工程实际中具有重要的意义，本节重点讨论重心位置的确定方法。

如图 2.13 所示，物体内任一微小部分的位置矢径为 $\boldsymbol{r}_i$，所受重力为 $\boldsymbol{G}_i$，重心 C 的矢径为 $\boldsymbol{r}_c$，总重力 $\boldsymbol{G}$ 就是所有微重力的合力，即

$$\boldsymbol{G}=\sum \boldsymbol{G}_i$$

由合力矩定理得 $\boldsymbol{r}_c\times\boldsymbol{G}=\sum \boldsymbol{r}_i\times\boldsymbol{G}_i$

即 $\boldsymbol{r}_c\times G\boldsymbol{k}=\sum \boldsymbol{r}_i\times G_i\boldsymbol{k}$（$\boldsymbol{k}$ 为 z 轴的单位矢量，$\boldsymbol{G}=G\boldsymbol{k}$）

$$\boldsymbol{r}_c\times G\boldsymbol{k}=\sum \boldsymbol{r}_i\times G_i\boldsymbol{k}$$

有

$$\boldsymbol{r}_c=\frac{\sum \boldsymbol{r}_i\boldsymbol{G}_i}{\boldsymbol{G}} \tag{2.14}$$

此即物体重心位置矢径公式，将式（2.14）在正交坐标轴上投影，得重心位置的直角坐标公式，即

$$\left.\begin{aligned} x_c&=\frac{\sum x_iG_i}{G}\\ y_c&=\frac{\sum y_iG_i}{G}\\ z_c&=\frac{\sum z_iG_i}{G}\end{aligned}\right\} \tag{2.15}$$

若将 $\boldsymbol{G}_i=m_i\boldsymbol{g}$、$\boldsymbol{G}=m\boldsymbol{g}$ 代入上式，则重力加速度 $\boldsymbol{g}$ 为常数时，可得质心位置的直角坐标公式，即

$$\left.\begin{aligned} x_c&=\frac{\sum x_im_i}{m}\\ y_c&=\frac{\sum y_im_i}{m}\\ z_c&=\frac{\sum z_im_i}{m}\end{aligned}\right\} \tag{2.16}$$

若将 $m_i=V_i\rho$（V_i 为微元体积，ρ 为密度）代入式（2.16），则当 ρ 为常数时，$m=V\rho$（V 为物体体积），此时物体的质心位置只取决于其形状，称为形心。

形心位置的直角坐标公式，即

$$\left.\begin{aligned} x_c&=\frac{\sum x_iV_i}{V}\\ y_c&=\frac{\sum y_iV_i}{V}\\ z_c&=\frac{\sum z_iV_i}{V}\end{aligned}\right\} \tag{2.17}$$

可见，当 g、ρ 同时为常数时，物体的重心、质心、形心三个位置重合。

当物体为均质等厚薄平板时，A 为平板的总面积，A_i 为微元面积，将板面至于 xOy 平面，约去厚度，得到平板形心的坐标公式，即

$$\left.\begin{aligned} x_c &= \frac{\sum x_i A_i}{A} \\ y_c &= \frac{\sum y_i A_i}{A} \end{aligned}\right\} \tag{2.18}$$

当物体被分割的微元部分趋近于零时，上述各式中的有限求和便成为定积分。如形心公式为

$$\left.\begin{aligned} x_c &= \frac{\sum x_i V_i}{V} = \frac{\int_V x_i \mathrm{d}V}{V} \\ y_c &= \frac{\sum y_i V_i}{V} = \frac{\int_V y_i \mathrm{d}V}{V} \\ z_c &= \frac{\sum z_i V_i}{V} = \frac{\int_V z_i \mathrm{d}V}{V} \end{aligned}\right\} \tag{2.19}$$

确定物体重心（质心、形心）常见的方法有：

1. 积分法

若均质物体具有对称面、对称轴、对称中心，不难证明该物体的重心必然相应地在这个对称面、对称轴和对称中心上。

【例 2.4】 试求图示由抛物线 $y=x^2$ 和直线 $y=a$（a 为常数）围起图形的重心。

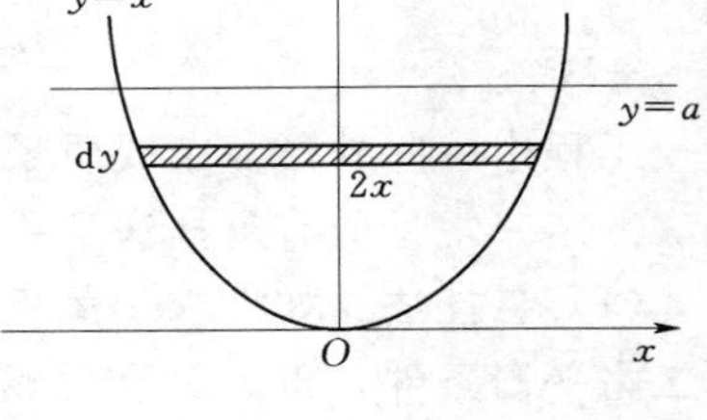

图 2.14

解： 由于该图形关于 y 轴对称，故重心必在 y 轴上，即 $x_c=0$，现在只需求出 y_c。

将该面积分成如图 2.14 所示的无穷小的面积（可看成矩形）

面积微元
$$\mathrm{d}A = 2x \cdot \mathrm{d}y = 2\sqrt{y} \cdot \mathrm{d}y$$

根据式（2.18）可得

$$y_c = \frac{\sum y_i A_i}{A} = \frac{\int_A y \mathrm{d}A}{\int_A \mathrm{d}A} = \frac{\int_0^a 2y\sqrt{y}\mathrm{d}y}{\int_0^a 2\sqrt{y}\mathrm{d}y} = \frac{2\,\frac{2}{5}a^{\frac{5}{2}}}{2\,\frac{2}{3}a^{\frac{3}{2}}} = \frac{3}{5}a$$

故该图形重心位置为$\left(0，\frac{3}{5}a\right)$

2. 组合法

若一个物体由几个简单物体组合而成，而这些简单物体的重心位置是已知的，那么整个物体的重心位置可用式（2.15）求出。

【例 2.5】 试求图示 Z 形截面形心的位置。

解： 如图 2.15 所示，建立坐标，将图形分割为三个矩形。以 $C_1(x_1，y_1)$、$C_2(x_2，y_2)$、$C_3(x_3，y_3)$ 表示各自的形心，以 A_1、A_2、A_3 表示它们的面积。

由图可得

$$x_1 = -15, y_1 = 45, A_1 = 300$$

$$x_2=5,\ y_2=30,\ A_1=400$$
$$x_3=15,\ y_3=5,\ A_1=300$$

由式（2.18）得该截面形心的坐标 x_c、y_c 为

$$x_c=\frac{x_1A_1+x_2A_2+x_3A_3}{A_1+A_2+A_3}=2(\mathrm{mm})$$
$$y_c=\frac{y_1A_1+y_2A_2+y_3A_3}{A_1+A_2+A_3}=27(\mathrm{mm})$$

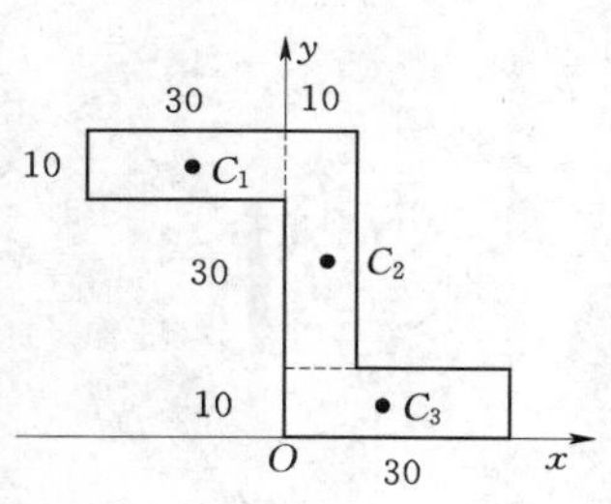

图 2.15　单位：mm

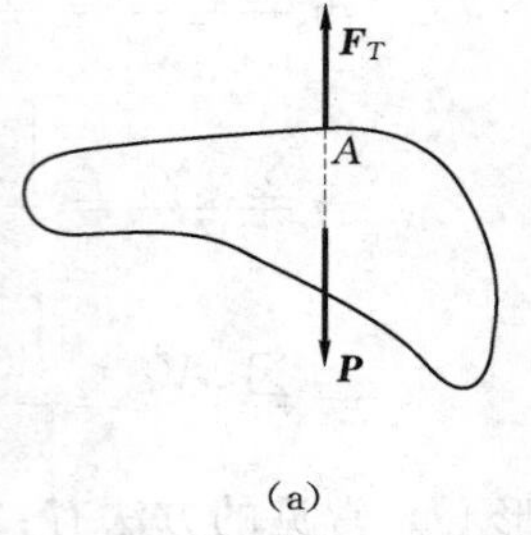

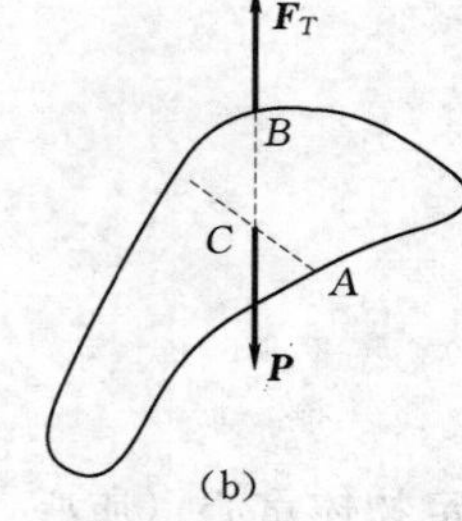

图 2.16

3. 试验法

工程中一些外形复杂或质量分布不均的物体难以用计算的方法求其重心，此时可用试验法测定，常见的有悬挂法和称重法。

（1）悬挂法。如需求一薄板的重心，可先将其悬挂于任一点 A，如图 2.16 所示，根据二力平衡条件，重力 $\boldsymbol{P}$ 和柔索的拉力 $\boldsymbol{F}_T$ 必通过悬挂点 A 和重心的连线上。于是可以在板上画出此线。然后再将薄板悬挂于另一点 B 上同样可画出另一直线。两线的交点 C 就是薄板的重心。

（2）称重法。一些复杂的大型物体可用称重法确定其重心位置，以汽车为例，设一汽车重量为 $\boldsymbol{P}$，前后两轮间距为 l，车轮半径 r。现测汽车的重心 C 距地面高度为 z_c 和距后轮距离为 x_c。

为了测定 x_c，将汽车后轮放在地面上，前轮放在磅秤上，车身保持水平，如图 2.17（a）所示。这时磅秤上的读数为 F_1。因车身是平衡的，故

$$P\cdot x_c-F_1\cdot l=0$$

得

$$x_c=\frac{F_1\cdot l}{P} \tag{a}$$

欲测定 z_c，需将车的后轮抬到任意高度 H，如图 2.17（b）所示。这时磅秤的读数为 F_2。同理得

$$x_c'=\frac{F_2\cdot l'}{P} \tag{b}$$

由图中的几何关系可知

$$l'=l\cos\alpha$$
$$x_c'=x_c\cos\alpha+h\sin\alpha$$
$$\sin\alpha=\frac{H}{l}$$

$$\cos\alpha=\frac{\sqrt{l^2-H^2}}{l}$$

其中 h 为重心与后轮中心的高度差，$h=z_c-r$

把以上各关系式代入式（b）中，经整理后即得计算重心高度 z_c 的公式，即

$$z_c=r+\frac{F_2-F_1}{P}\cdot\frac{\sqrt{l^2-H^2}}{H}$$

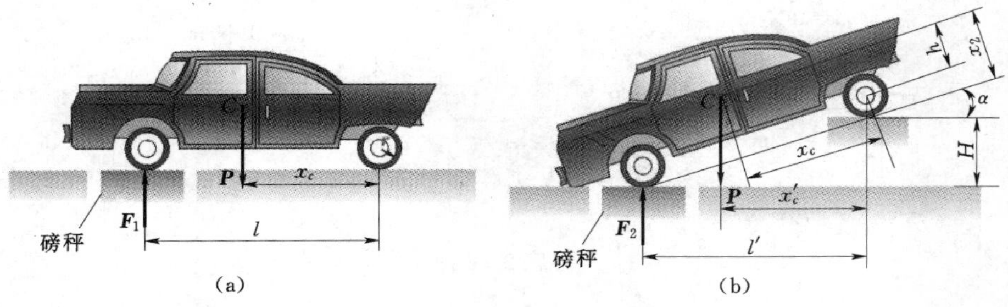

（a）　　　　（b）

图 2.17

常见简单均质几何体的重心见表 2.1。

表 2.1　　常见简单均质几何体的重心

图　形	重心位置	图　形	重心位置
圆弧	$x_C=\frac{r\sin\alpha}{\alpha}$ 半圆弧 $x_C=\frac{2r}{\pi}$	弓形	$x_C=\frac{2(R^3-r^3)\sin\alpha}{3(R^2-r^2)\alpha}$
三角形	在中线交点上 $y_C=\frac{1}{3}h$	部分圆环	$x_C=\frac{4r\sin^2\alpha}{3(2\alpha-\sin^2\alpha)}$
梯形	在上下底中点的连线上 $y_C=\frac{h(2a+b)}{3(a+b)}$	半圆球体	$x_C=\frac{3}{8}r$
扇形	$x_C=\frac{2r\sin\alpha}{3\alpha}$ 半圆 $x_C=\frac{4r}{3\pi}$	正圆锥体	$x_C=\frac{1}{4}h$

习 题

2-1 已知力 $\boldsymbol{F}=2\boldsymbol{i}+6\boldsymbol{j}+9\boldsymbol{k}$(N)，试求力 $\boldsymbol{F}$ 的 ①坐标分量；②投影；③大小；④方向余弦。

2-2 分别计算如习题 2-2 图（a）和（b）所示分布载荷对 A 点之力矩。

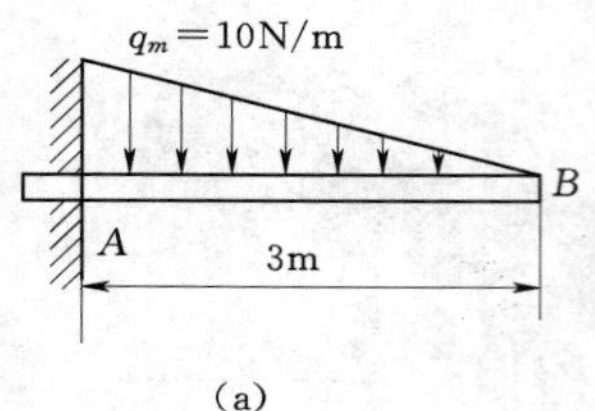

(a)

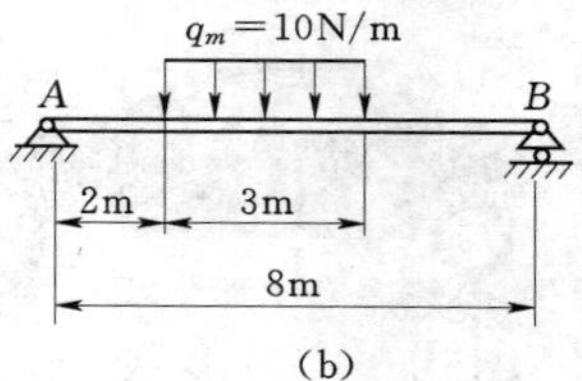

(b)

习题 2-2 图

2-3 圆盘半径为 r，可绕与其垂直的轴 z 转动。在圆盘边缘 C 处作用一力 $\boldsymbol{F}$，此力位于与 z 轴平行、与圆盘在 C 处相切的平面内，尺寸如习题 2-3 图所示。计算力 $\boldsymbol{F}$ 对 x，y，z 轴的力矩。

2-4 如习题 2-4 图所示平面 Ⅱ 在各坐标轴上的截距分别为 a，b，c，且 $a=b$，计算图示力 $\boldsymbol{F}$ 和力偶 M 对 x，y，z 轴的力矩和。

2-5 力 $\boldsymbol{F}$ 沿长方体的对角线 AB 作用，如习题 2-5 图所示。试计算力 $\boldsymbol{F}$ 对 y 轴及 CD 轴的力矩。

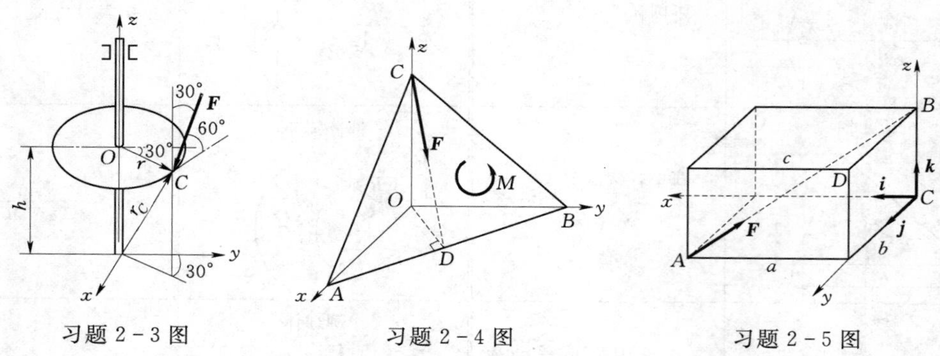

习题 2-3 图　　习题 2-4 图　　习题 2-5 图

2-6 习题 2-6 图示绳索拔桩装置。绳索的 E，C 两点拴在架子上，B 点与拴在桩 A 上的绳索 AB 连接，在 D 点加一铅垂向下的力 $\boldsymbol{F}$。AB 可视为铅垂，DB 可视为水平，已知 $\theta=0.1$rad，力 $F=800$N，试求绳 AB 中产生的拔桩力（当 θ 很小时，$\tan\theta\approx\theta$）。

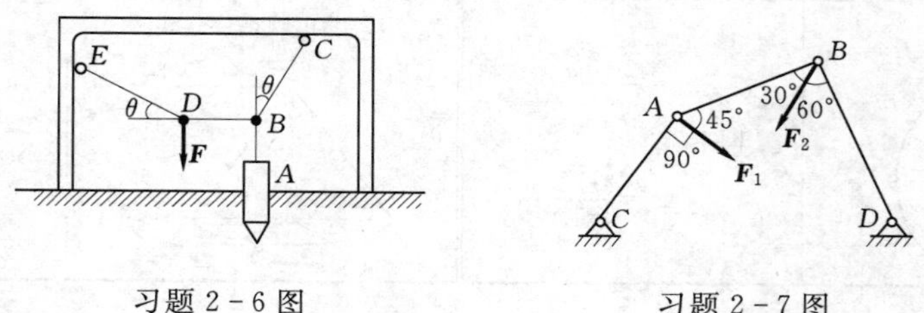

习题 2-6 图　　习题 2-7 图

2-7　四连杆机构 $CABD$ 的 CD 边固定，A，B，C，D 各点为铰链，因此，$ABCD$ 的形状是可变的。今在铰 A 作用力 $\boldsymbol{F}_1$、铰 B 上作用力 $\boldsymbol{F}_2$，使机构在如习题 2-7 图所示位置处于平衡。若各杆重量忽略不计，试求力 $\boldsymbol{F}_1$ 与 $\boldsymbol{F}_2$ 的大小关系。

2-8　三力作用在正方形上，各力的大小、方向及位置如习题 2-8 图所示，试求合力的大小、方向及位置。分别以 O 点和 B 点为简化中心，讨论选不同的简化中心对结果是否有影响。

2-9　图示等边三角形 ABC，边长为 l，现在其三顶点沿三边作用三个大小等于 $\boldsymbol{F}$ 的力，试求此力系的简化结果。

2-10　沿着直棱边作用 5 个力，如习题 2-10 图所示。已知 $OA=OC=a$，$OB=2a$，$F_1=F_3=F_4=F_5=F$，$F_2=\sqrt{2}F$，试将此力系简化。

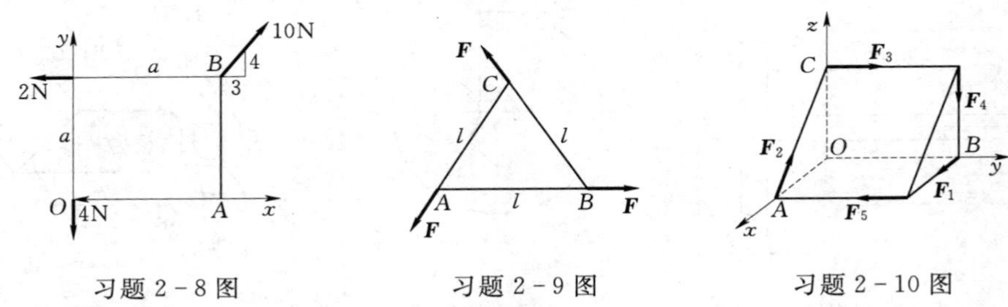

习题 2-8 图　　习题 2-9 图　　习题 2-10 图

2-11　在图示平面力系中，已知 $F_1=10\text{N}$，$F_2=40\text{N}$，$F_3=40\text{N}$，$M=30\text{N}\cdot\text{m}$。试求其合力，并画在习题 2-11 图上，图中长度单位为 m。

2-12　在立方体的顶点 A、I、B、D 上分别作用四个力，大小均为 F，其中 $\boldsymbol{F}_1$ 沿 AC，$\boldsymbol{F}_2$ 沿 IG，$\boldsymbol{F}_3$ 沿 BE，$\boldsymbol{F}_4$ 沿 DH。试将此力系简化成最简形式。

2-13　三力 $\boldsymbol{F}_1$，$\boldsymbol{F}_2$，$\boldsymbol{F}_3$ 分别在三个坐标平面内，并分别与三坐标轴平行，但指向可正可负。距离 a，b，c 为已知。问：这三个力的大小满足什么关系时力系能简化为合力？满足什么关系时能简化为力螺旋？

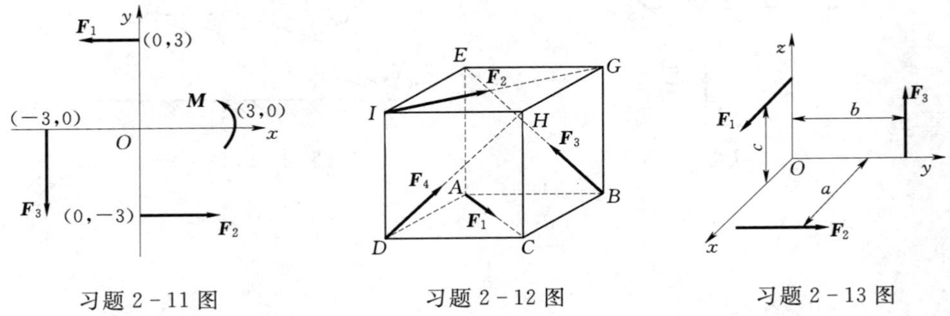

习题 2-11 图　　习题 2-12 图　　习题 2-13 图

2-14　平面图形尺寸如习题 2-14 图所示，试分别建立适当坐标系，求其形心坐标（图中长度单位均为 mm）。

2-15　工字钢截面尺寸如习题 2-15 图所示，求此截面的形心坐标。

2-16　计算图示平面图形的形心坐标。

2-17　计算图示均质混凝土基础的重心位置。

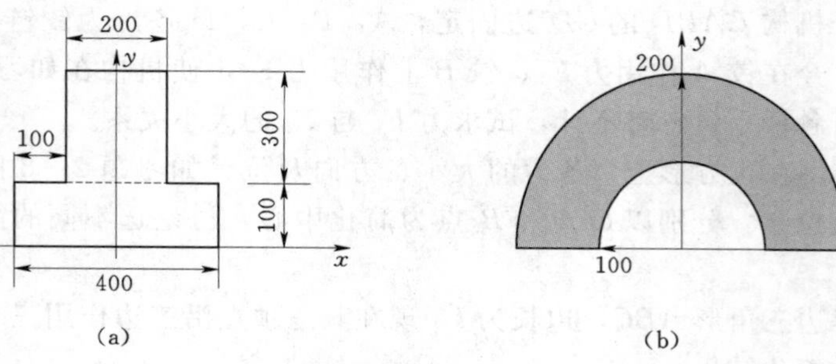

习题 2-14 图

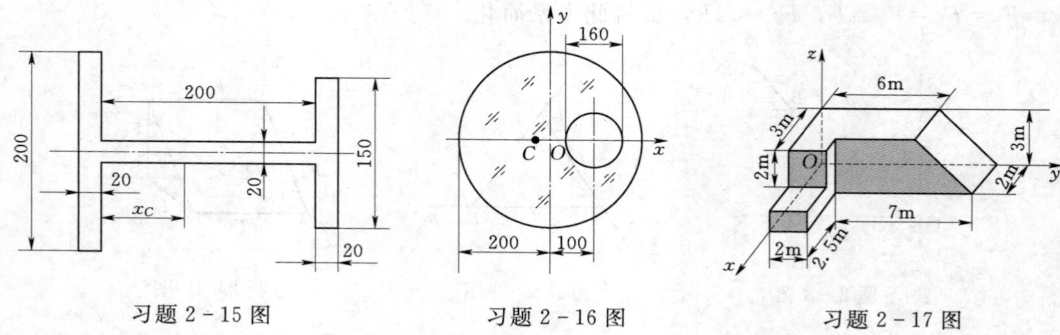

习题 2-15 图　　习题 2-16 图　　习题 2-17 图

2-18　均质折杆及尺寸如习题 2-18 图所示，求此折杆形心坐标。单位：mm。

2-19　如习题 2-19 图所示，机床重 50kN，当水平放置时（$\theta=0°$）称上读数为 35kN；当 $\theta=20°$时称上读数为 30kN，试确定机床重心的位置。

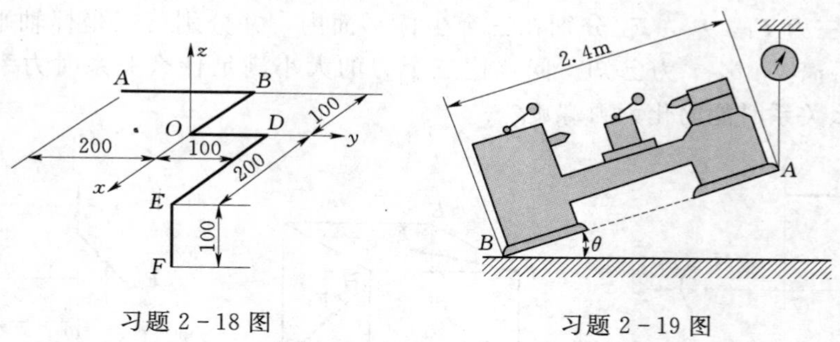

习题 2-18 图　　习题 2-19 图

第3章　力系平衡原理

力系的平衡是静力学的核心内容，本章由一般力系的简化结果得出一般力系平衡的几何条件及其解析表达式——平衡方程，并由此导出各类特殊力系的独立平衡方程；运用平衡条件，求解各类物体系统的平衡问题，确定物体的受力状态或平衡条件。

3.1　一般力系的平衡原理

3.1.1　一般力系的平衡条件

由第2章空间一般力系的简化结果，得空间一般力系平衡的充分必要条件是力系的主矢和对任一点的主矩均为零，即

$$\boldsymbol{F}_R=0 \text{ 且 } \boldsymbol{M}_O=0 \tag{3.1}$$

故一般力系平衡的几何条件为力系简化的力矢多边形和力偶矩矢多边形同时封闭。

一般力系平衡的解析条件为

$$\left.\begin{aligned} F_R&=\sqrt{(\sum F_{xi})^2+(\sum F_{yi})^2+(\sum F_{zi})^2}=0\\ M_O&=\sqrt{(\sum M_{xi})^2+(\sum M_{yi})^2+(\sum M_{zi})^2}=0 \end{aligned}\right\} \tag{3.2}$$

即

$$\left.\begin{aligned} \sum_{i=1}^{n}F_{xi}&=0\\ \sum_{i=1}^{n}F_{yi}&=0\\ \sum_{i=1}^{n}F_{zi}&=0\\ \sum_{i=1}^{n}M_{xi}(\boldsymbol{F}_i)&=0\\ \sum_{i=1}^{n}M_{yi}(\boldsymbol{F}_i)&=0\\ \sum_{i=1}^{n}M_{zi}(\boldsymbol{F}_i)&=0 \end{aligned}\right\} \tag{3.3}$$

式（3.3）为空间一般力系平衡条件的解析形式，称为空间一般力系平衡方程的基本形式。该式表明，空间一般力系平衡的充分必要条件是所有各力在三个坐标轴中每一个轴上的投影的代数和等于零，以及这些力对于每一个坐标轴力矩的代数和也等于零。应用这

六个平衡方程求解空间一般力系的平衡问题时，可解出六个未知量。

3.1.2　特殊力系的平衡方程

各特殊力系的平衡方程都可以由式（3.3）导出。如平面一般力系的平衡方程，设各力线都位于 xOy 平面内，显然有

$$\sum_{i=1}^{n} M_{xi}(\boldsymbol{F}_i) \equiv 0 \quad \sum_{i=1}^{n} M_{yi}(\boldsymbol{F}_i) \equiv 0 \quad \sum_{i=1}^{n} F_{zi} \equiv 0$$

故平面一般力系的平衡方程为

$$\left.\begin{aligned} \sum_{i=1}^{n} F_{xi} &= 0 \\ \sum_{i=1}^{n} F_{yi} &= 0 \\ \sum_{i=1}^{n} M_O(\boldsymbol{F}_i) &= 0 \end{aligned}\right\} \tag{3.4}$$

式（3.4）为平面一般力系的一般形式，除一般形式外，还有二力矩式

$$\left.\begin{aligned} \sum_{i=1}^{n} M_A(\boldsymbol{F}_i) &= 0 \\ \sum_{i=1}^{n} M_B(\boldsymbol{F}_i) &= 0 \\ \sum_{i=1}^{n} F_{xi} &= 0 \end{aligned}\right\} \tag{3.5}$$

（x 轴不能与 A、B 连线垂直）

三力矩式

$$\left.\begin{aligned} \sum_{i=1}^{n} M_A(\boldsymbol{F}_i) &= 0 \\ \sum_{i=1}^{n} M_B(\boldsymbol{F}_i) &= 0 \\ \sum_{i=1}^{n} M_C(\boldsymbol{F}_i) &= 0 \end{aligned}\right\} \tag{3.6}$$

（A、B、C 三点不共线）

类似地，可以得到以下各特殊力系的平衡方程，见表3.1。

表3.1　各特殊力系的平衡方程

序号	力系名称	公　　式	序号	力系名称	公　　式
1	平面平行力系	$\left.\begin{aligned} \sum_{i=1}^{n} F_{xi} &= 0 \\ \sum_{i=1}^{n} M_O(\boldsymbol{F}_i) &= 0 \end{aligned}\right\} \quad (3.7)$	2	空间平行力系	$\left.\begin{aligned} \sum_{i=1}^{n} F_{zi} &= 0 \\ \sum_{i=1}^{n} M_{xi}(\boldsymbol{F}_i) &= 0 \\ \sum_{i=1}^{n} M_{yi}(\boldsymbol{F}_i) &= 0 \end{aligned}\right\} \quad (3.8)$

续表

序号	力系名称	公　式	序号	力系名称	公　式
3	平面汇交力系	$\left.\begin{array}{l}\sum_{i=1}^{n} F_{xi}=0 \\ \sum_{i=1}^{n} F_{yi}=0\end{array}\right\}$ (3.9)	5	平面力偶系	$\sum_{i=1}^{n} M_i=0$ (3.11)
4	空间汇交力系	$\left.\begin{array}{l}\sum_{i=1}^{n} F_{xi}=0 \\ \sum_{i=1}^{n} F_{yi}=0 \\ \sum_{i=1}^{n} F_{zi}=0\end{array}\right\}$ (3.10)	6	空间力偶系	$\left.\begin{array}{l}M_x=\sum_{i=1}^{n} M_x(\boldsymbol{F}_i) \\ M_y=\sum_{i=1}^{n} M_y(\boldsymbol{F}_i) \\ M_z=\sum_{i=1}^{n} M_z(\boldsymbol{F}_i)\end{array}\right\}$ (3.12)
			7	共线力系	$\sum_{i=1}^{n} F_{xi}=0$ (3.13)

【例 3.1】 如图 3.1（a）所示的刚架，已知 $q=3\text{kN/m}$，$F=6\sqrt{2}\text{kN}$，$M=10\text{kN}\cdot\text{m}$，不计刚架的自重，试求固定端 A 的约束力。

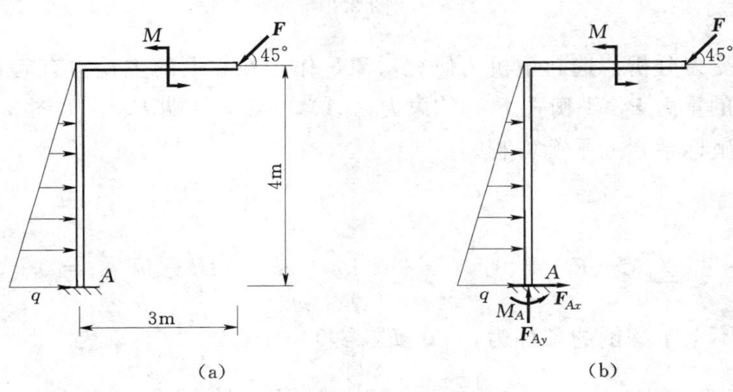

图 3.1

解：（1）受力分析，选刚架 AB 为研究对象，作用在它上的主动力有三角形荷载 q、集中荷载 $\boldsymbol{F}$、力偶矩 M；约束力为固定端 A 两个垂直分力 $\boldsymbol{F}_{Ax}$、$\boldsymbol{F}_{Ay}$ 和力偶矩 M_A，如图 3.1（b）所示。

（2）建立坐标系，列平衡方程。

$$\sum_{i=1}^{n} M_A(\boldsymbol{F}_i)=0,\ M_A-\frac{1}{2}q\times4\times\frac{1}{3}\times4+M-3F\sin45^\circ+4F\cos45^\circ=0 \tag{1}$$

$$\sum_{i=1}^{n} F_{xi}=0,\ F_{Ax}+\frac{1}{2}q\times4-F\cos45^\circ=0 \tag{2}$$

$$\sum_{i=1}^{n} F_{yi}=0,\ F_{Ay}-F\sin45^\circ=0 \tag{3}$$

由式（1）、式（2）、式（3）解得 A 端的约束力为

$F_{Ax}=0$　$F_{Ay}=6\text{kN}$（向上）　$M_A=8\text{kN}\cdot\text{m}$（逆时针）

【例3.2】 行走式起重机如图3.2所示，设机身的重量为 $P_1=500\text{kN}$，其作用线距右轨的距离为 $e=1\text{m}$，起吊的最大重量为 $P=200\text{kN}$，其作用线距右轨的最远距离为 $l=10\text{m}$，两个轮距为 $b=3\text{m}$，平衡重 P_2 的作用线距左轨的距离为 $a=4\text{m}$。试求使起重机满载或空载不至于翻倒时，起重机平衡重 P_2 的大小。

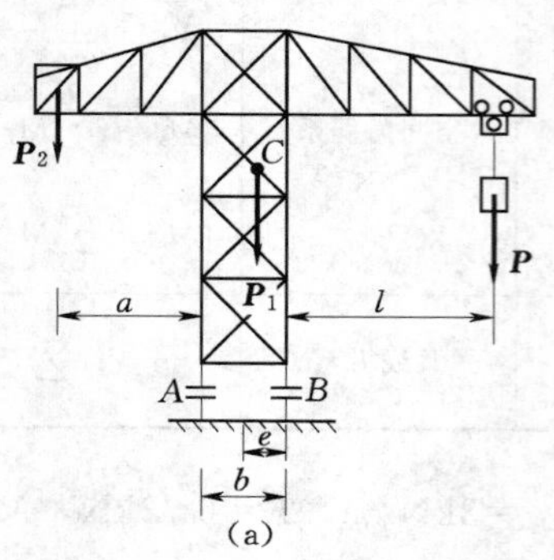

(a)

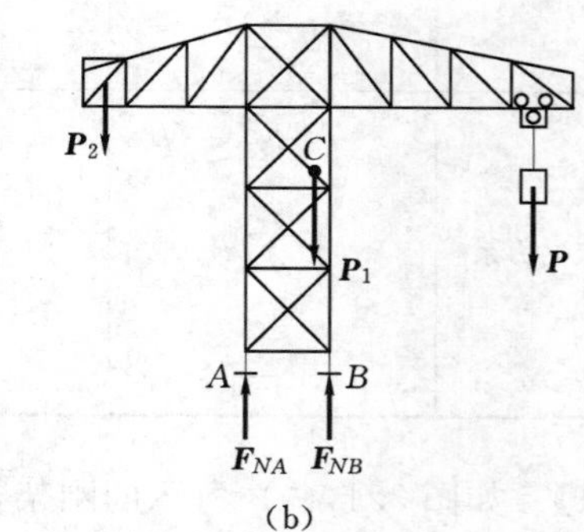

(b)

图3.2

解：(1) 受力分析，选起重机为研究对象，作用在它上的主动力有起重机机身的重力 $\boldsymbol{P}_1$ 和起吊重物的重力 $\boldsymbol{P}$，平衡重 $\boldsymbol{P}_2$，约束力为 A 端 $\boldsymbol{F}_{NA}$，B 端 $\boldsymbol{F}_{NB}$，如图3.2 (b) 所示。

(2) 建立坐标系，列平衡方程。

满载时

$$\sum_{i=1}^{n} M_B(\boldsymbol{F}_i)=0,\quad (a+b)P_2+eP_1-lP-bF_{NA}=0 \tag{1}$$

使起重机满载不至于翻倒的条件为 $F_{NA}\geqslant 0$

从而由式 (1) 有 $$F_{NA}=\frac{1}{b}[(a+b)P_2+eP_1-lP]\geqslant 0$$

解得平衡重 P_2

$$P_2\geqslant\frac{-eP_1+lP}{a+b}=\frac{-1\times500+10\times200}{4+3}=214.3(\text{kN}) \tag{2}$$

空载时

$$\sum_{i=1}^{n} M_A(\boldsymbol{F}_i)=0,\ aP_2-(b-e)P_1+bF_{NB}=0 \tag{3}$$

使起重机空载不至于翻倒的条件为 $F_{NB}\geqslant 0$

从而由式 (3) 有

$$F_{NB}=\frac{1}{b}[(b-e)P_1-aP_2]\geqslant 0$$

解得平衡重 P_2

$$P_2\leqslant\frac{(b-e)P_1}{a}=\frac{(3-1)\times500}{4}=250(\text{kN}) \tag{4}$$

因此由式（2）和式（4）得起重机平衡重 P_2 的值为：$214.3\text{kN} \leqslant P_2 \leqslant 250\text{kN}$

【例 3.3】 三根无重直杆在 D 端用球铰连接，另一端 A、B、C 用球铰固定在水平地板上，如图 3.3 所示。设挂在 D 端的重物 $W=10\text{kN}$，求铰链 A、B、C 的约束力。

解： 由于 AD、BD 和 CD 均为二力杆，铰链 A、B、C 的约束力都是沿杆作用，设杆件受压力，如图 3.3 所示。取铰 D 为对象，列平衡方程

$$\sum F_x=0,\ F_A\cos45°-F_B\cos45°=0$$

$$\sum F_y=0,\ (F_A\sin45°+F_B\sin45°)\cos30°-F_C\cos15°=0$$

$$\sum F_z=0,\ (F_A\sin45°+F_B\sin45°)\sin30°-F_C\sin15°-W=0$$

上述方程联立解得

$$F_A=F_B=26.39(\text{kN})(\text{拉}),\ F_C=-33.46(\text{kN})(\text{压})$$

其中正号表示与假设方向相同，杆件受拉；负号表示与假设方向相反，杆件受压。本题也可以通过平衡方程的其他形式求解，例如

$$\sum M_x=0,\ \sum M_y=0,\ \sum F_z=0$$

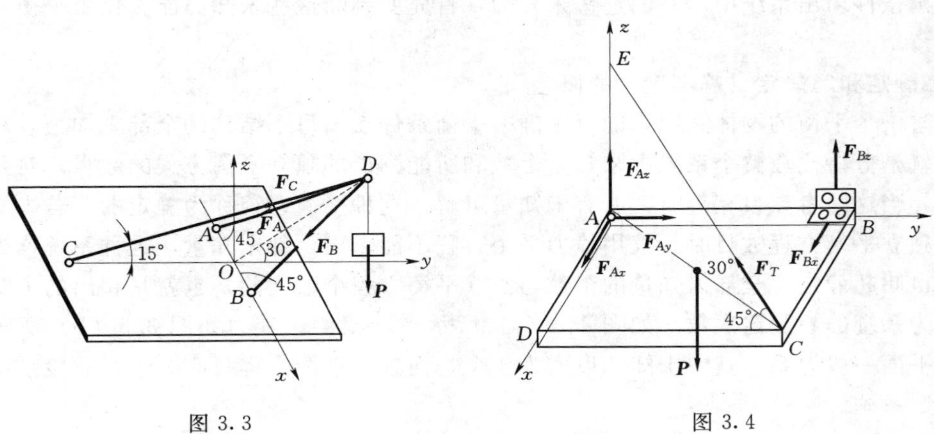

图 3.3　　　　图 3.4

【例 3.4】 均质的正方形薄板，重 $P=100\text{N}$，用球铰链 A 和蝶铰链 B 沿水平方向固定在竖直的墙面上，并用绳索 CE 使板保持水平位置，如图 3.4 所示，绳索的自重忽略不计，试求绳索的拉力和支座 A、B 的约束力。

解： 取正方形板为研究对象，受力如图 3.4 所示，主动力为 $\boldsymbol{P}$，约束力为球铰链 A 处的三个相互垂直的正交分力 $\boldsymbol{F}_{Ax}$、$\boldsymbol{F}_{Ay}$、$\boldsymbol{F}_{Az}$，蝶铰链 B 由于沿轴向无约束，故存在垂直轴向的力 $\boldsymbol{F}_{Bx}$、$\boldsymbol{F}_{Bz}$，绳索的拉力为 $\boldsymbol{F}_T$。设正方形板边长为 a，建立坐标系 $Oxyz$，列平衡方程

$$\sum_{i=1}^{n} M_{zi}(\boldsymbol{F}_i)=0 \qquad F_{Bx}=0 \tag{1}$$

$$\sum_{i=1}^{n} M_{yi}(\boldsymbol{F}_i)=0 \qquad P\frac{a}{2}-aF_T\sin30°=0 \tag{2}$$

$$\sum_{i=1}^{n} M_{xi}(\boldsymbol{F}_i)=0 \qquad F_{Bz}a-P\frac{a}{2}+aF_T\sin30°=0 \tag{3}$$

$$\sum_{i=1}^{n} F_{xi}=0 \qquad F_{Ax}+F_{Bx}-F_T\cos30°\cos45°=0 \tag{4}$$

$$\sum_{i=1}^{n} F_{yi} = 0 \qquad F_{Ay} - F_T\cos30^\circ\cos45^\circ = 0 \tag{5}$$

$$\sum_{i=1}^{n} F_{zi} = 0 \qquad F_{Az} + F_{Bz} + F_T\sin30^\circ - P = 0 \tag{6}$$

由上面六个方程解得绳索的拉力和支座 A、B 的约束力为

$$F_T = 100\text{N} \quad F_{Ax} = F_{Ay} = 61.24\text{kN} \quad F_{Az} = 50\text{kN} \quad F_{Bx} = F_{Bz} = 0$$

3.2　物体系统的平衡问题

前面研究的都是单个物体的平衡问题，但工程中机械或结构通常比较复杂，一般是由多个物体通过一定的约束组成的系统，力学上称为物体系统（简称物系）。在物体系统中，一个物体受力和其他物体相联系，系统整体受力又和局部相联系。研究物体系统的平衡问题，不仅要求出系统所受的外力，而且要求出系统内部各物体之间相互作用的内力。而要应用平衡条件求出系统中所有的这些未知力，首先要判断这些未知力能否仅由平衡方程全部解出。

3.2.1　静定和超静定（静不定）的概念

考察一个平衡的物体系统，能否用静力平衡条件求出每个结构的全部未知力，从数学上讲，就是分析比较整个系统中未知量个数和所能列出的独立平衡方程的数目。对几何不变系统，当这两者数目相等时，所有未知量可解，这种平衡系统称为静定的。若未知量数目多于独立平衡方程数目时，仅用静力平衡方程不能求出全部未知量，这种系统称为静不定的，也叫超静定。全部未知量的个数与独立平衡方程个数之差，也就是超出的未知量数目，成为系统的超静定次数。如图 3.5（a）所示平面横梁，受力如图 3.5（b）所示，各力组成平面一般力系。其中未知约束力为 4 个，而独立平衡方程只有 3 个，故该系统为一次超静定系统。

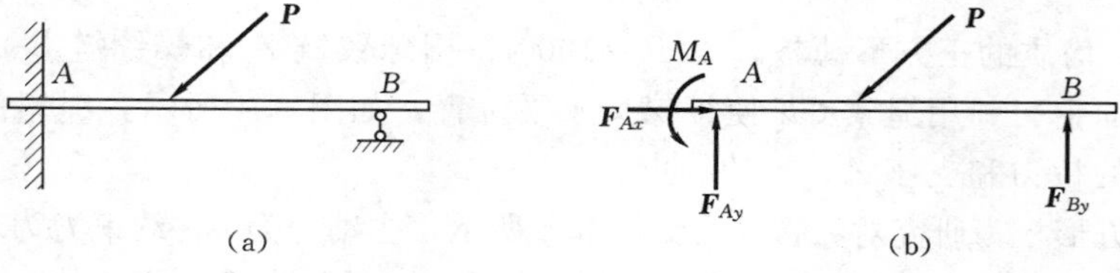

图 3.5

对于 n 个构件组成的几何不变体，受力若为平面一般力系，则其独立平衡方程个数为 $3n$（空间一般力系平衡方程个数则为 $6n$），全部未知量个数为 x，则

（1）当 $x=3n$ 时，为静定系统。如图 3.6（a）所示，结构为静定结构。

（2）当 $x>3n$ 时，为超静定系统。如图 3.6（b）所示，结构为超静定结构。

（3）当 $x<3n$ 时，约束不够，系统可动。如图 3.6（c）所示，这种系统一般不能作为结构使用。

注意：在计算独立平衡方程个数时，需先判断各力系的类型。如平面汇交力系，只有 2 个独立的平衡方程，而不是 3 个；空间平行力系只有 3 个独立的平衡方程，而不是 6

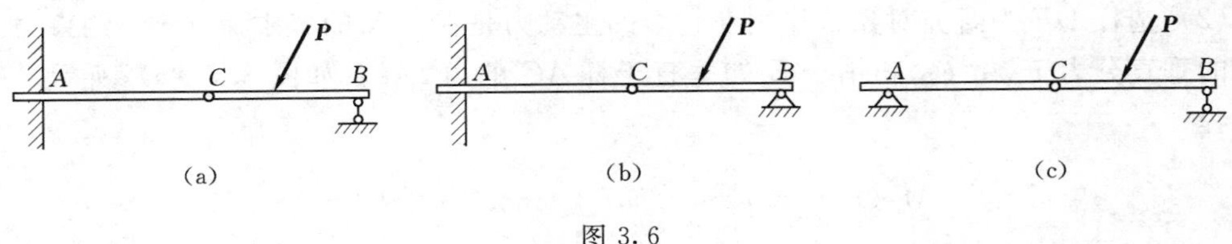

图 3.6

个。超静定问题已超出静力学的范围，一般在后续的材料力学和结构力学中研究。

3.2.2　物体系统平衡问题的解法

因物系平衡时，系统整体平衡，系统中的每个物体也平衡，可取整体或部分系统或单个物体为研究对象运用平衡条件求解。求解静定的物体系问题时，一般有两种思路，即可选取系统中每个物体为研究对象，列出全部平衡方程，然后联立求解；也可先取系统整体为研究对象，列出的平衡方程，因为不包含各物体间的内力，式中未知量较少，解出部分未知量或得到部分条件后，再根据情况，从系统中选取某些物体作为研究对象，列出其他平衡方程，直到求出所有未知量。应用后一种方法求解物系平衡问题，尚需注意以下两点：

(1) 根据具体问题的已知条件和所求目标，确定具体的求解思路。通常是先分析整体，后分析某局部，或先分析某局部再分析整体。灵活选取研究对象，尽量减少方程数量。

(2) 适当的选取投影轴和力矩轴，尽量减少方程中的未知量，最好使方程中只含有一个未知量。一般可选取与多个未知量相垂直的轴为投影轴，选与多个未知力相交或平行的轴为力矩轴。

【例 3.5】 构架由杆 AB、AC 和 DF 组成，如图 3.7 (a) 所示。在 DF 杆上的销子 E 可在杆 AC 的光滑槽内滑动，不计各杆的自重，在水平杆 DF 的一端作用铅直力 $\boldsymbol{F}$，试求铅直杆 AB 上的铰链 A、D 和 B 所受的力。

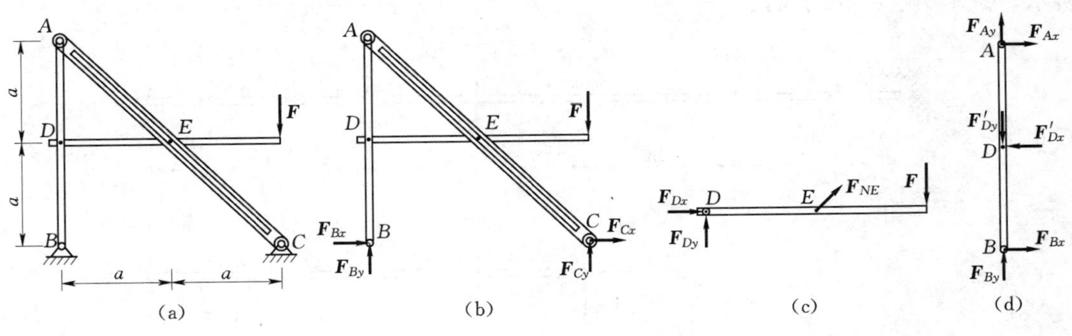

图 3.7

解：(1) 选整体为研究对象，作用在它上的主动力是在 F 点的集中荷载 F，约束力为固定铰支座 B、C 的垂直分力 $\boldsymbol{F}_{Bx}$、$\boldsymbol{F}_{By}$ 和 $\boldsymbol{F}_{Cx}$、$\boldsymbol{F}_{Cy}$，如图 3.7 (b) 所示。列平衡方程

$$\sum_{i=1}^{n} M_C(\boldsymbol{F}_i) = 0, -2aF_{By} = 0 \tag{1}$$

则

$$F_{By} = 0$$

(2) 选杆 DF 为研究对象，作用在它上的主动力是在 F 点的集中荷载 $\boldsymbol{F}$，约束力为 D 铰处的垂直分力 $\boldsymbol{F}_{Dx}$、$\boldsymbol{F}_{Dy}$ 和销子 E 处垂直于杆 AC 的力 $\boldsymbol{F}_{NE}$，如图 3.7 (c) 所示。列平衡方程

$$\sum_{i=1}^{n} M_D(F_i) = 0 \qquad aF_{NE}\sin 45^\circ - 2aF = 0 \tag{2}$$

$$\sum_{i=1}^{n} F_{xi} = 0 \qquad F_{Dx} + F_{NE}\cos 45^\circ = 0 \tag{3}$$

$$\sum_{i=1}^{n} F_{yi} = 0 \qquad F_{Dy} + F_{NE}\sin 45^\circ - F = 0 \tag{4}$$

由式 (2) 解得

$$F_{NE} = 2\sqrt{2}F$$

代入式 (3) 和式 (4) 得

$$F_{Dx} = -2F \quad F_{Dy} = -F$$

(3) 选杆 AB 为研究对象，受力如图 3.7 (d) 所示。列平衡方程

$$\sum_{i=1}^{n} M_A(F_i) = 0 \qquad 2aF_{Bx} - aF'_{Dx} = 0 \tag{5}$$

$$\sum_{i=1}^{n} F_{xi} = 0 \qquad F_{Ax} - F'_{Dx} + F_{Bx} = 0 \tag{6}$$

$$\sum_{i=1}^{n} F_{yi} = 0 \qquad F_{Ay} - F'_{Dy} + F_{By} = 0 \tag{7}$$

将 $F_{Dx} = -2F$ 代入式 (5) 和式 (6) 再联立式 (7) 得

$$F_{Bx} = -F \quad F_{Ax} = -F \quad F_{Ay} = -F$$

【例 3.6】 水平梁是由 AB、BC 两部分组成的，A 处为固定端约束，B 处为铰链连接，C 端为滚动支座，已知：$F=10\text{kN}$，$q=20\text{kN/m}$，$M=10\text{kN}\cdot\text{m}$，几何尺寸如图 3.8 所示，试求 A、C 处的约束力。

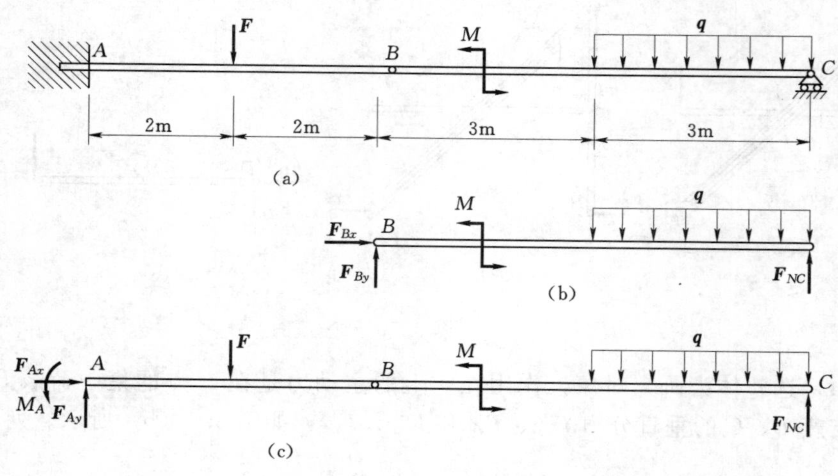

图 3.8

解：(1) 选梁 BC 为研究对象，作用在它上的主动力有力偶 M 和均布荷载 $\boldsymbol{q}$；约束力为 B 处的两个垂直分力 $\boldsymbol{F}_{Bx}$、$\boldsymbol{F}_{By}$，C 处的法向力 $\boldsymbol{F}_{NC}$，如图 3.8 (b) 所示。列平衡方程

$$\sum_{i=1}^{n} M_B(\boldsymbol{F}_i) = 0 \quad 6F_{NC} + M - 3q \times (3 + 3/2) = 0 \tag{1}$$

解得

$$F_{NC} = 43.33\text{kN}$$

(2) 选整体为研究对象，作用在它上的主动力有集中力 $\boldsymbol{F}$、力偶 M 和均布荷载 $\boldsymbol{q}$；约束力为固定端 A 两个垂直分力 $\boldsymbol{F}_{Ax}$、$\boldsymbol{F}_{Ay}$ 和力偶矩 M_A，以及 C 处的法向力 $\boldsymbol{F}_{NC}$，如图 3.8 (c) 所示。列平衡方程

$$\sum_{i=1}^{n} M_A(\boldsymbol{F}_i) = 0 \quad M_A - 2F + 10F_{NC} + M - 3q \times (7 + 3/2) = 0 \tag{2}$$

$$\sum_{i=1}^{n} F_{xi} = 0 \qquad F_{Ax} = 0 \tag{3}$$

$$\sum_{i=1}^{n} F_{yi} = 0 \qquad F_{Ay} - F - 3q + F_{NC} = 0 \tag{4}$$

由式 (2)、式 (3)、式 (4) 解得 A、C 端的约束力为

$$F_{Ax} = 0 \quad F_{By} = 26.67\text{kN} \quad M_A = 86.7\text{kN} \cdot \text{m}$$

各力方向如受力图所示。

3.2.3 平面静定桁架

工程中，房屋、桥梁、起重机和塔架等结构常用桁架结构。桁架是一种由杆件在两端用铰链彼此铰接而成的几何不变体结构。桁架中的杆件都是二力构件，杆件承受拉力或压力，充分发挥了材料的力学性能。由于其受力合理、节省材料、计算简单和施工方便，故被广泛应用于工程中。

为简化计算，平面桁架常采用以下基本假设：

(1) 所有杆件都是直杆，杆件的轴线都在同一平面内（该平面称为桁架的中心平面）。

(2) 杆端节点均为光滑铰链连接。

(3) 主动力（荷载）只作用在节点上，且在桁架平面内。

(4) 所有杆件的自重忽略不计，或平均分配在杆端节点上。

这样的平面桁架称平面理想桁架。

本节只研究平面静定桁架。如从桁架中除去任一杆，则桁架就会变为几何可变，这种桁架称为无余杆桁架，这类桁架可如下构成：以一铰接三角形框架为基础，每增加 2 杆，同时增加 1 个节点，这样构成的桁架也称为平面简单桁架。其杆件数 m 和节点数 n 满足关系：$m-3=2(n-3)$。即

$$m + 3 = 2n \tag{3.14}$$

由于每个节点作用一个平面汇交力系，故总共可以列出 $2n$ 个独立平衡方程，m 根杆共有 m 个未知内力，加上 3 个约束反力，总共有 $m+3$ 个未知量。这样，方程数和未知量数目相等，说明简单桁架为静定结构。

若 $m+3>2n$ 则为超静定结构，这种桁架称为有余杆桁架（即复杂桁架）。

而 $m+3<2n$ 则为可动结构，显然这种结构不是桁架。如图 3.9 所示。

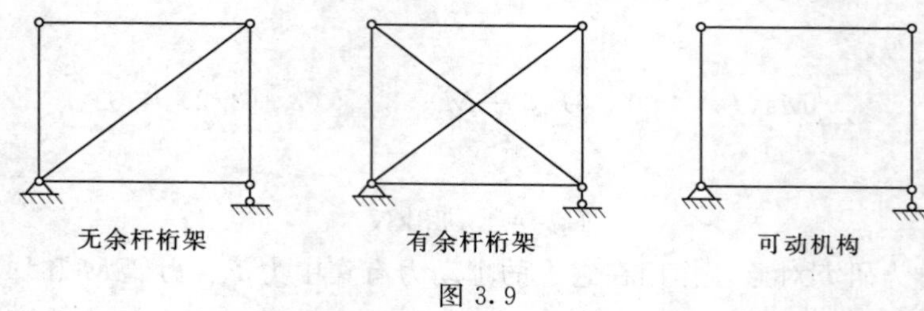

图 3.9

分析时，各个杆件的内力一般先假设为受拉，当计算结果为正时，说明杆件受拉；当计算结果为负时，杆件受压。二力杆内力规定：杆件受拉为正，受压为负。

零杆——内力为零的杆。解桁架问题时，若先判断出结构中的零杆，可能会使问题简化。

由静力学平衡原理，如图 3.10 所示的三种情形存在零杆。

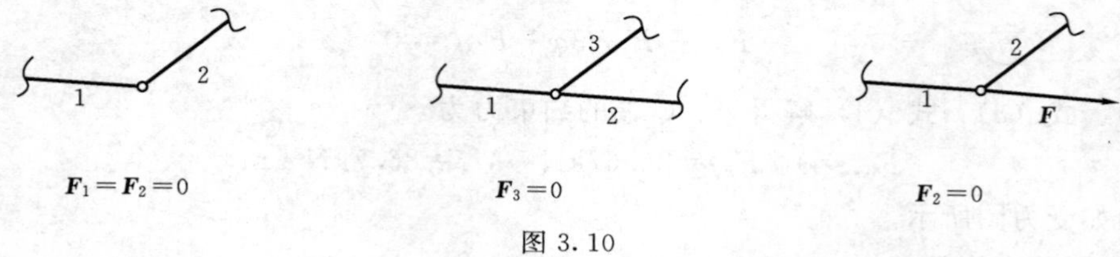

图 3.10

根据平面简单桁架的特点，计算其杆件内力的方法有节点法和截面法。

1. 节点法

节点法是截取桁架的一个节点为隔离体计算桁架内力的方法。节点上的荷载、反力和杆件内力作用线都汇交于一点，组成了平面汇交力系，利用平面汇交力系求解内力。每一个节点只能求解两根杆件的内力，因此节点法最适用于计算简单桁架。

【例 3.7】 如图 3.11 所示为一平面简单桁架。已知 $F_1=F_2=F_3=10\text{kN}$，求各杆的内力。

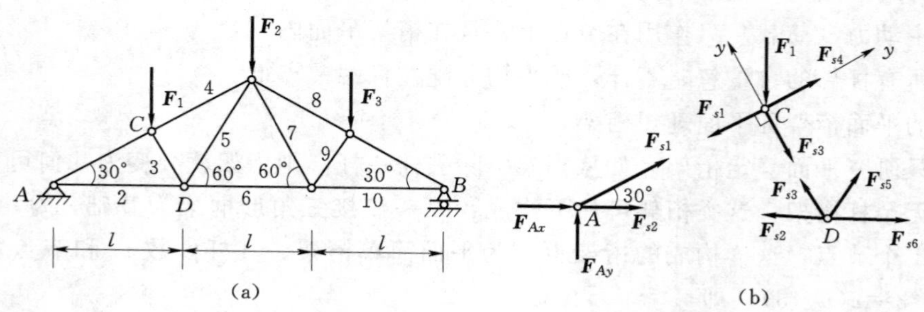

图 3.11

解：先以整体为研究对象，求出支座反力。由

$$\sum F_x=0,\ F_{Ax}=0$$

$$\sum m_B=0,\ F_{Ay}3l-F_1(3l-l\cos^2 30°)-F_2\frac{3}{2}l-F_3 l\cos^2 30°=0$$

则
$$F_{Ay}=\frac{3}{2}F_1=15(\text{kN})$$

再用节点法计算各杆的内力。对节点 A 列写平衡方程并求解，得到

$$\sum F_y=0,\ F_{Ay}+F_{s1}\sin30°=0$$
$$F_{s1}=-2F_{Ay}=-30(\text{kN})$$
$$\sum F_x=0,\ F_{Ax}+F_{s1}\cos30°+F_{s2}=0$$
$$F_{s2}=-F_{s1}\cos30°=26.0(\text{kN})$$

对节点 C 列写平衡方程并求解，得到

$$\sum F_y=0,\ F_{s3}+F_1\cos30°=0$$
$$F_{s3}=-F_1\cos30°=-8.7(\text{kN})$$
$$\sum F_x=0,\ F_{s4}-F_1\sin30°-F_{s1}=0$$
$$F_{s4}=F_1\sin30°+F_{s1}=-25(\text{kN})$$

对节点 D 列写平衡方程并求解，得到

$$\sum F_y=0,\ F_{s5}\cos30°+F_{s3}\cos30°=0$$
$$F_{s5}=-F_{s3}=8.7\text{kN}$$
$$\sum F_x=0, F_{s6}+(F_{s5}-F_{s3})\cos60°-F_{s2}=0$$
$$F_{s6}=-(F_{s5}-F_{s3})\cos60°+F_{s2}=17.3(\text{kN})$$

注意到此桁架的结构和受力都是对称的，故内力也一定是对称的。有

$$F_{s7}=F_{s5}=8.7\text{kN},\ F_{s8}=F_{s4}=-25\text{kN},\ F_{s9}=F_{s3}=-8.7\text{kN}$$
$$F_{s10}=F_{s2}=26.0\text{kN},\ F_{s11}=F_{s1}=-30\text{kN}$$

2. 截面法

截面法是用适当的截面，截取桁架的一部分（至少包括两个节点）为隔离体，利用平面任意力系的平衡条件进行求解。截面法最适用于求解指定杆件的内力，隔离体上的未知力一般不超过三个。注意，若隔离体中一根杆件被连续截断两次，由静力学原理可知，可去掉该杆。

【例 3.8】 试求图 3.12（a）所示桁架中杆件 1、2、3、4 的内力（长度单位：m）。

解： 先选取截面 $a—a$，假设将杆件 IG、IH、JH 截断，取右半部分为研究对象，做出受力图如图 3.12（b）所示。列出平衡方程

$$\sum F_y=0\quad -S_1-P=0$$

解得
$$S_1=-P(\text{压})$$

再选取截面 $b—b$，假设将杆件 IG、HG、HE 截断，取右半部分为研究对象，做出受力图如图 3.12（c）所示。列出平衡方程

$$\sum F_y=0\quad S_2\times\frac{4}{5}-P=0$$

解得
$$S_2=\frac{5}{4}P=1.25P(\text{拉})$$

最后选取截面 $c—c$，假设将杆件 GD、GF、FE、EC 截断，取右半部分为研究对象，做出

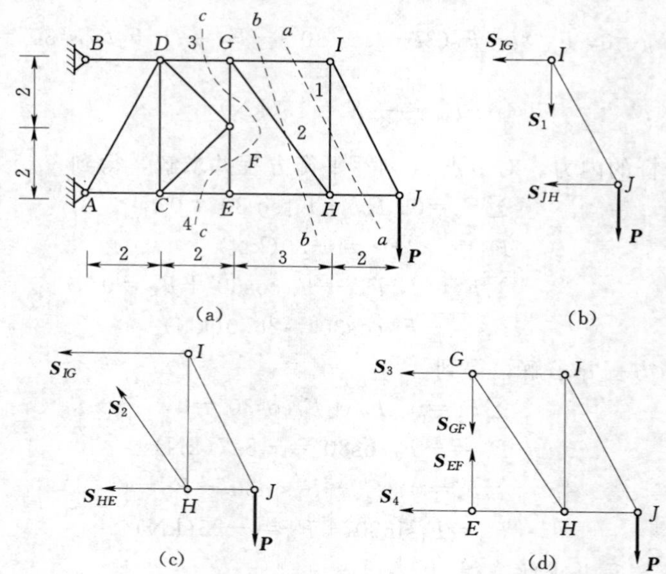

(a)　(b)　(c)　(d)

图 3.12

受力图如图 3.12（d）所示。列出平衡方程

$$\sum M_E(F)=0 \quad S_3\times 4-P\times 5=0$$

得

$$S_3=\frac{5}{4}P=1.25P(\text{拉})$$

再由

$$\sum F_x=0 \quad -S_4-S_3=0$$

得

$$S_4=-1.25P(\text{压})$$

在解决一些复杂的桁架时，单应用节点法或截面法往往不能够求解结构的内力，需要将这两种方法进行联合来解题，这种方法称为联合法。

习　题

3-1　讨论如习题 3-1 图所示各平衡问题是静定的还是静不定的，若是静不定的试确定其静不定的次数。

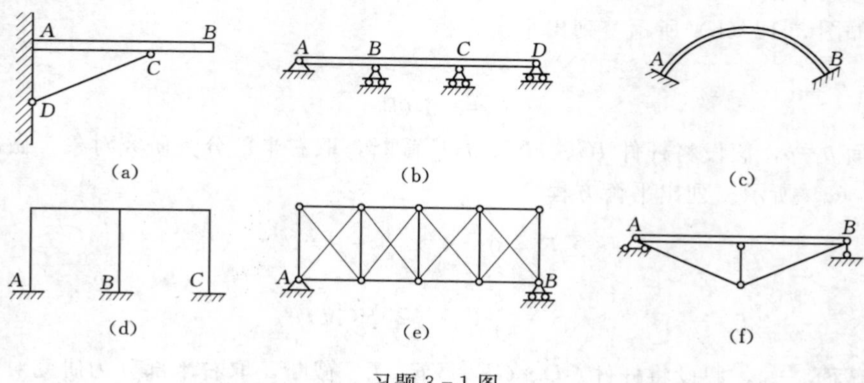

(a)　(b)　(c)　(d)　(e)　(f)

习题 3-1 图

3-2　炼钢炉的送料机由跑车 A 与可移动的桥 B 组成，如习题 3-2 图所示。跑车可沿桥上的轨道运动，两轮间距离为 2m，跑车与操作架、手臂 OC 以及料斗相连，料斗每次装载物料重 $W=15\text{kN}$，手臂长 $OC=5\text{m}$。设跑车 A、操作架和所有附件总重量为 P，作用于操作架的轴线。试问 P 至少应多大才能使料斗在满载时不致翻倒？

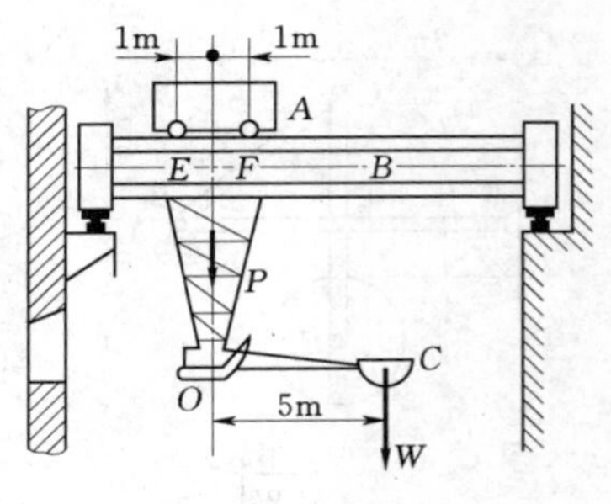

习题 3-2 图

3-3　梁 AB 用三根杆支承，如习题 3-3 图所示。已知 $F_1=30\text{kN}$，$F_2=40\text{kN}$，$M=30\text{kN}\cdot\text{m}$，$q=20\text{kN/m}$，试求三杆的约束力。

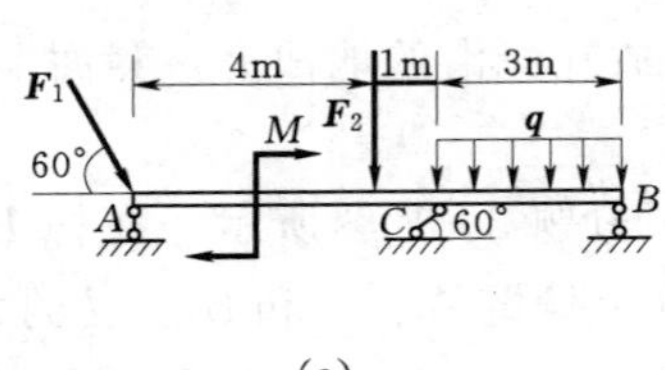

(a)

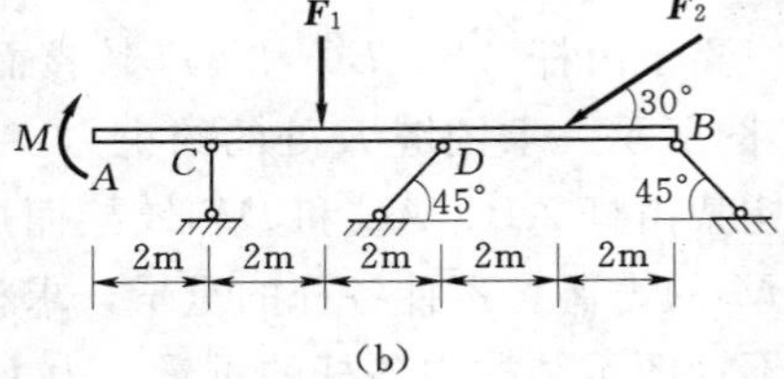

(b)

习题 3-3 图

3-4　试求如习题 3-4 图所示多跨梁的支座反力。已知 (a) $M=8\text{kN}\cdot\text{m}$，$q=4\text{kN/m}$；(b) $M=40\text{kN}\cdot\text{m}$，$q=4\text{kN/m}$。

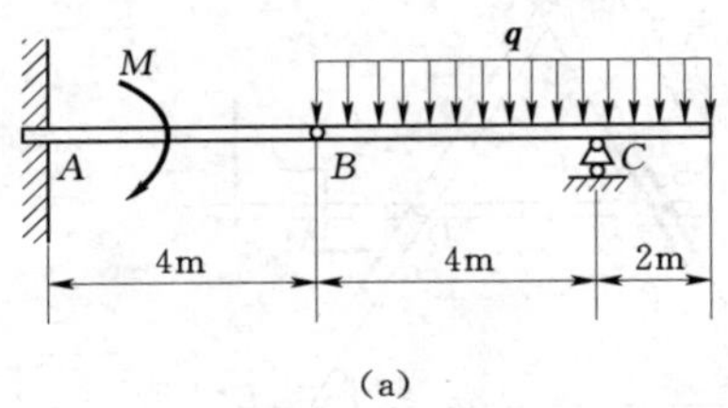

(a)

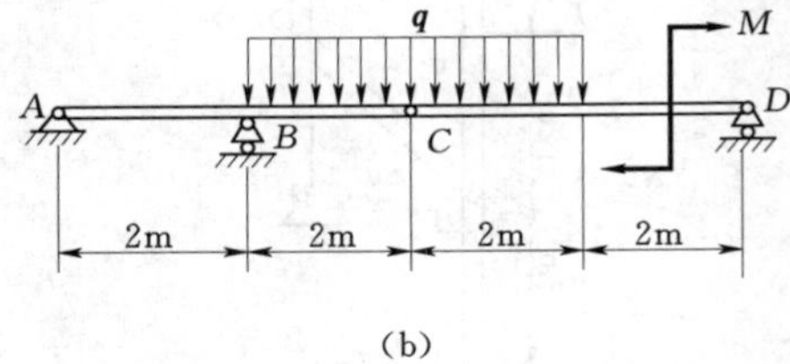

(b)

习题 3-4 图

3-5　梁的支承及载荷如习题 3-5 图所示。已知 $F=qa$，$M=qa^2$。试求支座的约束力。

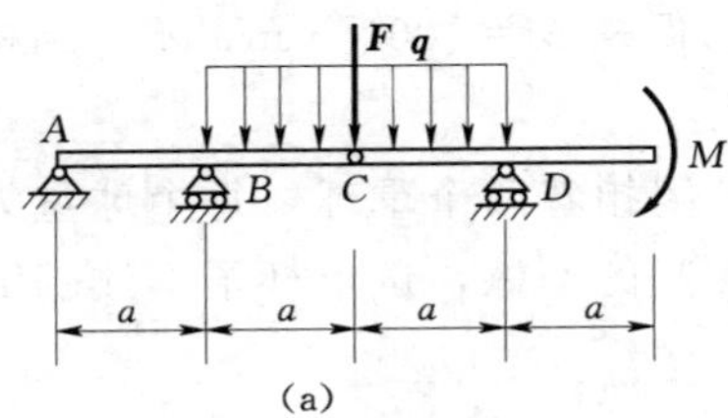

(a)

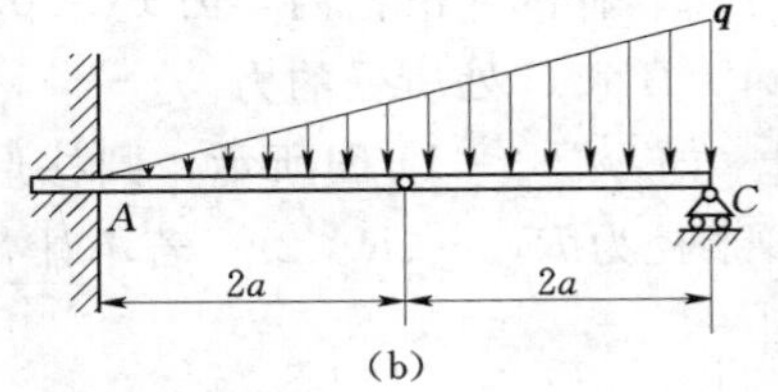

(b)

习题 3-5 图

3-6　如习题 3-6 图所示构架中，重物 W 重 1200N，由细绳跨过滑轮 E 而水平系于墙上，尺寸如习题 3-6 图所示。不计滑轮和杆的自重，求支座 A 和 B 处的约束力，以及杆 BC 的内力。

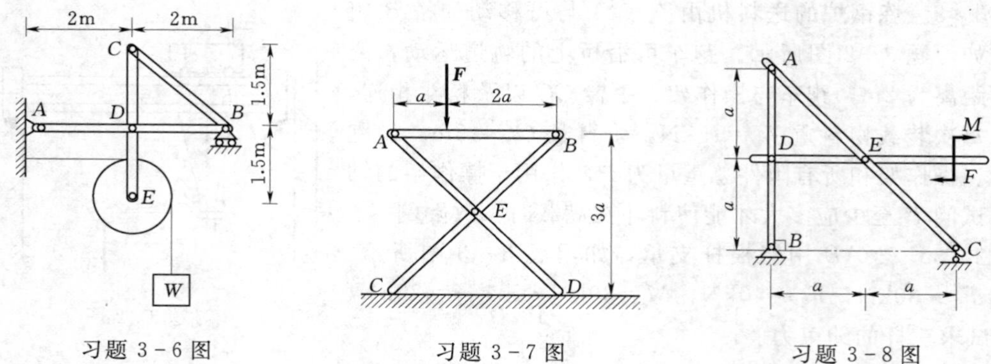

习题 3-6 图　　习题 3-7 图　　习题 3-8 图

3-7　一凳子由杆 AB、BC 和 AD 铰接而成，放在光滑的地面上，凳面上作用有力 F 如习题 3-7 图所示。求铰链 E 处的约束力。

3-8　构架由杆 AB、AC 和 DF 铰接而成，如习题 3-8 图所示。在杆 DEF 上作用一力偶矩为 M 的力偶。不计各杆的重量，求杆 AB 上铰链 A、D 和 B 所受的力。

3-9　不计图示结构中各杆的重量，力 $F=40\text{kN}$。求铰链 A、B 和 C 处所受的力。

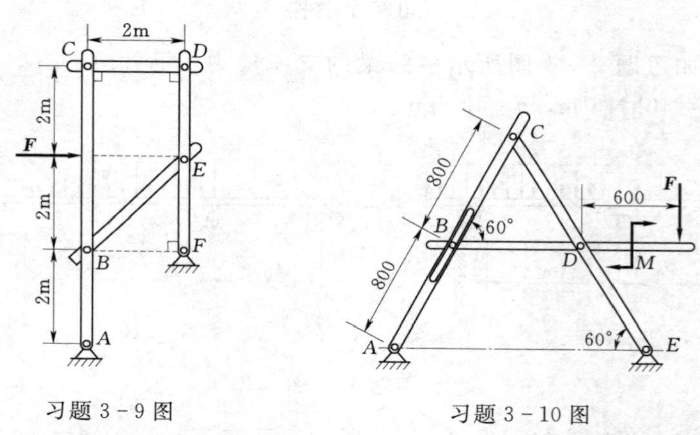

习题 3-9 图　　习题 3-10 图

3-10　在如习题 3-10 图所示构架中，A、C、D 和 E 处均为铰链连接，杆 BD 上的销子 B 置于 AC 杆的光滑槽内，力 $F=200\text{kN}$，力偶矩 $M=100\text{N}\cdot\text{m}$，不计结构中各杆的重量，求 A、B 和 C 处所受的力。

3-11　如习题 3-11 图所示，圆柱形的杯子倒扣着两个重球，每个球重为 G，半径为 r，杯子半径为 R，$r<R<2r$。若不计各接触面间的摩擦，试求杯子不致翻倒的最小杯重 $G_{\min}$。

3-12　如习题 3-12 图所示，匀质杆 AB，重 G，一端用球铰链 A 固定，另一端用软绳 BC，BD 拉住，位于水平位置，求绳子中的拉力。若再加上一根软绳 BE，能否求出这三根绳子中的拉力？为什么？

3-13　重物 M 放在光滑的斜面上，用沿斜面的绳 AM 和 BM 拉住。已知物重 $W=1000\text{kN}$，斜面的倾角 $\alpha=60°$，绳与铅垂面的夹角分别为 $\beta=30°$ 和 $\gamma=60°$。如果物体的尺寸忽略不计，求重物对于斜面的压力和两绳的拉力。

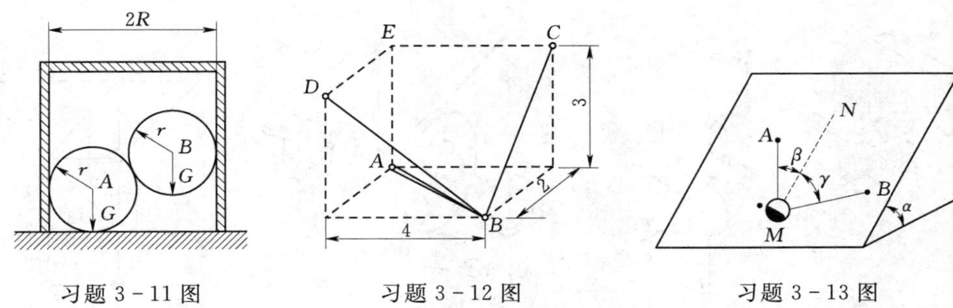

习题 3-11 图　　习题 3-12 图　　习题 3-13 图

3-14　如习题 3-14 图所示一空间桁架，由六根杆组成。一力 $P=10\text{kN}$，作用于节点 A，此力在 $ABNDC$ 铅垂面内，且与铅垂线 CA 成 45°角。$\triangle EAK$ 和$\triangle FBM$ 相等，皆为铅垂等腰直角三角形，并与 $ABNDC$ 直交，其余见图示，求各杆的内力。

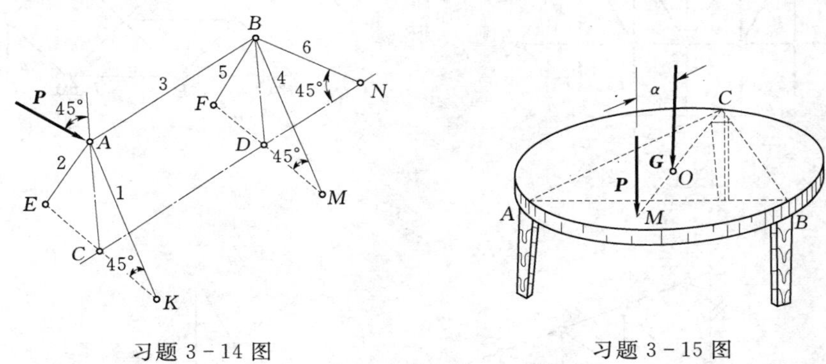

习题 3-14 图　　习题 3-15 图

3-15　三脚圆桌的半径 $r=50\text{cm}$，重为 $G=600\text{N}$，圆桌的三脚 A、B 和 C 形成一等边三角形。如在中线 CO 上距圆心为 a 的点 M 处作用一铅垂力 $P=1500\text{N}$，求使圆桌不致翻倒的最大距离 a。

3-16　手摇钻由支点 B、钻头 A 和一个弯曲的手柄组成。当支点 B 处加压力 F_z 和 F_x、F_y，以及手柄上加力 F 后，即可带动钻头绕轴 AB 转动而钻空。已知 $F_x=50\text{N}$，$F=150\text{N}$，求：(1) 钻头受到的阻抗力偶矩 M；(2) 材料对钻头的约束力 F_{Ax}，F_{Ay}，F_{Az} 的值；(3) 力 F_x，F_y 的值。

3-17　如习题 3-17 图所示水平轴 AB 作匀速转动，其上装有齿轮 C 及带轮 D。齿轮直径为 240mm。已知胶带紧边的拉力为 200N，松边的拉力为 100N，尺寸如习题 3-18 图所示。求啮合力 F 及轴承 A 和 B 处的约束力。

3-18　试指出如习题 3-18 图所示桁架中的零杆。

3-19　计算如习题 3-19 图所示桁架中标号的各杆的内力。各垂直载荷的大小均为 F，已知 $a=3\text{m}$，$b=4\text{m}$，$F=5\text{kN}$。

3-20　试指出如习题 3-20 图所示桁架中的零杆，并求出 AB 杆的内力。

3-21　平面悬臂桁架受力如习题 3-21 图所示。求杆 1、2 和 3 的内力。

3-22　平面桁架受力如习题 3-22 图所示。ABC 为等边三角形，且 $AD=DB$，求杆

CD 的内力。

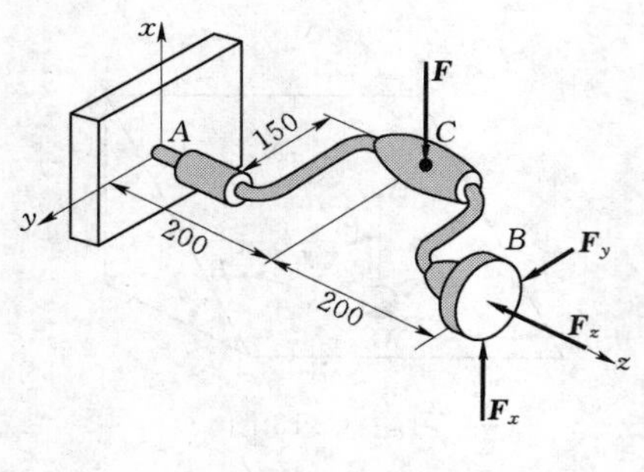

习题 3－16 图

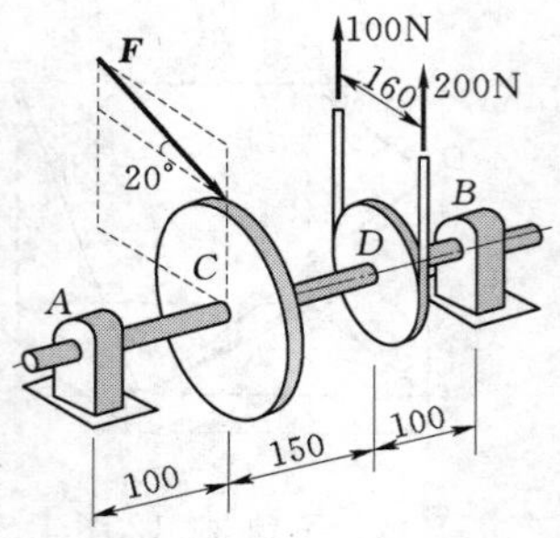

习题 3－17 图

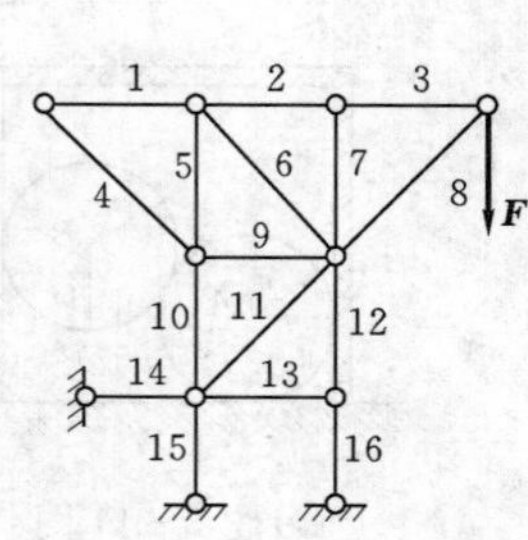

习题 3－18 图

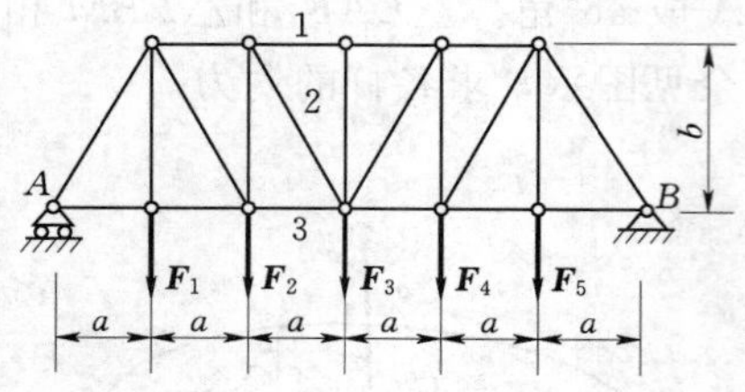

习题 3－19 图

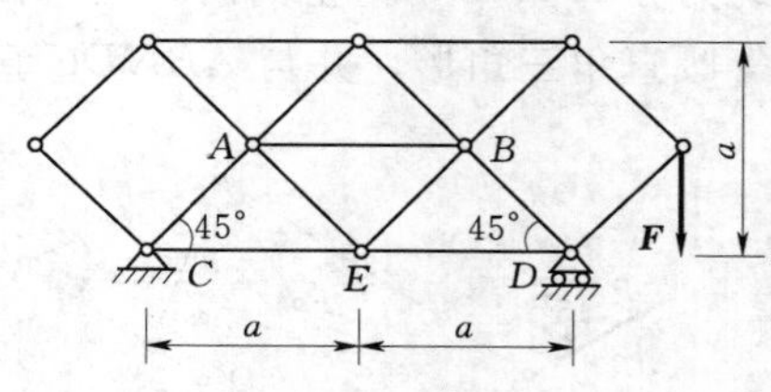

习题 3－20 图

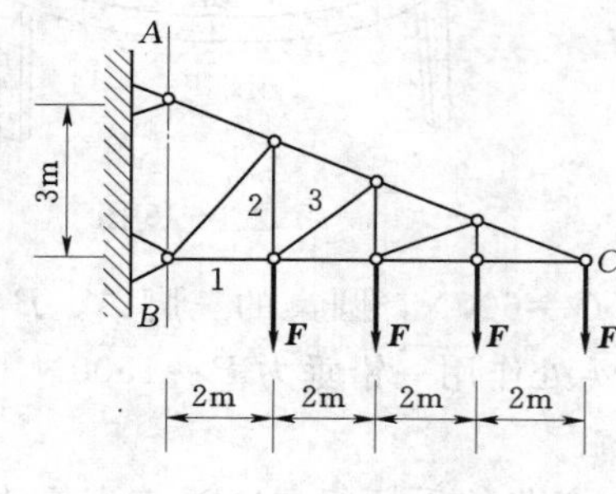

习题 3－21 图

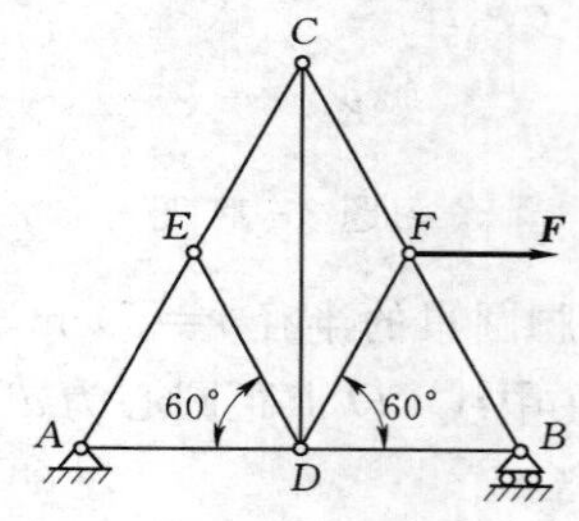

习题 3－22 图

第4章 摩 擦

前面的讨论中，忽略了摩擦的影响，而实际中互相接触的物体之间有相对运动或相对运动的趋势时，在接触处会产生阻止它们相对运动的机械作用，称为摩擦阻力。物体间相对运动有相对滑动或相对滚动，摩擦分为滑动摩擦和滚动摩阻。按运动状态摩擦也分静摩擦和动摩擦。摩擦普遍存在，在生产和生活中起着重要作用，有时需要利用，有时则需要尽量避免。摩擦的机理极其复杂，本节仅介绍工程中常用的经典摩擦理论。

4.1 滑 动 摩 擦

在粗糙的水平面上一重为 G 的物体 A 受力如图 4.1 所示。水平外力 F_P 逐渐由零增加到某临界值，物块仍能保持静止，说明支持面除法向约束反力 F_N 外，还有一阻碍物块沿水平方向运动的约束反力 F_S，此即滑动静摩擦力。静摩擦力 F_S 方向和运动趋势方向相反，由平衡条件可知，$F_S=-F_P$。增加 F_P，F_S 也相应地增加，一直到某一极限值 $F_{\max}$为止，如继续增加 F_P，物块就开始向右滑动。可见，静摩擦力随主动力而变，但又不能无限增加而具有最大值 $F_{\max}$。$F_{\max}$称为最大静摩擦力。

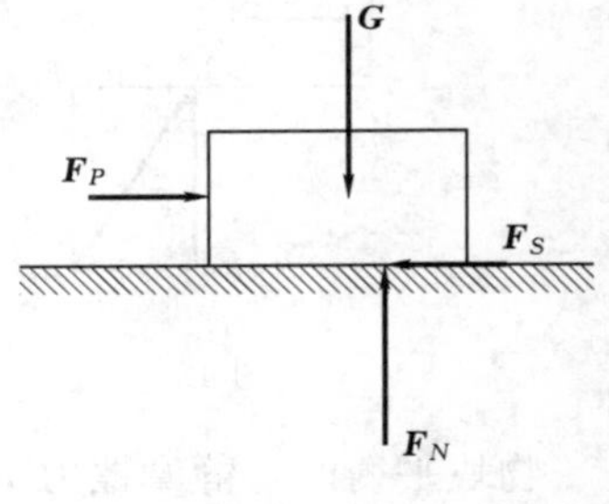

图 4.1

显然，静摩擦力介于零和最大静摩擦力之间，即

$$0\leqslant F_S\leqslant F_{\max} \tag{4.1}$$

根据大量试验，库仑于 1785 年提出：最大静摩擦力的大小与两物体间的正压力（即法向约束反力）成正比。

$$F_{\max}=f_s F_N \tag{4.2}$$

其中 f_s 为静摩擦因数，是比例常数，没有量纲。式(4.2) 称为静摩擦定律，又称库仑摩擦定律。

物体滑动后，受滑动动摩擦力作用，大小为

$$F_d=f_d F_N \tag{4.3}$$

其中 f_d 为动摩擦因数，多数情况下，f_d 与相对速度的关系如图 4.2 所示。工程中一般忽略 f_d 与 f_s 的差别。

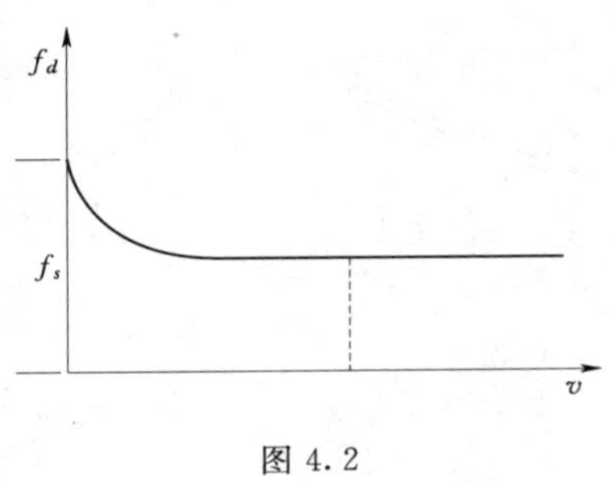

图 4.2

4.2 摩擦角和自锁

为直观地描述滑动摩擦，现引入几何概念。如图 4.3 所示，物体 A 平衡时，$\boldsymbol{F}_S=\boldsymbol{F}_P$。约束力 $\boldsymbol{F}_N$ 和 $\boldsymbol{F}_S$ 的合力称为全约束反力 $\boldsymbol{F}_R$，$\boldsymbol{F}_R=\boldsymbol{F}_N+\boldsymbol{F}_S$。全部主动力合力为 $\boldsymbol{F}_Q=\boldsymbol{G}+\boldsymbol{F}_P$。当 $\boldsymbol{F}_S<\boldsymbol{F}_{\max}$时，物块 A 保持静止状态。由二力平衡公理，$\boldsymbol{F}_Q$ 和 $\boldsymbol{F}_R$ 必大小相等，方向相反且在同一直线上，即 $\varphi=\alpha$。当 $\boldsymbol{F}_S=\boldsymbol{F}_{\max}=\boldsymbol{f}_s\boldsymbol{F}_N$ 时，物块处于临界状态，φ 也达到最大值 φ_m，如图 4.4 所示。这个全约束反力和法向的最大夹角 φ_m 叫做摩擦角，有

$$\tan\varphi=\frac{F_S}{F_N} \tag{4.4}$$

$$\tan\varphi_m=\frac{F_{\max}}{F_N}=\frac{f_sF_N}{F_N}=f_s \tag{4.5}$$

显然，被动力 $\boldsymbol{F}_R$ 的大小和方向会随主动力 $\boldsymbol{F}_Q$ 的变化而变化。在临界状态下，全约束力 $\boldsymbol{F}_R$ 的作用线将画出一个以 A 点为顶点的圆锥面，如图 4.5 所示，称为摩擦锥，其顶角为 $2\varphi_m$。

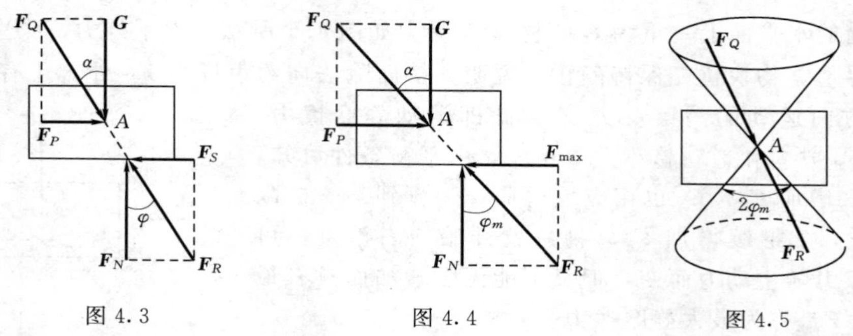

图 4.3　　图 4.4　　图 4.5

物块平衡时，静摩擦力 $\boldsymbol{F}_S$ 满足：$0\leqslant\boldsymbol{F}_S\leqslant\boldsymbol{F}_{\max}$，以角度表示，即全约束力和法向的夹角 φ 满足：$0\leqslant\varphi\leqslant\varphi_m$。此时，主动力合力 $\boldsymbol{F}_Q$ 位于摩擦摩擦角 φ_m 之内，无论 $\boldsymbol{F}_Q$ 多大，物块都不会滑动。这种现象称为自锁。反之，如主动力合力 $\boldsymbol{F}_Q$ 位于摩擦摩擦角 φ_m 之外，无论 $\boldsymbol{F}_Q$ 多小，物块一定会滑动。利用摩擦角的概念，可用斜面来测定静摩擦因数。如图 4.6 所示，把要测定的两种材料做成斜面和物块，把物块放在斜面上，逐渐从零起增大斜面倾角 α，直到物块刚开始下滑止。这时 α 角就等于要测定的摩擦角 φ_m。摩擦角的正切值就是要求的摩擦因数，即 $f_s=\tan\varphi_m=\tan\alpha$。

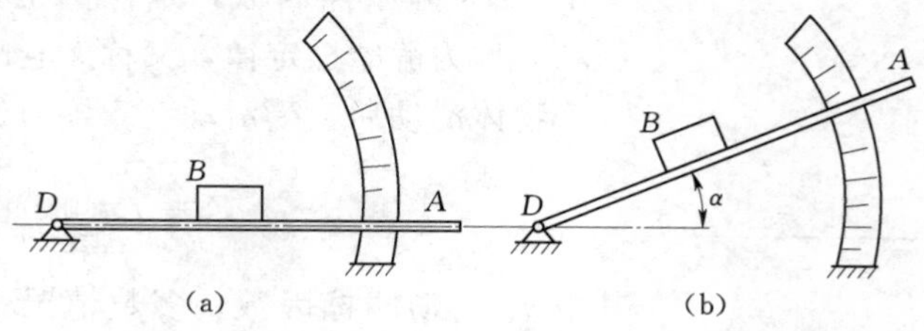

图 4.6

当 $\alpha<\varphi_m$ 时，不管物块多重，物块都可以保持静止，这是斜面的自锁条件。螺纹的自锁条件与此一致，如图 4.7 所示，因为螺纹可看成绕在一圆柱面的斜面。若千斤顶螺母和螺杆间的摩擦因数为 $f_s=0.1$，则 $\tan\varphi_m=f_s=0.1$，故 $\varphi_m=5°43'$，为保证千斤顶自锁，一般取螺纹升角 $\theta=4°\sim4°30'$。

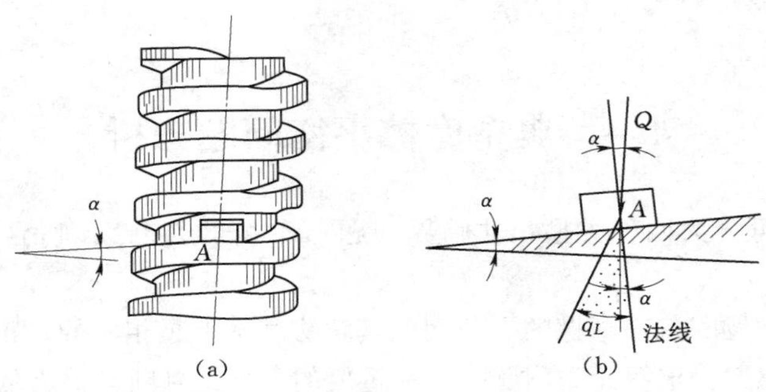

图 4.7

4.3 滚 动 摩 阻

由实践可知，滚子用滚动代替滑动可大大减少摩擦阻力。本节简单介绍滚动摩擦的机理。如水平路面上受一定推力作用而不动的压路机碾子、车轮等，如果采用刚性接触约束模型，受力如图 4.8 所示，因 $\sum M_A\neq0$，则滚子不可能平衡，与上述事实不符。原因就是因为滚子和平面实际上并不是刚体，它们在力的作用下都发生了挤压变形，形成如图 4.9 所示的接触面，在接触面上，物体受分布力的作用。这些分布力向点 A 简化，得到一个主矢 $\boldsymbol{F}_R$ 和一个主矩 M_f，$\boldsymbol{F}_R$ 分解为径向的法向约束力 $\boldsymbol{F}_N$ 和切向的摩擦力 $\boldsymbol{F}_S$。而这个矩为 M_f 的力偶称为滚动摩阻力偶，简称滚阻力偶。它与力偶 M（F_T，F_S）平衡，转向与滚动趋势方向相反。

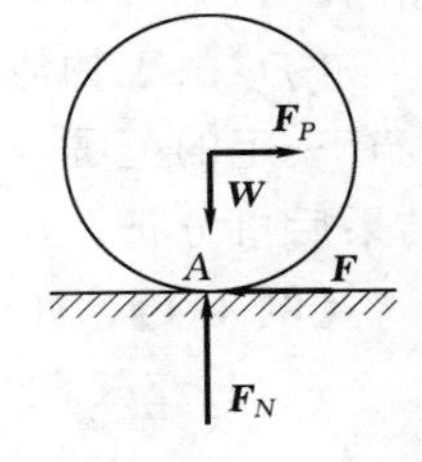

图 4.8

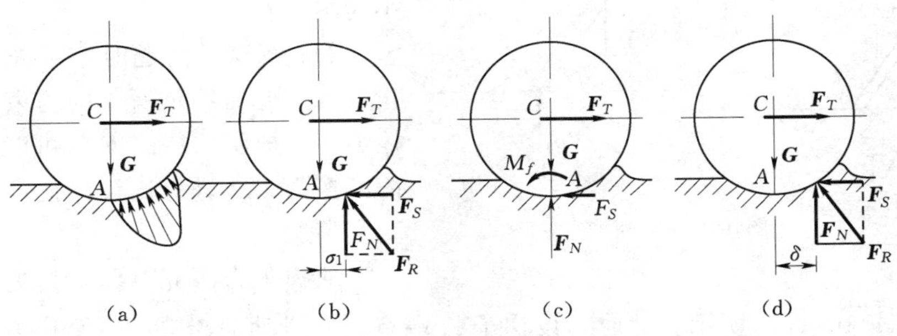

图 4.9

与静摩擦力相似，滚动摩阻力偶矩 M_f 随着主动力的增加而增加，到达某个临界值 M_{max}（最大滚动摩阻力偶矩）时就不再增加，如继续增加主动力，轮子就会滚动，故

$$0\leqslant M_f\leqslant M_{max}$$

试验证明最大滚动摩阻力偶矩 $M_{\max}$ 与法向约束力 $\boldsymbol{F}_N$ 的大小成正比，即

$$M_{\max}=\delta F_N \tag{4.6}$$

δ 称为滚动摩阻因数，简称滚阻因数，其量纲为长度，单位常用mm。式（4.6）称为滚动摩阻定律，也是法国物理学家库仑发现的。由于滚动摩阻因数 δ 较小，在多数情况下滚动摩阻可忽略不计。

4.4　典型摩擦平衡问题分析

摩擦平衡问题可分为四种类型：非临界问题（平衡的判断）、临界平衡、平衡范围与考虑摩阻的问题。

有摩擦的平衡问题和忽略摩擦的平衡问题其解法基本上是相同的，正确的是在进行受力分析时，应画上摩擦力。求解此类问题时，最重要的一点是判断摩擦力的方向和计算摩擦力的大小。由于摩擦力与一般的未知约束力不完全相同，因此，此类问题有如下一些特点：

（1）分析物体受力时，摩擦力 F 的方向一般不能任意假设，要根据相关物体接触面的相对滑动趋势预先判断确定。注意摩擦力的方向总是与物体的相对运动趋势方向相反。

（2）作用于物体上的力系，包括摩擦力 F 在内，除应满足平衡条件外，摩擦力 F 还必须满足摩擦的物理条件（补充方程），即 $0\leqslant F_s\leqslant F_{\max}$，补充方程的数目与摩擦力的数目相同。

（3）由于物体平衡时摩擦力有一定的范围（$0\leqslant F_s\leqslant F_{\max}$），故有摩擦的平衡问题的解也有一定的范围，而不是一个确定的值。为了计算方便，一般先在临界状态下计算，求得结果后再分析、讨论其解的平衡范围。

【例 4.1】 如图4.10所示一重为200N的梯子 AB 一端靠在铅垂的墙壁上，另一端搁置在水平地面上，$\theta=\arctan 4/3$。假设梯子与墙壁间为光滑约束，而与地面之间存在摩擦，静摩擦因数 $f_s=0.5$。问梯子是处于静止还是会滑倒？此时，摩擦力的大小为多少？

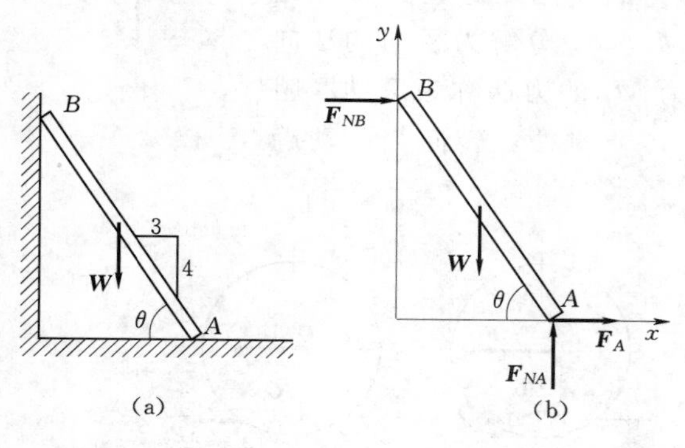

图4.10

解：解这类问题时，可先假定物体静止，求出此时物体所受的约束反力与静摩擦力 $\boldsymbol{F}$，把所求得的 $\boldsymbol{F}$ 与可能达到的最大静摩擦力 $\boldsymbol{F}_{\max}$ 进行比较，就可确定物体的真实情况。

取梯子为研究对象。其受力图及所取坐标轴如图4.10（b）所示。此时，设梯子 A 端有向左滑动的趋势。由平衡方程

$$\sum F_x=0,\ F_A+F_{NB}=0$$

$$\sum F_y=0,\ F_{NA}-W=0$$

解得

$$\sum M_A(F)=0, W\frac{l}{2}\cos\theta-F_{NB}l\sin\theta=0$$

$$F_{NA}=W=200\text{N}$$

$$F_A=-F_{NB}=-\frac{1}{2}W\cot\theta=-75(\text{N})$$

根据静摩擦定律，可能达到的最大静摩擦力

$$F_{A\max}=f_sF_{NA}=0.5\times200=100(\text{N})$$

求得的静摩擦力为负值，说明它真实的指向与假设方向相反，即梯子应具有向右的趋势，又因为 $|F_A|<F_{A\max}$，说明梯子处于静止状态。

对这种类型的摩擦平衡问题，即已知作用在物体上的主动力，需判断物体是否处于平衡状态，可将摩擦力作为一般约束反力来处理。然后用平衡方程求出所受的摩擦力，并通过与最大静摩擦力作比较，判断物体所处的状态。

【例 4.2】 如图 4.11 所示一重为 G 的物体放在倾角为 α 的固定斜面上。已知物块与斜面间的静摩擦因数 f_s（则摩擦角为 $\varphi_f=\arctan f_s$），试求维持物块平衡的水平推力 F 的取值范围。

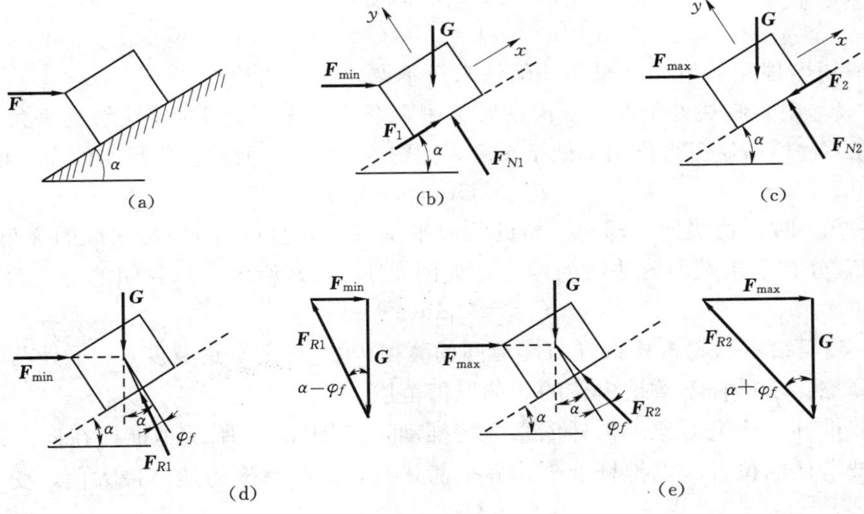

图 4.11

解： 根据经验，F 值过大，物块将上滑，F 值过小，物块将下滑，故 F 值只在一定范围内（$F_{\min}\leqslant F\leqslant F_{\max}$）才能保持物块静止。$F_{\min}$ 对应物块处于即将下滑的临界状态，$F_{\max}$ 对应物块处于即将上滑的临界状态。下面就这两种情况进行分析。

（1）求 $F_{\min}$。假设静摩擦力 F_1 的方向应沿斜面向上，故其受力图和坐标轴如图 4.11（b）所示。

由平衡方程

$$\sum F_x=0,\ F_{\min}\cos\alpha+F_1-G\sin\alpha=0$$

$$\sum F_y=0,\ -F_{\min}\sin\alpha-G\cos\alpha+F_{N1}=0$$

由静摩擦定律，建立补充方程

$$F_1=f_sF_{N1}=F_{N1}\tan\varphi_f$$

解得

$$F_{\min}=G\frac{\sin\alpha-f_s\cos\alpha}{\cos\alpha+f_s\sin\alpha}=G\tan(\alpha-\varphi_f)$$

(2) 求 $\boldsymbol{F}_{\max}$。假设静摩擦力 $\boldsymbol{F}_2$ 的方向应沿斜面向下，故其受力图和坐标轴如图 4.11 (c) 所示。

由平衡方程

$$\sum F_x=0,\ F_{\max}\cos\alpha-G\sin\alpha-F_2=0$$

$$\sum F_y=0,\ -F_{\max}\sin\alpha-G\cos\alpha+F_{N2}=0$$

由静摩擦定律，建立补充方程

$$F_2=f_sF_{N2}=F_{N2}\tan\varphi_f$$

解得

$$F_{\max}=G\frac{\sin\alpha+f_s\cos\alpha}{\cos\alpha-f_s\sin\alpha}=G\tan(\alpha+\varphi_f)$$

由以上分析得知，欲使物块保持平衡，力 F 的取值范围为

$$G\tan(\alpha-\varphi_f)\leqslant F\leqslant G\tan(\alpha+\varphi_f)$$

如果应用摩擦角的概念，采用几何法求解本题，将更为简便。

当 $F=F_{\min}$时，物块处于即将下滑的临界平衡状态，全反力 $\boldsymbol{F}_{R1}$ 与法线的夹角为摩擦角 φ_f，物块在 $\boldsymbol{G}$，$\boldsymbol{F}$，$\boldsymbol{F}_{R1}$ 三力作用下处于平衡，如图 4.11 (d) 所示。作封闭的力三角形可得

$$F_{\min}=G\tan(\alpha-\varphi_f)$$

当 $F=F_{\max}$时，物块处于即将上滑的临界平衡状态，全反力 $\boldsymbol{F}_{R2}$ 与法线的夹角也是 φ_f，但 $\boldsymbol{F}_{R1}$ 与 $\boldsymbol{F}_{R2}$ 分布于接触面公法线的两侧，如图 4.11 (e) 所示。作封闭的力三角形可得

$$F_{\max}=G\tan(\alpha+\varphi_f)$$

【例 4.3】 给定凸轮机构推杆与滑道间的摩擦因数 f_s 和滑道宽度 b，不计凸轮与推杆接触处的摩擦。求推杆不致被卡住的 a 的取值范围。

解： 取推杆为研究对象。推杆依靠凸轮推动，如图 4.12 所示是推杆在向上运动过程中最容易被卡住的位置。设推杆处于临界平衡状态，此时摩擦力达到最大值，受力图如图

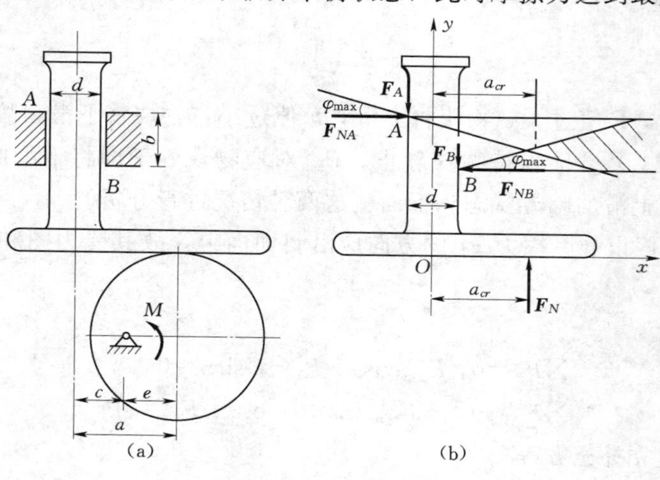

图 4.12

4.12 所示。列平衡方程

$$\sum F_x=0,\ F_{NA}-F_{NB}=0$$

$$\sum F_y=0,\ -F_A-F_B+F_N=0$$

$$\sum M_B=0,\ F_N\left(a_{cr}-\frac{d}{2}\right)+F_A d-F_{NA}b=0$$

其中 a_{cr} 为临界值，将库仑摩擦定律作为补充方程

$$F_A=f_sF_{NA},\ F_B=f_sF_{NB}$$

其中上述 5 个方程中未知量为 F_A，F_{NA}，F_B，F_{NB}，a_{cr}，可以解得

$$a_{cr}=\frac{b}{2f_s} \tag{1}$$

结果与 d 无关。为确保凸轮机构的正常工作，必须使 $a<a_{cr}$。注意到机构工作时 a 是变动的，因此，式（1）是对结构的要求，即 $c+e<a_{cr}$。

运用摩擦角的概念解题具有在几何上更直观的优点。将 A 和 B 点的约束力用全反力 $\boldsymbol{F}_{RA}$，$\boldsymbol{F}_{RB}$ 表示，平衡时，这两个力作用线的交点只可能落在如图 4.12 所示的阴影区域内，自锁条件是力 $\boldsymbol{F}_N$ 的作用线穿过这个阴影区域，a_{cr} 满足如下几何关系

$$\left(a_{cr}+\frac{d}{2}\right)\tan\varphi_{\max}+\left(a_{cr}-\frac{d}{2}\right)\tan\varphi_{\max}=b$$

结果与式（1）相同。

习　题

4-1　一端有绳子拉住的重 100N 的物体 A 置于重 200N 的物体 B 上如习题 4-1 图所示，B 置于水平面上并作用一水平力 $\boldsymbol{F}$。若各接触面的静摩擦因数均为 0.35，试求 B 即将向右运动时力 $\boldsymbol{F}$ 的大小。

4-2　重物 A 与 B 用一不计重量的连杆铰接后放置如习题 4-2 图所示。已知 B 重 1kN，A 与水平面、B 与斜面间的摩擦角均为 15°。不计铰接中的摩擦力，求平衡时 A 的最小重量。

4-3　利用劈尖原理升高重物的装置如习题 4-3 图所示。设重物重 20kN，各接触面间的摩擦角均为 12°，不计劈尖的重量，计算图示情况升高重物所需的最小水平力 $\boldsymbol{F}$。

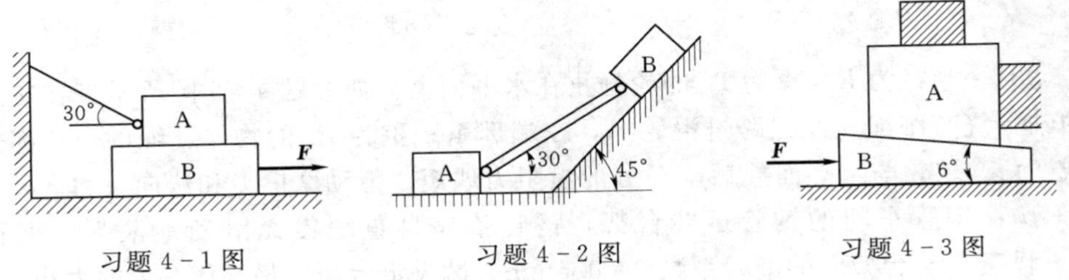

习题 4-1 图　　习题 4-2 图　　习题 4-3 图

4-4 起重绞车的制动装置由带动制动块的手柄和制动轮组成。已知制动轮半径 $R=50\text{cm}$，鼓轮半径 $r=30\text{cm}$，制动轮与制动块间的摩擦因数 $f_s=0.4$，被提升的重物重 $G=1000\text{N}$，手柄长 $L=300\text{cm}$、$a=60\text{cm}$、$b=10\text{cm}$，不计手柄和制动轮的重量，求能够制动所需力 $\boldsymbol{F}$ 的最小值。

4-5 砖夹的宽度为 250mm，曲杆 AGB 与 $GCED$ 在 G 点铰接，尺寸如习题 4-5 图所示。设砖重 $P=120\text{N}$，提起砖的力 F 作用在砖夹的中线上，砖夹与砖间的摩擦因数 $f_s=0.5$。求距离 d 为多大时才能把砖夹起。

4-6 如习题 4-6 图所示重 100N、高 $H=20\text{cm}$、底面直径 $d=10\text{cm}$ 的正圆锥体放在斜面上。静摩擦因数 $f_s=0.5$，质心 C 的位置 $h=H/4$。求锥体在斜面上保持静止时作用于圆锥顶点的水平力 $\boldsymbol{F}_P$ 的大小。

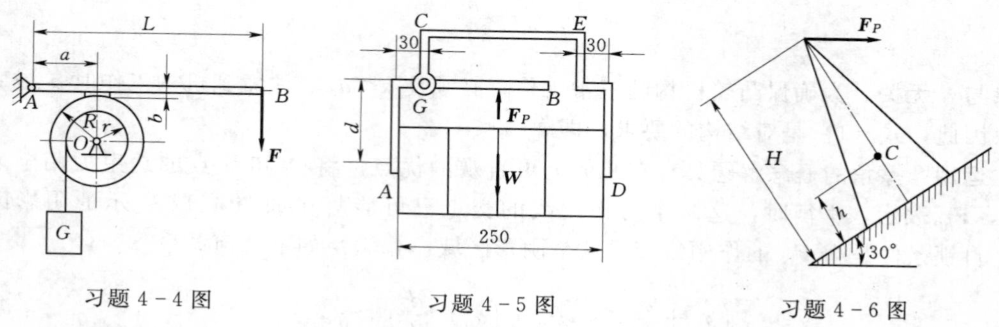

习题 4-4 图　　习题 4-5 图　　习题 4-6 图

4-7 攀登电线杆的脚套钩如习题 4-7 图所示。设电线杆的直径 $d=300\text{mm}$，A 和 B 之间的垂直距离 $b=100\text{mm}$。若套钩与电线杆之间的摩擦因数 $f_s=0.5$。求工人操作时，为了安全，站在套钩上的最小距离 l 应为多大。

4-8 不计自重的拉门与上下滑道之间的静摩擦因数为 f_s，门高为 h。若在门上 $\frac{2h}{3}$ 处用水平力 $\boldsymbol{F}$ 拉门而不致被卡住，求门宽 b 的最小值。求门的自重对不被卡住的门宽最小值是否影响？

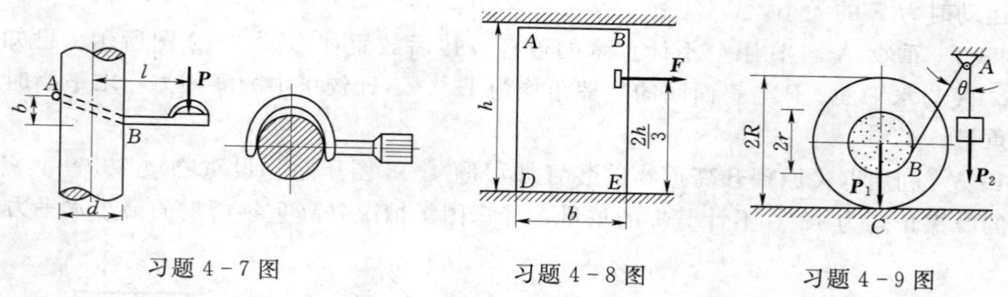

习题 4-7 图　　习题 4-8 图　　习题 4-9 图

4-9 一半径为 R、重为 $\boldsymbol{P}_1$ 的轮静止在水平面上，如习题 4-9 图所示。在轮上半径为 r 的轴上绕有细绳，此绳跨过滑轮 A，在端部系一重为 $\boldsymbol{P}_2$ 的物体。绳的 AB 部分与铅直线成 θ 角。求轮与水平面接触点 C 处的滚阻力偶矩、滑动摩擦力和法向反力。

4-10 钢管车间的钢管运转台架，钢管依靠自重缓慢无滑动地滚下，钢管直径 50mm。设钢管与台架间的滚阻系数 $\delta=0.5\text{mm}$。试决定台架的最小倾角 θ 的大小。

4-11　汽车 $P=15\text{kN}$，车轮的直径为 600mm，轮自重不计。问发动机应给予后轮多大的力偶矩，方能使前轮越过高为 80mm 的阻碍物？此时后轮与地面的静摩擦因数应为多大才不致打滑？

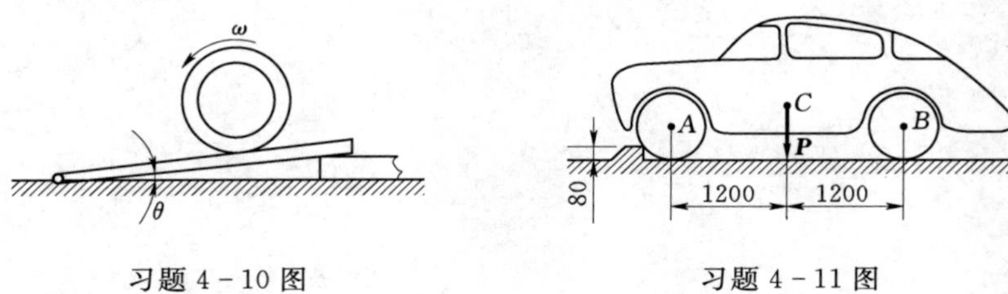

习题 4-10 图　　　　习题 4-11 图

运◆动◆学

运动学，是研究物体在空间的位置随时间变化的几何性质的科学。例如物体上各点的轨迹、速度和加速度等。研究运动学，一方面为动力学提供运动分析基础；另一方面能直接应用于工程实际，例如传动机构的运动设计等。

所谓物体的机械运动表现为它在空间的位置随时间的变化，因此物体运动的描述是相对的。将观察者所在的物体称为参考体，固结于参考体上的坐标系称为参考系。只有明确参考系来分析物体的运动才有意义。在工程问题中，常常将参考系固连在地球上。对于不同的参考系，同一物体的运动情况通常不相同，这就是运动的相对性。运用运动合成方法处理运动学问题，可使复杂问题变得简单。

在描述物体的运动时，一般将物体抽象为质点或刚体。当物体的形状和尺寸在所研究问题中不起主要作用时，可忽略其形状和大小。例如，研究人造卫星运行轨道时，可将其视为一个几何点；而研究卫星的运动状态时，则又须将其视为一定尺寸的刚体。研究机构的运动时，各构件的形状和尺寸起决定作用，而它们的微小变形可忽略不计，常将其视为刚体系。

在描述物体运动的过程中，要明确瞬时和时间间隔的时间概念。

下面，将先研究点的运动，然后研究刚体的运动。

第 5 章　物体运动直接描述方法

5.1　点的运动学

研究点相对于某一参考系的运动量随时间的变化规律，包括点的运动方程、运动轨迹、速度和加速度，常用矢径法和坐标法进行描述。

5.1.1　矢径法

1. 运动方程

选参考系上某固定点 O 为原点，自点 O 向动点 M 作矢量 $\boldsymbol{r}$，称 $\boldsymbol{r}$ 为点 M 相对原点 O 的位置矢量，简称为矢径。如图 5.1 所示，当动点 M 运动时，矢径 $\boldsymbol{r}$ 随时间 t 连续变化，即

$$\boldsymbol{r}=\boldsymbol{r}(t) \tag{5.1}$$

式（5.1）称为动点 M 以矢量表示的运动方程。矢径 $\boldsymbol{r}$ 的矢端曲线就是 M 点的运动轨迹。

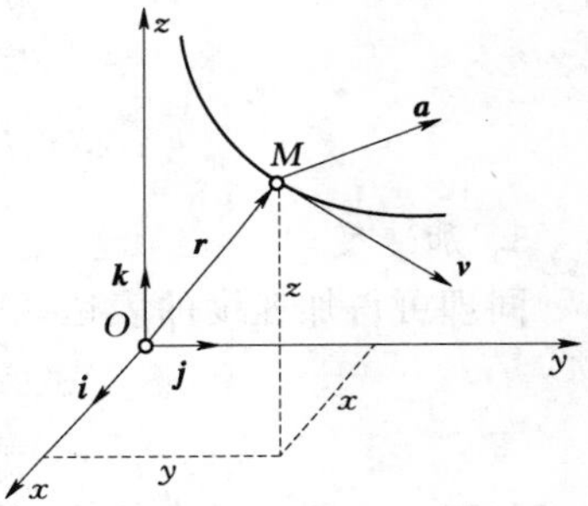

2. 速度

动点 M 的速度是矢量，它等于它的矢径 $\boldsymbol{r}$ 对时间 t 的一阶导数，即

$$\boldsymbol{v}=\frac{\mathrm{d}\boldsymbol{r}}{\mathrm{d}t} \tag{5.2}$$

图 5.1

其方向沿动点位矢端曲线（即轨迹）的切线方向，如图 5.1 所示。速度矢量的模，即速度的大小表征动点运动的快慢程度。在 SI 制中，速度的单位为 m/s。

3. 加速度

动点 M 的加速度，等于它的速度矢量 $\boldsymbol{v}$ 对时间 t 的一阶导数，亦即它的矢径 $\boldsymbol{r}$ 对时间 t 的二阶导数

$$\boldsymbol{a}=\frac{\mathrm{d}\boldsymbol{v}}{\mathrm{d}t}=\frac{\mathrm{d}^2\boldsymbol{r}}{\mathrm{d}t^2} \tag{5.3}$$

它表征了速度大小和方向的变化，其方向沿速度矢端曲线的切线方向。在 SI 制中，加速度单位为 $\mathrm{m/s^2}$。

5.1.2　直角坐标法

1. 运动方程

通常以固定点 O 为原点，建立直角坐标系 $Oxyz$，取 $\boldsymbol{i}$，$\boldsymbol{j}$，$\boldsymbol{k}$ 分别为沿 x、y、z 轴正向的单位矢量，它们均为常矢量，且

$$\boldsymbol{r}=x\boldsymbol{i}+y\boldsymbol{j}+z\boldsymbol{k} \tag{5.4}$$

则动点 M 在空间的位置可用它的三个直角坐标 x，y，z 表示，如图 5.1 所示，即

$$x=f_1(t),\ y=f_2(t),\ z=f_3(t) \tag{5.5}$$

式（5.5）称为动点 M 的以直角坐标表示的运动方程。知道了点的运动方程式，就完全确定了 t 时刻动点的位置，从这组方程中消去时间 t 后，便可得到动点的轨迹方程。

2. 速度

由式（5.4）对时间 t 求导数，有

$$\boldsymbol{v}=\frac{\mathrm{d}\boldsymbol{r}}{\mathrm{d}t}=\frac{\mathrm{d}x}{\mathrm{d}t}\boldsymbol{i}+\frac{\mathrm{d}y}{\mathrm{d}t}\boldsymbol{j}+\frac{\mathrm{d}z}{\mathrm{d}t}\boldsymbol{k} \tag{5.6}$$

设动点 M 的速度矢量 $\boldsymbol{v}$ 在 x，y，z 轴上的投影分别为 v_x，v_y，v_z，即

$$\boldsymbol{v}=v_x\boldsymbol{i}+v_y\boldsymbol{j}+v_z\boldsymbol{k} \tag{5.7}$$

有

$$v_x=\frac{\mathrm{d}x}{\mathrm{d}t}=\dot{x},\ v_y=\frac{\mathrm{d}y}{\mathrm{d}t}=\dot{y},\ v_z=\frac{\mathrm{d}z}{\mathrm{d}t}=\dot{z} \tag{5.8}$$

式（5.8）表明，动点的速度在某坐标轴上的投影等于相应坐标对时间的一阶导数。

速度的大小和方向余弦分别为

$$v=\sqrt{v_x^2+v_y^2+v_z^2}=\sqrt{\dot{x}^2+\dot{y}^2+\dot{z}^2} \tag{5.9}$$

$$\cos(\boldsymbol{v},\boldsymbol{i})=\frac{v_x}{v},\ \cos(\boldsymbol{v},\boldsymbol{j})=\frac{v_y}{v},\ \cos(\boldsymbol{v},\boldsymbol{k})=\frac{v_z}{v} \tag{5.10}$$

3. 加速度

同理可得加速度的表达式

$$\boldsymbol{a}=a_x\boldsymbol{i}+a_y\boldsymbol{j}+a_z\boldsymbol{k} \tag{5.11}$$

$$a_x=\dot{v}_x=\ddot{x},\ a_y=\dot{v}_y=\ddot{y},\ a_z=\dot{v}_z=\ddot{z} \tag{5.12}$$

式（5.12）表明，动点的加速度在某坐标轴上的投影等于相应坐标对时间的二阶导数。

而加速度的大小与方向余弦分别为

$$a=\sqrt{a_x^2+a_y^2+a_z^2}=\sqrt{\ddot{x}^2+\ddot{y}^2+\ddot{z}^2} \tag{5.13}$$

$$\cos(\boldsymbol{a},\boldsymbol{i})=\frac{a_x}{a},\ \cos(\boldsymbol{a},\boldsymbol{j})=\frac{a_y}{a},\ \cos(\boldsymbol{a},\boldsymbol{k})=\frac{a_z}{a} \tag{5.14}$$

【例 5.1】 如图 5.2 所示，曲柄连杆机构中，曲柄 OA 以匀角速度 ω 绕 O 轴转动，由于连杆 AB 的带动，滑块 B 沿直线导槽作往复直线运动。已知 $OA=r$，$AB=l$，且 $l>r$。求滑块 B 的运动方程、速度及加速度。

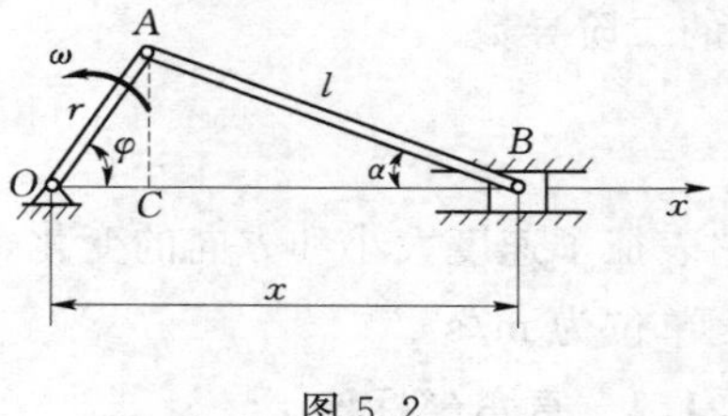

图 5.2

解： 曲柄连杆机构在工程中有非常广泛的应用。这种机构能将转动转换为平动，如压气机、往复式水泵和全段压机等；或将平动转换为转动，如蒸汽机、内燃机等。滑块沿直线做往复式运动，取滑块 B 的直线轨迹为 x 轴，曲柄转动中心 O 为坐标原点，建立 Oxy 坐标系。在 t 时刻，曲柄 OA 与 x 轴的夹角为 φ，则滑块在任意时到的位置坐标为

$$x=OB=OC+CB=r\cos\varphi+l\cos\alpha \tag{a}$$

其中 $\varphi=\omega t$，由三角形 OAC 及 ACB 得，$r\sin\varphi=l\sin\alpha$，故，$\cos\alpha=\sqrt{1-\lambda^2\sin^2\varphi}\left(\lambda=\frac{r}{l}\right)$因此，滑块的运动方程为

$$x=r\cos\omega t+l\sqrt{1-\lambda^2\sin^2\omega t} \tag{b}$$

以 $\varphi=0$ 和 $\varphi=\pi$ 代入式（b），可知滑块冲程为 $2r$。

为使运算简单，由二项式定理将 $\cos\alpha$ 展开为级数得

$$\cos\alpha=\sqrt{1-\lambda^2\sin^2\varphi}=1-\frac{1}{2}\lambda^2\sin^2\varphi-\frac{1}{8}\lambda^4\sin^4\varphi \tag{c}$$

一般曲柄连杆机构中，$\lambda=\frac{r}{l}<0.2$。如果取 $\lambda=0.2$，则 $\lambda^2=0.04$，$\lambda^4=0.0016$，…。又因 $\sin\varphi$ 的最大值为 1，这样式（c）从第三项起以后的所有各项均可略去，于是运动方程简化成

$$x=r\cos\omega t+l\left(1-\frac{1}{2}\lambda^2\sin\omega t\right) \tag{d}$$

又因 $\sin^2\omega t=\frac{1}{2}(1-\cos^2\omega t)$代入式（d）得

$$x=l\left(1-\frac{\lambda^2}{4}\right)+r\left(\cos\omega t+\frac{\lambda}{4}\cos2\omega t\right) \tag{e}$$

故滑块的速度大小为

$$v=\frac{\mathrm{d}x}{\mathrm{d}t}\approx-r\omega\left(\sin\omega t+\frac{\lambda}{2}\sin2\omega t\right) \tag{f}$$

加速度大小为

$$a=\frac{\mathrm{d}v}{\mathrm{d}t}\approx-r\omega^2(\cos\omega t+\lambda\cos2\omega t) \tag{g}$$

5.1.3 弧坐标法

若动点 M 沿空间已知曲线 AB 运动，可采用沿曲线的弧长坐标描述点的运动，为此建立相应的自然轴系。如图 5.3 所示，在点 M 和运动轨迹上取极为接近的邻近点 M_1，分别作切线单位矢量 $\boldsymbol{\tau}$ 和 $\boldsymbol{\tau}_1$，将 $\boldsymbol{\tau}_1$ 平移至点 M，则 $\boldsymbol{\tau}$ 和 $\boldsymbol{\tau}_1$ 决定一平面。当 M_1 无限趋近于点 M 时，这个平面趋于一极限位置，这个极限平面称为曲线在点 M 的密切面。

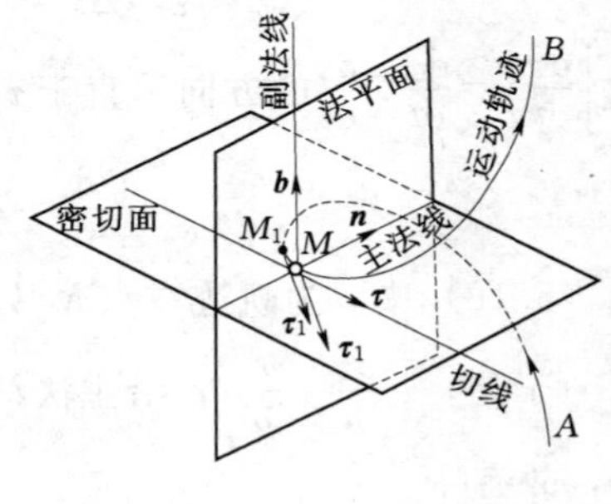

图 5.3

过点 M 作垂直于切线 $\boldsymbol{\tau}$ 的平面，称为曲线在点 M 的法平面，法平面与密切面的交线称为点 M 的主法线。过点 M 且垂直于切线及主法线的直线称为副法线，取 $\boldsymbol{\tau}$，$\boldsymbol{n}$ 和 $\boldsymbol{b}$ 分别表示沿切线、主法线和副法线方向的单位矢量，当动点沿轨迹运动时，它们都是大小不变、方向改变的变矢量，且有

$$\boldsymbol{b}=\boldsymbol{\tau}\times\boldsymbol{n}$$

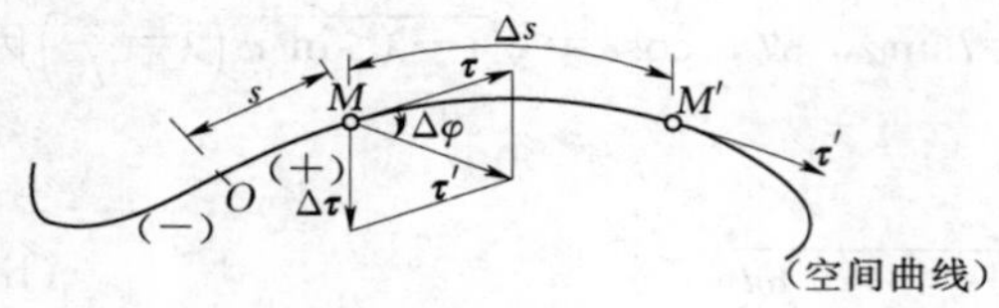

图 5.4

以点 M 为原点，以切线、主法线和副法线为坐标轴组成的正交坐标系称为曲线在点 M 的自然轴系。它是一个随动点位置而改变的坐标系，点的运动描述如下。

1. 运动方程

在动点 M 的已知轨迹上任选一点 O 为原点，并规定在点 O 的某一侧为正向，则点 M 在轨迹上的位置可用轨迹弧长即弧坐标 s 表示，如图 5.4 所示，即

$$s=f(t) \tag{5.15}$$

式（5.15）称为动点 M 的弧坐标形式的运动方程。

2. 速度

由 $\boldsymbol{v}=\frac{\mathrm{d}\boldsymbol{r}}{\mathrm{d}t}=\frac{\mathrm{d}\boldsymbol{r}}{\mathrm{d}s}\cdot\frac{\mathrm{d}s}{\mathrm{d}t}$，而 $\left|\frac{\mathrm{d}\boldsymbol{r}}{\mathrm{d}s}\right|=\lim\limits_{\Delta s\to 0}\left|\frac{\Delta\boldsymbol{r}}{\Delta s}\right|=1$，且当 $\Delta t\to 0$ 时，$\frac{\Delta\boldsymbol{r}}{\Delta s}$的方向即为 $\boldsymbol{\tau}$ 的方向，故有$\frac{\mathrm{d}\boldsymbol{r}}{\mathrm{d}s}=\boldsymbol{\tau}$，于是

$$\boldsymbol{v}=\frac{\mathrm{d}s}{\mathrm{d}t}\boldsymbol{\tau}=v\boldsymbol{\tau} \tag{5.16}$$

其中 $v=\frac{\mathrm{d}s}{\mathrm{d}t}$，表示速度在该点自然轴系切线方向的投影。若 $v>0$，点沿轨迹的正向运动；若 $v<0$，则点沿轨迹的负向运动。

3. 加速度

$$\boldsymbol{a}=\frac{\mathrm{d}\boldsymbol{v}}{\mathrm{d}t}=\frac{\mathrm{d}^2 s}{\mathrm{d}t^2}\boldsymbol{\tau}+v\frac{\mathrm{d}\boldsymbol{\tau}}{\mathrm{d}t} \tag{5.17}$$

式（5.17）右端第一项为反映速度大小变化的分量，其方向沿切线，称为切向加速度，记为 $\boldsymbol{a}_\tau$。若$\frac{\mathrm{d}v}{\mathrm{d}t}>0$，$\boldsymbol{a}_\tau$ 指向轨迹正向；若$\frac{\mathrm{d}v}{\mathrm{d}t}<0$，$\boldsymbol{a}_\tau$ 指向轨迹的负向。考察第二项中单位矢量 $\boldsymbol{\tau}$ 对时间的导数，如图 5.5 所示。

$$\frac{\mathrm{d}\boldsymbol{\tau}}{\mathrm{d}t}=\lim_{\Delta t\to 0}\frac{\Delta\boldsymbol{\tau}}{\Delta t},\ |\Delta\boldsymbol{\tau}|=2|\boldsymbol{\tau}|\sin\frac{\Delta\varphi}{2}=1\cdot\Delta\varphi\quad(\because|\boldsymbol{\tau}|=1)$$

故 $\left|\frac{\mathrm{d}\boldsymbol{\tau}}{\mathrm{d}t}\right|=\frac{\mathrm{d}\varphi}{\mathrm{d}t}$，$\frac{\mathrm{d}\boldsymbol{\tau}}{\mathrm{d}t}$的方向垂直于 $\boldsymbol{\tau}$，即为 $\boldsymbol{n}$ 主法线方向，如图 5.4 所示。故

$$\frac{\mathrm{d}\boldsymbol{\tau}}{\mathrm{d}t}=\dot{\varphi}\boldsymbol{n}=\frac{v}{\rho}\boldsymbol{n}\left(\text{其中 }\dot{\varphi}=\frac{\mathrm{d}\varphi}{\mathrm{d}s}\frac{\mathrm{d}s}{\mathrm{d}t}=\frac{v}{\rho}\right) \tag{5.18}$$

式（5.18）中 ρ 为轨迹在点 M 处的曲率半径。

于是，$v\frac{\mathrm{d}\boldsymbol{\tau}}{\mathrm{d}t}=\frac{v^2}{\rho}\boldsymbol{n}$，沿主法线正向，反映速度方向的变化率，称为法向加速度，记为 $\boldsymbol{a}_n$，故有

$$\boldsymbol{a}=\boldsymbol{a}_\tau+\boldsymbol{a}_n=\frac{\mathrm{d}v}{\mathrm{d}t}\boldsymbol{\tau}+\frac{v^2}{\rho}\boldsymbol{n} \tag{5.19}$$

式（5.19）表明动点的加速度等于它的切向加速度和法向加速度的矢量和。它们位于密切面内，在副法线方向的分量恒为零。此外还应注意，当 $\boldsymbol{a}_\tau$ 与 $\boldsymbol{v}$ 同号时，动点作加速

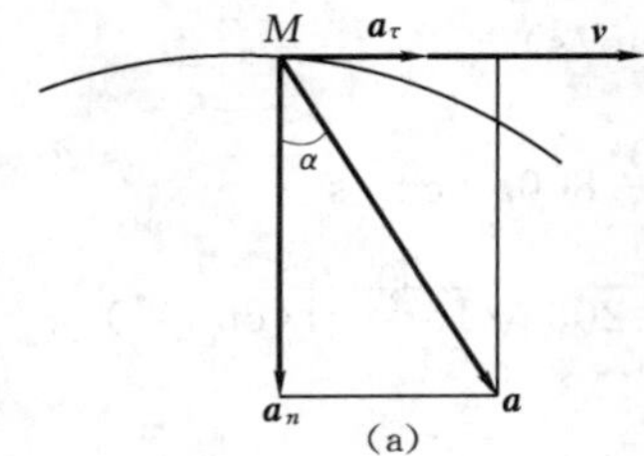

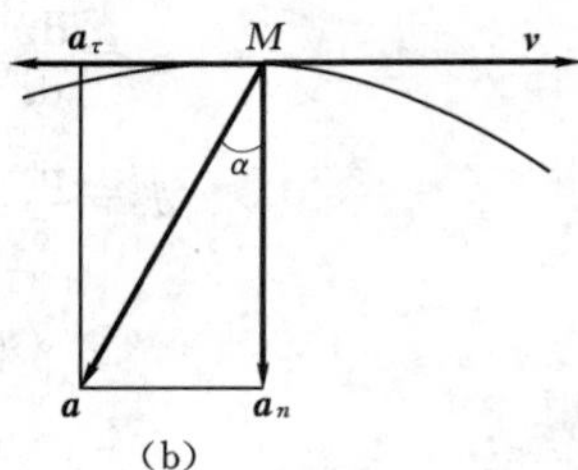

图 5.5

运动；反之，做减速运动（如图 5.5 所示）。

全加速度 $\boldsymbol{a}$ 的大小可由式（5.20）求出

$$a=\sqrt{a_\tau^2+a_n^2}=\sqrt{\left(\frac{\mathrm{d}v}{\mathrm{d}t}\right)^2+\left(\frac{v^2}{\rho}\right)^2} \tag{5.20}$$

全加速度的方向可用其与主法线夹角 α 表示

$$\tan\alpha=\frac{a_\tau}{a_n} \tag{5.21}$$

注意：(1) 当点作直线运动时，曲率半径 $\rho=\infty$，$\boldsymbol{a}_n=0$，$\boldsymbol{a}=\boldsymbol{a}_\tau=\frac{\mathrm{d}v}{\mathrm{d}t}\boldsymbol{\tau}$。

(2) 当点作匀速曲线运动时，速度大小保持不变，即 $\boldsymbol{v}=$常量，故 $\boldsymbol{a}_\tau=0$，$\boldsymbol{a}=\boldsymbol{a}_n=\frac{v^2}{\rho}\boldsymbol{n}$。

(3) 当点作匀变速曲线运动时，$\boldsymbol{a}_n=$常量，$a_n=\frac{v^2}{\rho}$。根据动点运动的起始条件，将 $a_\tau=\frac{\mathrm{d}v}{\mathrm{d}t}$逐次积分，即得动点的速度方程和沿已知轨迹的运动方程为

$$v=v_0+a_\tau t$$

$$s=s_0+v_0+\frac{1}{2}a_\tau t^2$$

由以上两式消去 t，则得

$$v^2-v_0^2=2a_\tau(s-s_0) \tag{5.22}$$

式(5.22)中 s_0 和 v_0 是 $t=0$ 时动点的弧坐标和速度。

【例 5.2】 如图 5.6 所示，飞轮以 $\varphi=2t^2$ 的规律转动（φ 以 rad 计），其半径 $r=50$cm。试求飞轮边缘上一点 M 的速度和加速度。

解：已知点 M 的轨迹是半径 $r=50$cm 的圆周。取 M_0 为弧坐标原点，轨迹正向如图 5.6 所示。则动点沿轨迹的运动方程为

$$s=R\varphi=100t^2 \quad (\text{cm})$$

速度的大小为

$$v=\frac{\mathrm{d}s}{\mathrm{d}t}=200t \quad (\text{cm/s})$$

速度的方向沿着轨迹的切线，并指向轨迹的正向。

加速度的大小为

$$a_\tau=\frac{\mathrm{d}v}{\mathrm{d}t}=200(\mathrm{cm/s})$$

$$a_n=\frac{v^2}{\rho}=\frac{(200t)^2}{50}800t^2(\mathrm{cm/s^2})$$

$$a=\sqrt{a_\tau^2+a_n^2}=200\ \sqrt{16t^2+1}(\mathrm{cm/s^2})$$

方向为

$$\tan\alpha=\frac{|a_\tau|}{a_n}=\frac{1}{4t^2}$$

比较自然法和直角坐标法可以看出，前者用于轨迹已知或未知的任一种情形，而当动点的轨迹已知时，用弧坐标法确定它的运动方程式，从而计算其速度和加速度比用直角坐标法简单，且物理意义明确。

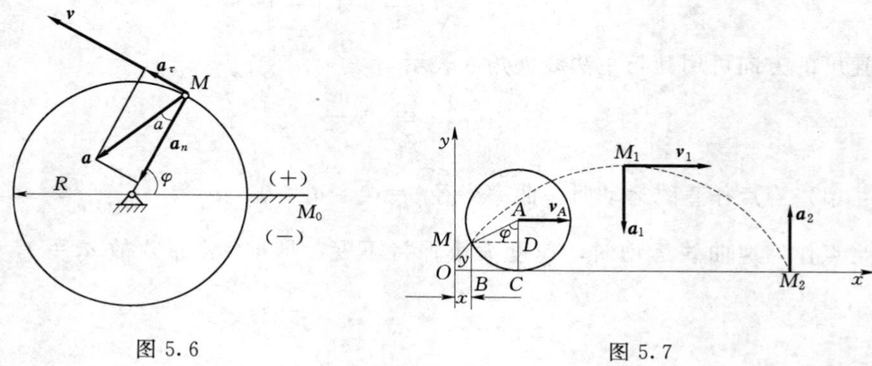

图 5.6　　　　图 5.7

【例 5.3】　如图 5.7 所示，半径为 r 的车轮在直线轨道上只滚动而不滑动，其轮心 A 作匀速直线运动，速度为 $\boldsymbol{v}_A$。求轮缘上一点 M 的运动方程和轨迹，以及当点 M 在最高位置和最低位置时的速度和加速度。

解：（1）求运动方程和轨迹。为了求 M 点的运动方程、速度和加速度，取坐标系 Oxy（如图 5.7 所示）。

注意在建立点的运动方程时，必须把动点放在任一瞬时 t 的一般位置来分析，而不能放在某一特定位置进行分析。

设点 M 在初瞬时（$t=0$）位于坐标原点 O，在任一瞬时 t 位于如图 5.7 所示位置。由图示几何关系可得 M 点的坐标为

$$\left.\begin{aligned}x&=OB=OC-MD=r\varphi-r\sin\varphi\\y&=BM=AC-AD=r-r\cos\varphi\end{aligned}\right\}\tag{a}$$

因轮心 A 以速度 v_A 作匀速直线运动，因而有

$$OC=\overset{\frown}{MC}=r\varphi=v_At$$

$$\varphi=\frac{v_At}{r}\tag{b}$$

把 φ 值代入式（a)，得 M 点的运动方程为

$$\left.\begin{aligned} x &= v_A t - r\sin\frac{v_A t}{r} \\ y &= r - r\cos\frac{v_A t}{r} \end{aligned}\right\} \tag{c}$$

此运动方程同时也是轨迹的参数方程，其轨迹为旋轮线（又称摆线），如图 5.7 所示。

(2) 加速度。将式（c）对时间求一阶导数，可得速度方程

$$\left.\begin{aligned} v_x &= v_A - v_A\cos\frac{v_A t}{r} \\ v_y &= v_A\sin\frac{v_A t}{r} \end{aligned}\right\} \tag{d}$$

将式（d）对 t 求导数，可得加速度方程

$$\left.\begin{aligned} a_x &= \frac{v_A^2}{r}\sin\frac{v_A t}{r} \\ a_y &= \frac{v_A^2}{r}\cos\frac{v_A t}{r} \end{aligned}\right\} \tag{e}$$

当点 M 处于最高位置 M_1 时，$\varphi=\frac{v_A t}{r}=\pi$。将它代入式（d）与式（e）得

$v_{M_1}=2v_A$　　方向沿 x 轴正向

$a_{M_1 x}=0$

$a_{M_1 y}=-\frac{v_A^2}{r}$　　方向沿 y 轴负向

当点 M 处于最低位置 M_2 时，$\varphi=2\pi$。将它代入式（d）和式（e）得

$$v_{M2}=0$$

$$a_{M_2 x}=0$$

$$a_{M_2 y}=\frac{v_A^2}{r}$$

$a_{M_2 y}$的方向沿 y 轴正向，即沿着车轮的半径，指向轮心 A，这是车轮作只滚不滑的特征。

5.2 刚体的平行移动

工程中某些物体的运动，例如，直线轨道上行驶的火车车厢的运动、车床刀架的运动以及汽缸中活塞的运动等，它们存在一个共同的特点，即物体内任一直线相对某定参考系始终保持与其原来位置平行，则此运动就称为刚体的平行移动，简称平移。设刚体作平移，如图 5.8 所示，在刚体内任取两点 A 和 B，令 A 点的矢径为 $\boldsymbol{r}_A$、B 点的矢径为 $\boldsymbol{r}_B$，则两条矢端曲线就为两点的轨迹，两矢量间的关系为 $\boldsymbol{r}_A=\boldsymbol{r}_B+\boldsymbol{r}_{BA}$。当刚体平移时，线段 AB 的长度和方向都不变，$\boldsymbol{r}_{BA}$ 为常矢量。将上式对时间求导数得

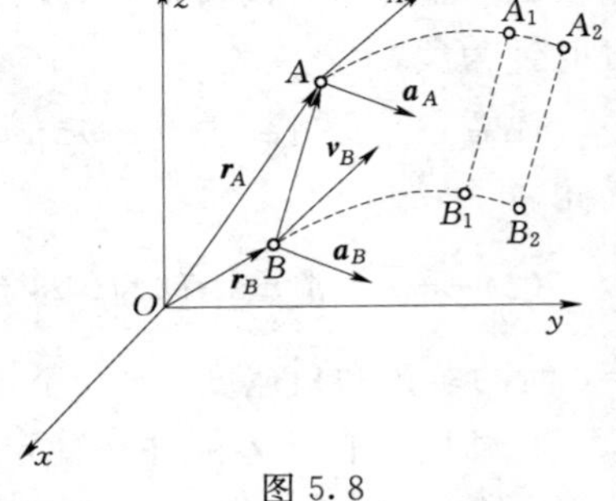

图 5.8

$$\boldsymbol{v}_A=\boldsymbol{v}_B，\boldsymbol{a}_A=\boldsymbol{a}_B \tag{5.23}$$

于是得出结论：刚体平移时，其上各点在任意瞬时均有相同的运动轨迹形状、相同的速度和加速度。因此，研究刚体的平移，可以归结为研究刚体内任一点（如质心）的运动，也就是归结为前面所研究过的点的运动问题。

5.3 刚体的定轴转动

刚体运动时，如体内（或其扩大部分）有一直线相对某定参考系始终保持不动，则此运动称为刚体的定轴运动，这条不动的直线称为转轴。如电机转子、机床主轴、飞轮以及传动轴等的运动都是定轴转动的实例。

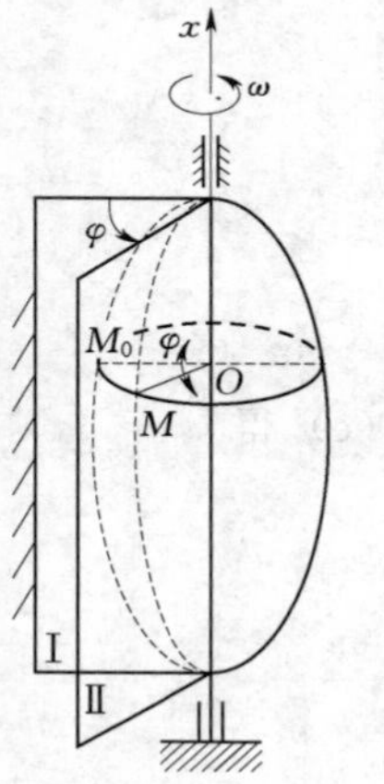

图 5.9

5.3.1 整体运动描述

1. 转动方程

如图 5.9 所示，设刚体绕 z 轴转动，过 z 轴作固定平面Ⅰ和与刚体固连的运动平面Ⅱ，两平面间的夹角 φ 称为刚体的转角或角位移，单位一般用 rad。刚体转动时，转角 φ 是时间的单值连续函数，即

$$\varphi=\varphi(t) \tag{5.24}$$

式（5.24）称为刚体定轴转动方程。

2. 角速度

转角 φ 对时间的一阶导数称为刚体的瞬时角速度，用字母 ω 表示

$$\omega=\frac{\mathrm{d}\varphi}{\mathrm{d}t} \tag{5.25}$$

角速度表征刚体转动的快慢和方向，其单位一般用 rad/s。

3. 角加速度

角速度对时间的一阶导数称为刚体的瞬间角加速度，用字母 α 表示

$$\alpha=\frac{\mathrm{d}\omega}{\mathrm{d}t}=\frac{\mathrm{d}^2\varphi}{\mathrm{d}^2t} \tag{5.26}$$

角加速度表征角速度变化的快慢，其单位一般用 $\mathrm{rad/s^2}$。

φ、ω、α 均为代数量，其正、负号表示刚体的转向，从轴正向往负向看逆时针为正，顺时针为负。

注意：（1）若 $\alpha=0$，$\omega=$ 常量，称为匀速转动，此时 $\varphi=\varphi_0+\omega t$，$\varphi_0$ 是 $t=0$ 时的转角。

（2）若 $\alpha=$ 常量，称为匀变速转动，此时 $\omega=\omega_0+\alpha t$，$\varphi=\varphi_0+\omega_0 t+\frac{1}{2}\alpha t^2$，$\varphi_0$、$\omega_0$ 是 $t=0$ 时的转角和角速度。

机器中的转动零部件在稳定工作时，一般作匀角速转动，转动的快慢常用转速 n 表示。n 的单位为转/分（r/min）。转速 n 与角速度大小 ω 的关系是

$$\omega=\frac{2\pi n}{60}=\frac{\pi n}{30} \tag{5.27}$$

5.3.2 转动刚体上各点的运动分析

当刚体绕定轴转动时，刚体内任意一点都作圆周运动，圆心在轴线上，圆周所在的平面与轴线垂直，圆周的半径 R（即动点的转动半径）等于该点到轴线的垂直距离，对此，宜采用自然法研究各点的运动。

设刚体由定平面Ⅰ绕定轴转过角度 φ 到达运动平面Ⅱ时，其上任一点由 M_0 到 M。如图 5.10 所示，以固定点 M_0 为弧坐标 s 的原点，按此角的正向规定弧坐标的正向，则有

$$s=M_0M=R\varphi \tag{5.28}$$

将式（5.28）对时间 t 求一阶系数，得

$$v=\frac{ds}{dt}=R\omega \tag{5.29}$$

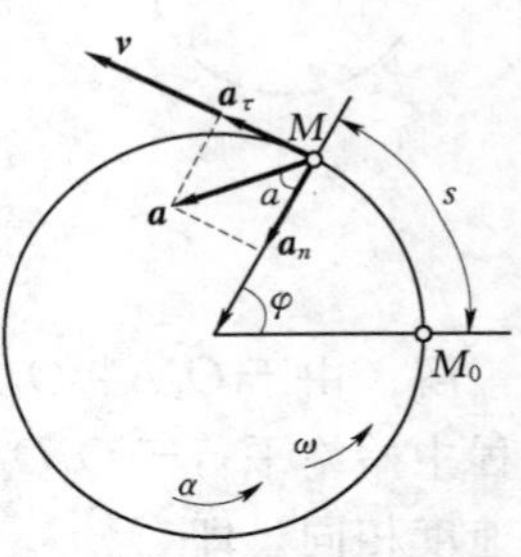

图 5.10

即转动刚体内任一点的速度的大小，等于刚体的角速度与该点到轴线的距离的乘积，它的方向沿圆周的切线而指向转动的一方。

再求 M 点的加速度。因为点作圆周运动，所以 M 点的加速度有切向加速度和法向加速度，由式（5.19）、式（5.28）、式（5.29）得

$$a_\tau=\frac{d^2s}{dt^2}=R\frac{d^2\varphi}{dt^2}=R\alpha \tag{5.30}$$

$$a_n=\frac{v^2}{\rho}=\frac{(R\omega)^2}{\rho}$$

对于圆，$\rho=R$，所以

$$a_n=R\omega^2 \tag{5.31}$$

即转动刚体内任一点的切向加速度的大小，等于刚体的角加速度与该点转动半径的乘积方向垂直于转动半径，指向与 ω 的转向一致，法向加速度等于刚体的角加速度的平方与该点转动半径的乘积，方向指向圆心。如图 5.10 所示，因此 M 点的全加速度的大小和方向为

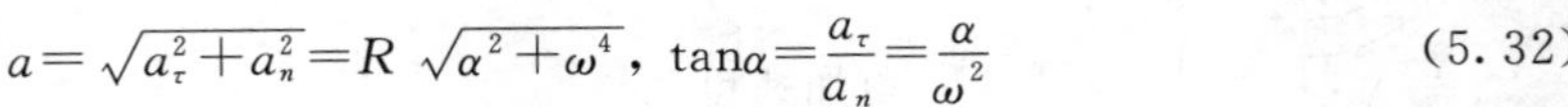

$$a=\sqrt{a_\tau^2+a_n^2}=R\sqrt{\alpha^2+\omega^4},\ \tan\alpha=\frac{a_\tau}{a_n}=\frac{\alpha}{\omega^2} \tag{5.32}$$

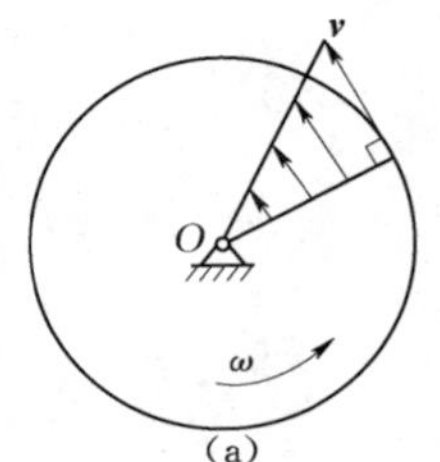

(a)

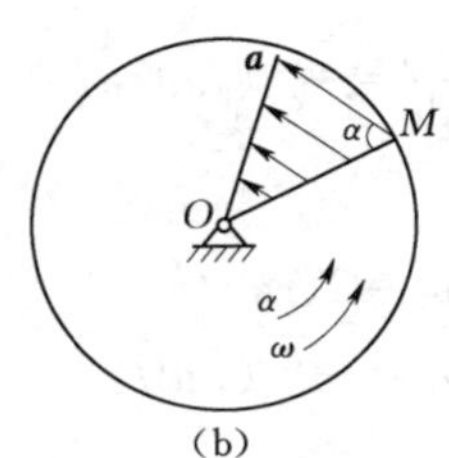

(b)

图 5.11

综上所述，任一半径上各点速度和加速度分布如图 5.11 所示。

（1）在每一瞬时，转动刚体内所有各点的速度和加速度的大小，分别与这些点到轴线的垂直距离成正比。

（2）在每一瞬时，刚体内所有各点的加速度 $\boldsymbol{a}$ 与半径间的夹角 α 都有相同的值。

【例 5.4】 如图 5.12 所示的机构中，$O_1A=O_2B=AM=r=0.2\text{m}$，$O_1O_2=AB$。已知 O_1 轮按 $\varphi=15\pi t(\text{rad})$ 的规律转动，求当 $t=0.5\text{s}$ 时 AB 杆上 M 点的速度、加速度的大小和方向。

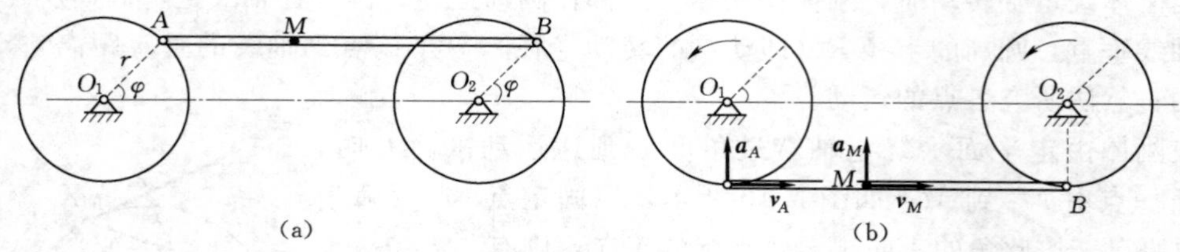

图 5.12

解：由于 $O_1A=O_2B$，$AB=O_1O_2$，因此 O_1O_2AB 是一个平行四边形，即 AB 在运动过程中始终平行于 O_1O_2，故 AB 杆作平动。在同一瞬时，AB 杆上 M 点与 A 点的速度与加速度相同。即

$$\boldsymbol{v}_M=\boldsymbol{v}_A \quad \boldsymbol{a}_M=\boldsymbol{a}_A$$

为了求出连接点 A 的速度和加速度，必须先求 O_1 轮的角速度和角加速度

$$\omega=\frac{\mathrm{d}\varphi}{\mathrm{d}t}=15\pi\ (\text{rad/s}),\ \alpha=\frac{\mathrm{d}\omega}{\mathrm{d}t}=0$$

当 $t=0.5\text{s}$ 时，$\varphi=15\pi\times0.5=7.5\pi$ (rad)，AB 杆到达如图 5.12 (b) 所示之位置。故

$$v_A=\omega r=15\pi\times0.2=9.42(\text{m/s})$$

方向水平向右。

$$a_{An}=\omega^2r=(15\pi)^2\times0.2=444(\text{m/s}^2)$$

方向铅直向上。

因 $\boldsymbol{a}_{A\tau}=0$，故 $\boldsymbol{a}_A=\boldsymbol{a}_{An}$，$\boldsymbol{a}_M=\boldsymbol{a}_A$，$\boldsymbol{v}_M=\boldsymbol{v}_A$，如图 5.12 (b) 所示。

【例 5.5】 如图 5.13 所示为卷扬机转筒，半径 $R=0.2\text{m}$，在制动的 2s 内，鼓轮的转动方程为 $\varphi=-t^2+4t(\text{rad})$。

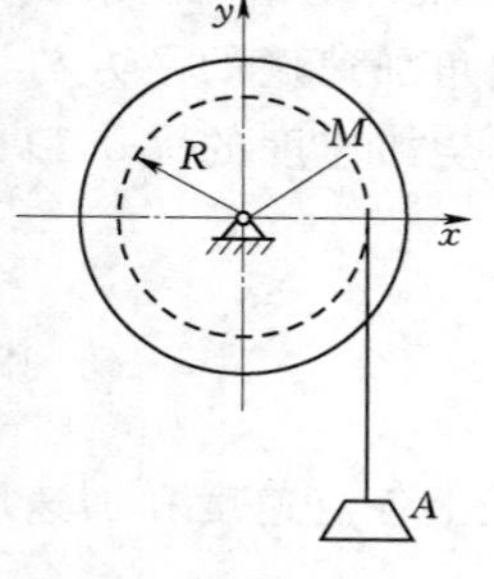

图 5.13

当求 $t=1\text{s}$ 时，轮缘上任一点 M 及物体 A 的速度和加速度。

解：转轴在转动过程中的角速度为

$$\omega=\frac{\mathrm{d}\varphi}{\mathrm{d}t}=-2t+4(\text{rad/s})$$

角加速度

$$\alpha=\frac{\mathrm{d}\omega}{\mathrm{d}t}=-2(\text{rad/s})$$

当 $t=1\text{s}$ 时

$$\omega=\omega_1=2(\text{rad/s})$$

$$\alpha=\alpha_1=-2\ (\text{rad/s})$$

ω 与 α 异号，转筒做匀减速运动。

此时 M 点的速度和加速度为

$$v_M = R\omega_1 = 0.2\times 2 = 0.4(\mathrm{m/s})$$
$$a_{M\tau} = R\alpha_1 = 0.2\times(-2) = -0.4(\mathrm{m/s^2})$$
$$a_{Mn} = 0.2\times 2^2 = 0.8(\mathrm{m/s^2})$$

M 点的全加速度

$$a_M = \sqrt{a_{M\tau}^2 + a_{Mn}^2} = 0.894(\mathrm{m/s^2})$$
$$\tan\theta = \frac{|\alpha|}{\omega^2} = 0.5,\quad \theta = 26.5°$$

物体 A 的速度 $\boldsymbol{v}_A$ 与加速度 $\boldsymbol{a}_A$ 分别等于 M 点的速度 $\boldsymbol{v}_M$ 与切向加速度 $\boldsymbol{a}_{M\tau}$，即

$$v_A = 0.4\mathrm{m/s},\ a_A = -0.4\mathrm{m/s^2}$$

5.4 定轴轮系的传动比

不同的机械往往要求不同的工作转速，在工程中，常用定轴轮系来改变转速。所谓轮系，是指由一系列互相啮合的齿轮所组成的传动系统。如果轮系中各齿轮的轴线是固定的，该轮系称为定轴轮系。

圆柱齿轮传动分为外啮合（如图 5.14 所示）和内啮合（如图 5.15 所示）。齿轮传动时相当于两轮的节圆相切并相对作纯滚动，故两节圆接触点 A 和 B 的速度大小相等，方向相同，即

$$\boldsymbol{v}_A = \boldsymbol{v}_B$$

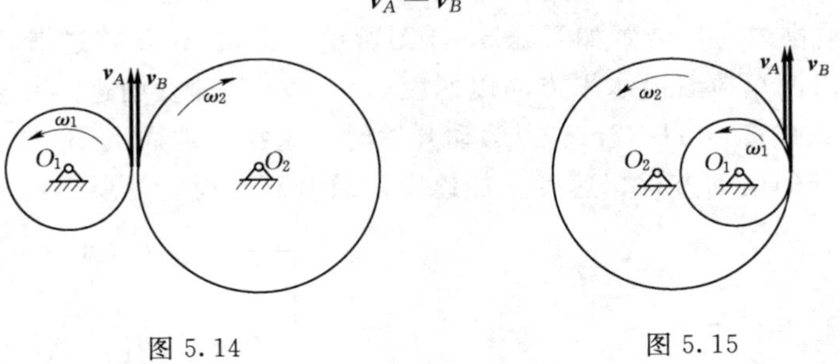

图 5.14　　图 5.15

设两轮的节圆半径分别为 r_1、r_2，角速度分别为 ω_1、ω_2，则

$$v_A = r_1\omega_1 \qquad v_B = r_2\omega_2$$
$$r_1\omega_1 = r_2\omega_2$$
$$\frac{\omega_1}{\omega_2} = \frac{r_2}{r_1}$$

又由于转速 n 与角速度 ω 之间有下列关系

$$\omega_1 = \frac{\pi n_1}{30},\ \omega_2 = \frac{\pi n_2}{30}$$
$$\frac{\omega_1}{\omega_2} = \frac{n_1}{n_2}$$

因为两啮合齿轮的齿形相同（即模数相同），故其节圆半径 r_1、r_2 与其齿数 Z_1、Z_2

成正比，故

$$\frac{\omega_1}{\omega_2}=\frac{n_1}{n_2}=\frac{r_2}{r_1}=\frac{Z_2}{Z_1} \tag{5.33}$$

即两齿轮啮合时，其角速度（或转速）与其齿数（或节圆半径）成反比。

设轮Ⅰ为主动轮（能带动其他齿轮转动的称为主动轮），轮Ⅱ为从动轮（被主动轮带动的齿轮）。在机械工程中，常把主动轮与从动轮角速度之比或转速之比称为传动比，用附有角标的符号 i 表示

$$i_{12}=\frac{\omega_1}{\omega_2}=\frac{n_1}{n_2}=\pm\frac{r_2}{r_1}=\pm\frac{Z_2}{Z_1} \tag{5.34}$$

式（5.34）中正号表示两齿轮转向相同（内啮合），负号表示两齿轮转向相反（外啮合）。

传动比的概念也可以推广到皮带传动、链传动和摩擦传动等情况。

在机械设计中，为了满足机器所要求的工作转速，常采用由齿轮、带轮及其他传动件所组成的定轴轮系来实现变速要求。

习　题

5-1　如习题 5-1 图所示，曲柄 OB 以匀角速度 $\omega=2\text{rad/s}$ 绕 O 轴顺时针转动，并带动杆 AD 上 A 点在水平滑槽内运动，点 C 在铅直滑槽内运动。已知 $AB=OB=BC=CD=12\text{cm}$，求点 D 的运动方程和轨迹，以及 $\varphi=45°$ 时点 D 的速度。

5-2　提升重物的简易装置如习题 5-2 图所示，钢索 ACB 跨过滑轮 C，一端挂有重物 B，另一端 A 由汽车拉着沿水平方向以速度 $v=1\text{m/s}$ 等速度前进。A 点至地面的距离 $h=1\text{m}$，滑轮离地面的高度 $H=9\text{m}$；当运动开始时，重物在地面上 B_0 处。钢索 A 端在 A_0 处。求重物 B 上升的运动方程、速度、加速度以及升高到滑轮处所需的时间。

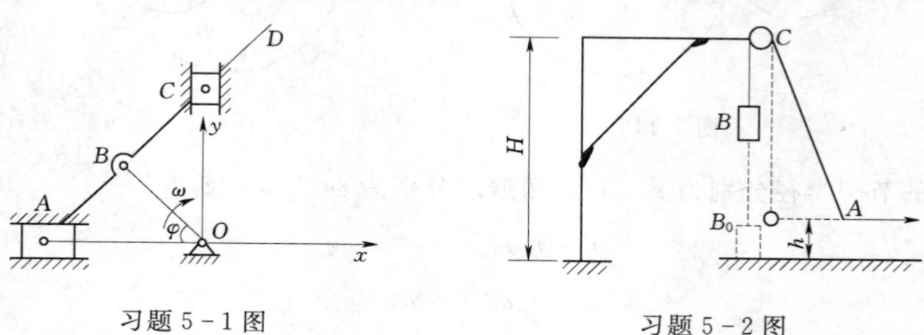

习题 5-1 图　　习题 5-2 图

5-3　如习题 5-3 图所示，偏心凸轮半径为 R，绕 O 轴转动，转角 $\varphi=\omega t$（ω 为常量），偏心距 $OC=e$，凸轮带动顶杆 AB 沿铅直线做往复运动。试求顶杆的运动方程和速度。

5-4　牛头刨床中的摇杆机构如习题 5-4 图所示，电动机带动曲柄 OA 以匀角速度 ω 顺时针方向转动。滑块 A 沿摇杆 O_1B 滑动，并带动摇杆左右摆动，摇杆又带动安装刨刀的滑枕，作水平往复直线运动。已知 $OA=r$，点 O_1 到滑枕的距离为 l，OO_1 铅直，距离为 $3r$，运动开始时，曲柄铅直向上。求刨刀的速度和加速度。

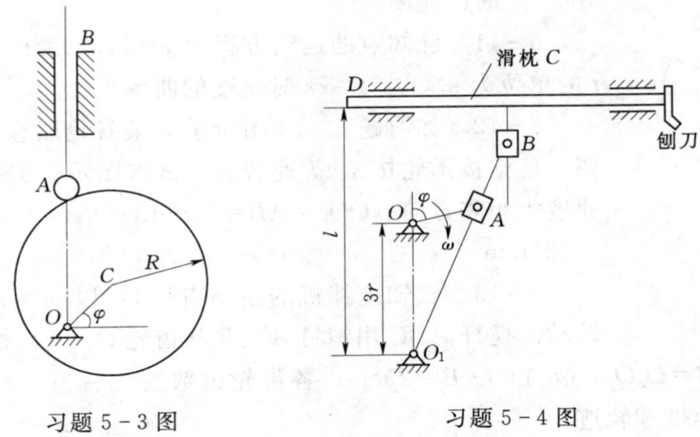

习题 5-3 图　　　　习题 5-4 图

5-5　如习题 5-5 图所示，摇杆机构的滑杆 AB 在某段时间以等速 u 向上运动，试分别用直角坐标法和自然法建立摇杆上 C 点的运动方程，并求此点在 $\varphi=\frac{\pi}{4}$时的速度的大小。假定初瞬时 $\varphi=0$，摇杆长 $OC=a$，距离 $OD=l$。

5-6　细杆 O_1A 绕轴 O_1 以 $\varphi=\omega t$ 的规律（ω 为已知常数）运动，杆上套有一个小环 M 同时又套在半径为 r 的固定圆圈上。如习题 5-6 图所示。试求小环 M 的运动方程、速度和加速度。

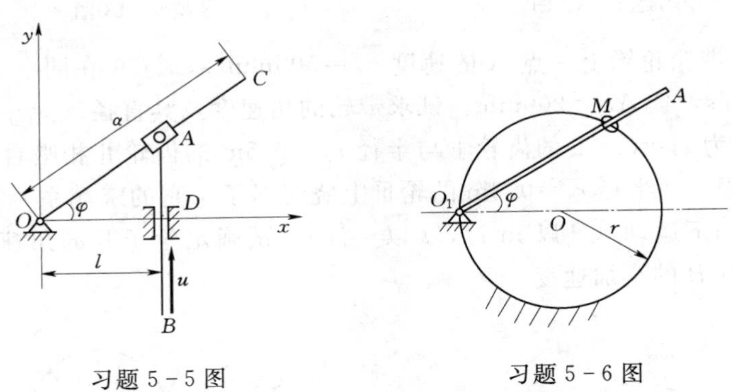

习题 5-5 图　　　　习题 5-6 图

5-7　飞轮加速转动时轮缘上一点按 $S=0.1t^3$ 规律运动（t 以 s 计，S 以 m 计）。飞轮半径 $R=0.5\text{m}$。求当此点的速度为 $v=30\text{m/s}$ 时，其切向加速度与法向加速度的大小。

5-8　一点沿半径为 R 的圆周按 $S=v_0t-\frac{1}{2}bt^2$ 规律运动，其中 b 为常量。问此点加速度的大小等于多少？什么时候加速度的大小等于 b？此时该点一共走了多少圈？

5-9　列车离开车站时它的速度均匀增加，并在离开车站 3s 后达到 72km/h，其轨迹是半径等于 800m 的圆弧。试求离开车站 2s 后列车的切向加速度与法向加速度以及全加速度。

5-10　在半径 $R=0.5\text{m}$ 的鼓轮上绕一绳子，绳子的一端挂有重物，重物以 $S=0.6t^2$（t 以 s 计，S 以 m 计）的规律下降并带动鼓轮转动。求运动开始 1s 后，鼓轮边缘上最高

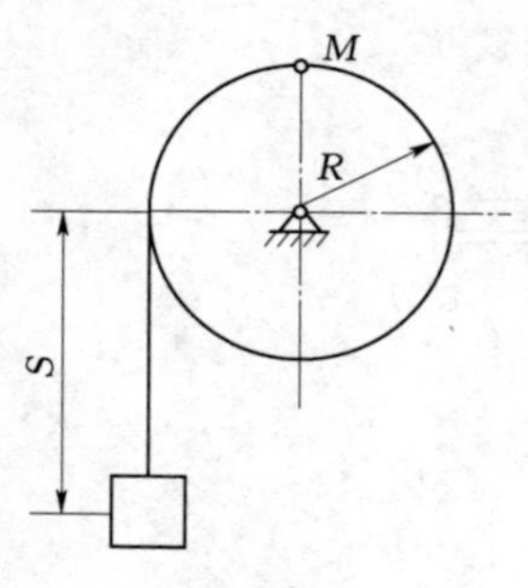

习题 5-10 图

处 M 点的加速度。

5-11　已知点的运动方程为 $x=2t$，$y=t^2$（坐标单位为 m，t 的单位为 s）。求 $t=2$s 时轨迹的曲率半径。

5-12　如习题 5-12 图所示为某谷物联合机的拨禾机构简图。已知拨禾轮按 ω_0 等速转动，试求图示位置拨禾板端点 C 的速度大小和方向（$OO_1=AB=75$mm，$O_2A=O_1B=450$mm，$BC=225$mm）。

5-13　已知搅拌机的主动齿轮 O_1 以 $n_1=950$r/min 的转速转动。搅杆 ABC 用销钉 A、B 与齿轮 O_3、O_2 相连，如习题 5-13 图所示。且 $AB=O_2O_3$，$O_3A=O_2B=25$cm，各齿轮齿数为 $z_1=20$，$z_2=50$，$z_3=50$，求搅杆端点 C 的速度和轨迹。

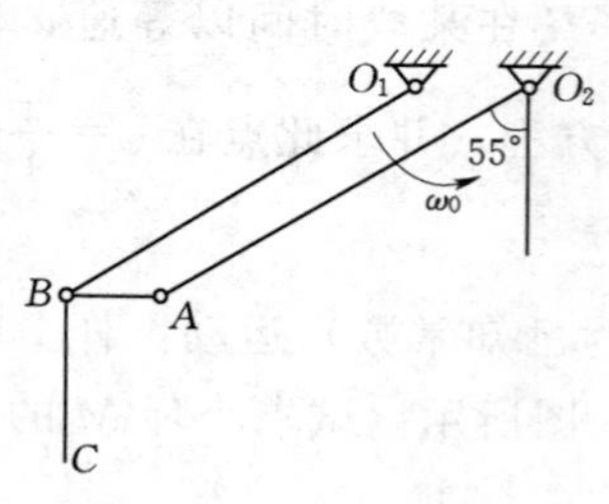

习题 5-12 图

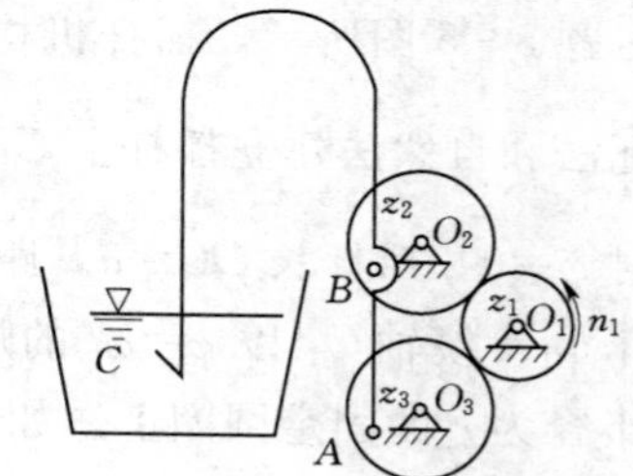

习题 5-13 图

5-14　已知带轮轮缘上一点 A 的速度 $v_A=500$mm/s，与 A 在同一半径上的点 B 的速度 $v_B=100$mm/s，且 $AB=200$mm。试求带轮的角速度及其直径。

5-15　半径为 $r_1=0.6$m 的齿轮Ⅰ与半径 $r_2=0.5$m 的齿轮Ⅱ相啮合，如习题 5-15 图所示。与轮Ⅰ固连而半径 $r_3=0.3$m 的轮Ⅲ上绕着绳子，它的末端系一重物 Q，重物按 $S=3t^2$ 规律铅垂向下运动（S 以 m 计，t 以 s 计），试确定轮子Ⅱ的角速度与角加速度，以及轮缘上任一点 B 的全加速度。

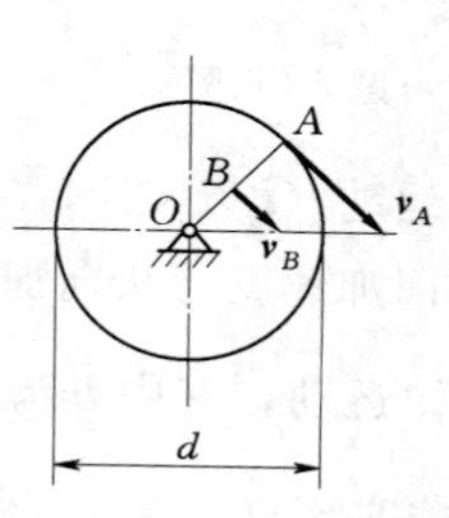

习题 5-14 图

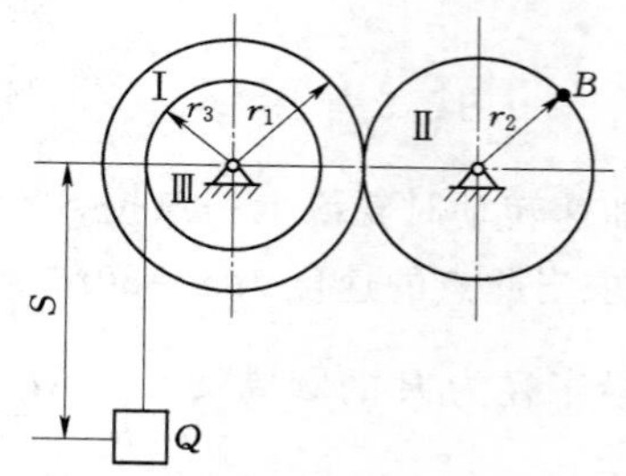

习题 5-15 图

5-16　如习题 5-16 图所示仪表机构中齿轮 1、2、3 和 4 的齿数分别为 $Z_1=6$，$Z_2=24$，$Z_3=8$，$Z_4=32$；齿轮 5 的半径为 40mm。如齿条 B 移动 10mm，求指针 A 所转过的角度 φ（指针和齿轮 1 一起转动）。

5-17　如习题 5-17 图所示，摩擦传动机构的主轴Ⅰ的转速为 $n=600$r/min。轴Ⅰ的轮盘与轴Ⅱ的轮盘接触，接触点按箭头 A 所示的方向移动。距离 d 的变化规律为 $d=10-0.5t$，其中 d 以 cm 计，t 以 s 计。已知 $r=5\text{cm}$，$R=15\text{cm}$。求：(1) 以距离 d 表示轴Ⅱ的角加速度；(2) 当 $d=r$ 时，轮 B 边缘上一点的全加速度。

5－18　电动绞车由带轮Ⅰ、Ⅱ和鼓轮Ⅲ组成，鼓轮Ⅲ和带轮Ⅱ刚性地固定在同一轴上。各轮的半径分别为 $r_1=30\text{cm}$，$r_2=75\text{cm}$，$r_3=40\text{cm}$，轮Ⅰ转速为 $n_1=100\text{r/min}$。设皮带与带轮之间无滑动，求重物 Q 上升的速度。

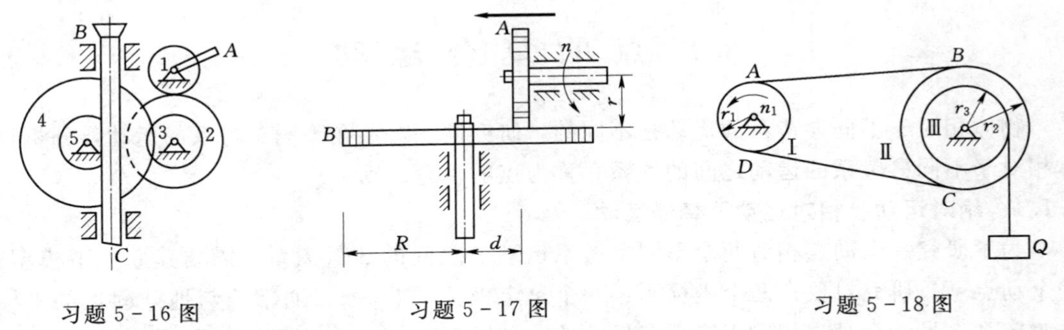

习题 5－16 图　　习题 5－17 图　　习题 5－18 图

5－19　一电机匀速转动，它的转速 $n=974\text{r/min}$。电流切断后，电动机匀减速制动，经半分钟后，电动机停止转动，试求电动机转过的圈数。

第 6 章　物体运动间接描述法

6.1　点 的 复 合 运 动

物体相对于不同参考系的运动是不同的，研究同一对象在不同参考系的运动，分析物体相对于不同参考系的运动之间的关系，称为点的复合运动。

6.1.1　绝对运动、相对运动及牵连运动

为了研究一个动点相对两个不同参考系运动量之间的数量关系，需要建立如下模型：一个动点——研究对象；两个坐标系：一个是定坐标系 $Oxyz$，通常选与地球固连的坐标系为定系；另一个是与相对于定系有运动的动坐标系 $O'x'y'z'$，简称动系。于是构成动点的三种运动：动点相对于定系的运动，称为动点的绝对运动；动点相对于动系的运动，称为动点的相对运动；动系相对定系的运动，称为牵连运动。

点的绝对运动、相对运动的主体是动点本身，其运动可能是直线或曲线运动；而牵动运动的主体却是与动系固连的刚体，其运动则可能是平动、定轴转动或其他较复杂的运动。在分析点的合成运动时，一定要将一个动点、两套坐标和三种运动搞清楚。这里的关键问题是动坐标系的选取。选取动坐标系的原则是动点要相对动坐标系有运动，故动点与动系不能选在同一物体上，且相对运动轨迹要简单明了。

以滚动的车轮为例，如图 6.1 所示，取轮缘上的点 M 为动点，固结于车厢的坐标系为动系，则车厢相对于地面的平移是牵连运动，在车厢上看到点做圆周运动，这是相对运动，在地面上看到点沿旋轮线运动，这是绝对运动。显然，如果没有牵连（相对）运动，则绝对运动就与相对（牵连）运动没有什么区别，从这个意义上讲，可以说绝对运动是牵连运动和相对运动的合成。

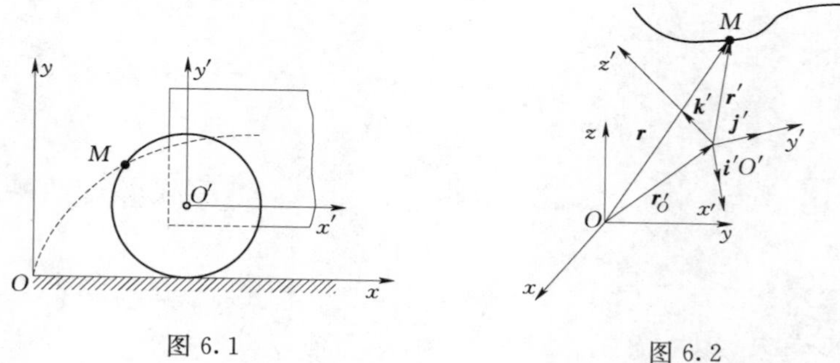

图 6.1　　图 6.2

6.1.2　点的速度合成定理

如图 6.2 所示，$O—xyz$ 为定系，$O'—x'y'z'$ 为作任意运动的动系，M 为动点。动点

M在定系中的矢径为$\boldsymbol{r}$，在动系中的矢径为$\boldsymbol{r}'$，动系的三个单位矢量为$\boldsymbol{i}'$、$\boldsymbol{j}'$、$\boldsymbol{k}'$，动系原点O'在定系中的矢径为$\boldsymbol{r}'_O$，有如下关系

$$\boldsymbol{r}=\boldsymbol{r}'_O+\boldsymbol{r}',\ \boldsymbol{r}'=x'\boldsymbol{i}'+y'\boldsymbol{j}'+z'\boldsymbol{k}'$$

于是动点的相对速度为

$$\begin{aligned}\boldsymbol{v}_r&=\frac{\tilde{\mathrm{d}}\boldsymbol{r}'}{\mathrm{d}t}=\frac{\mathrm{d}\boldsymbol{r}'}{\mathrm{d}t}\\&=\frac{\mathrm{d}}{\mathrm{d}t}(x'\boldsymbol{i}'+y'\boldsymbol{j}'+z'\boldsymbol{k}')\\&=\frac{\mathrm{d}x'}{\mathrm{d}t}\boldsymbol{i}'+\frac{\mathrm{d}y'}{\mathrm{d}t}\boldsymbol{j}'+\frac{\mathrm{d}z'}{\mathrm{d}t}\boldsymbol{k}'\end{aligned}\tag{6.1}$$

$\boldsymbol{v}_r$为相对速度，是动点相对于动系的速度，将单位矢量$\boldsymbol{i}'$、$\boldsymbol{j}'$、$\boldsymbol{k}'$视为常矢量。符号“～”表示在动参考系中计算的矢量对时间的系数，即相对导数。

动点的牵连速度为

$$\boldsymbol{v}_e=\frac{\mathrm{d}\boldsymbol{r}}{\mathrm{d}t}=\dot{\boldsymbol{r}}_{O'}+x'\dot{\boldsymbol{i}}'+y'\dot{\boldsymbol{j}}'+z'\dot{\boldsymbol{k}}'\tag{6.2}$$

牵连速度是牵连点的速度，该点是动系上与动点重合的点，因此，它在动系上的坐标x'、y'、z'是常量，它在定系中的矢径也为r_O。

动点的绝对速度为

$$\boldsymbol{v}_a=\frac{\mathrm{d}\boldsymbol{r}}{\mathrm{d}t}=\dot{\boldsymbol{r}}_{O'}+x'\dot{\boldsymbol{i}}'+y'\dot{\boldsymbol{j}}'+z'\dot{\boldsymbol{k}}'+\dot{x}'\boldsymbol{i}'+\dot{y}'\boldsymbol{j}'+\dot{z}'\boldsymbol{k}'\tag{6.3}$$

将式（6.1）、式（6.2）代入式（6.3）中得

$$\boldsymbol{v}_a=\boldsymbol{v}_e+\boldsymbol{v}_r\tag{6.4}$$

这就是点的速度合成定理，该定理表明动系任意运动时，动点的绝对速度等于其牵连速度与相对速度的矢量和。

【例 6.1】 如图 6.3 所示，车厢以速度$\boldsymbol{v}_1$沿水平直线轨道行驶，雨滴铅直落下，其速度为$\boldsymbol{v}_2$。试求雨滴相对于车厢的速度。

解：（1）确定动点和动系。本例题是求雨滴相对于车厢的速度。故选取雨滴为动点，动系$o'x'y'$固连于车厢上，定系oxy固连于地面。

（2）分析三种运动。

1）绝对运动：雨滴沿铅直直线运动。

2）相对运动：雨滴相对车厢为一斜直线。

3）牵连运动：车厢沿水平直线轨道的平动。

（3）速度分析及计算。根据速度合成定理有

$$\boldsymbol{v}_a=\boldsymbol{v}_e+\boldsymbol{v}_r$$

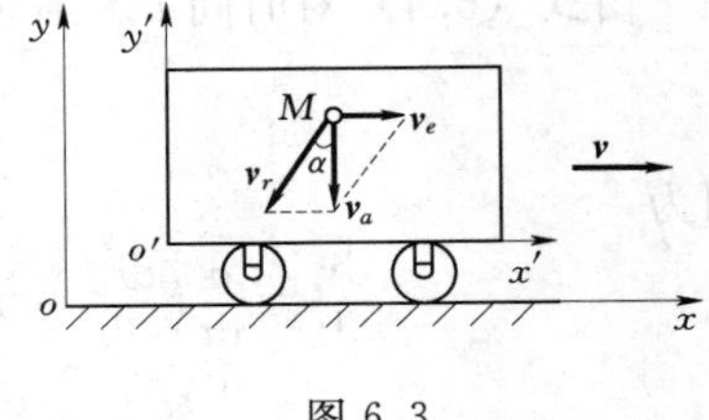

图 6.3

其中，绝对速度$\boldsymbol{v}_a$的大小为v_1，方向铅直向下；

牵连速度$\boldsymbol{v}_e$的大小等于车厢的速度v_2，方向水平向右；

相对速度$\boldsymbol{v}_r$的大小和方向均待求。

现已知$\boldsymbol{v}_a$和$\boldsymbol{v}_e$的大小和方向，可作出速度平行四边形（如图 6.3 所示）。由直角三角

形可求得相对速度的大小和方向

$$v_r = \sqrt{v_a^2 + v_e^2} = \sqrt{v_1^2 + v_2^2}$$

$$\tan\alpha = \frac{v_e}{v_a} = \frac{v_1}{v_2}$$

本例题说明，对于前进中的车厢里的乘客看来，铅直落下的雨滴总是向后倾斜的。

【例 6.2】 牛头刨床的急回机构如图 6.4 所示。曲柄 OA 的一端与滑块 A 用铰链连接，当曲柄 OA 以匀角速度 ω 绕固定轴 O 转动时，滑块 A 在摇杆 O_1B 的滑道中滑动，并带动摇杆 O_1B 绕 O_1 轴摆动。设曲柄长 $OA=r$，两定轴间的距离 $OO_1=l$。试求当曲柄 OA 在水平位置时摆杆 O_1B 的角速度 ω_1。

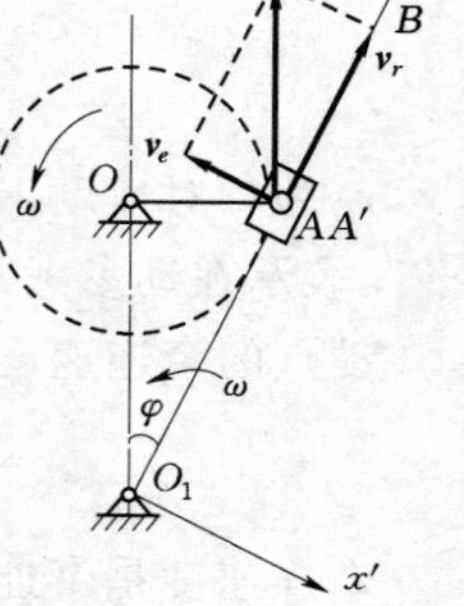

图 6.4

解：(1) 确定动点和动系。当 OA 绕 O 轴转动时，通过滑块 A 带动摇杆 O_1B 绕 O_1 轴摆动。选滑块 A 为动点，动系 $O_1x'y'$ 固连在摇杆 O_1B 上，定系固结在地面上。

(2) 分析三种运动。

1) 绝对运动：是以 O 为圆心，以 $OA=r$ 为半径的圆周运动。

2) 相对运动：沿摇杆 O_1B 的滑道做直线运动。

3) 牵连运动：摇杆 O_1B 绕定轴 O_1 的转动。

(3) 速度分析及计算。根据速度合成定理有

$$\boldsymbol{v}_a = \boldsymbol{v}_e + \boldsymbol{v}_r$$

其中：绝对速度 $\boldsymbol{v}_a$：大小为 $v_a = r\omega$，方向垂直于 OA，指向如图 6.4 所示；

相对速度 $\boldsymbol{v}_r$：大小未知，方位沿 O_1B；

牵连速度 $\boldsymbol{v}_e$：是摇杆 O_1B 上该瞬时与滑块 A 相重合一点 A' 点的速度，大小未知，方位垂直于 O_1B。

速度四边形六个分量中，已知四个可求出另两个。$v_e = v_a \cdot \sin\varphi$

又 $\sin\varphi = \dfrac{r}{\sqrt{l^2+r^2}}$，所以 $v_e = \dfrac{r^2\omega}{\sqrt{l^2+r^2}}$，则摇杆的角速度为

$$\omega_1 = \frac{v_e}{O_1A} = \frac{r^2\omega}{l^2+r^2}$$

方向如图。

6.1.3　点的加速度合成定理

由式 (6.4) 对时间 t 求绝对导数有

$$\boldsymbol{a}_a = \frac{\mathrm{d}\boldsymbol{v}_e}{\mathrm{d}t} + \frac{\mathrm{d}\boldsymbol{v}_r}{\mathrm{d}t} \tag{6.5}$$

因为

$$\begin{aligned}\frac{\mathrm{d}\boldsymbol{v}_e}{\mathrm{d}t} &= \frac{\mathrm{d}}{\mathrm{d}t}\left(\frac{\mathrm{d}\boldsymbol{r}_{O'}}{\mathrm{d}t} + x'\frac{\mathrm{d}\boldsymbol{i}'}{\mathrm{d}t} + y'\frac{\mathrm{d}\boldsymbol{j}'}{\mathrm{d}t} + z'\frac{\mathrm{d}\boldsymbol{k}'}{\mathrm{d}t}\right)\\ &= \frac{\mathrm{d}^2\boldsymbol{r}_{O'}}{\mathrm{d}t^2} + x'\frac{\mathrm{d}^2\boldsymbol{i}'}{\mathrm{d}t^2} + y'\frac{\mathrm{d}^2\boldsymbol{j}'}{\mathrm{d}t^2} + z'\frac{\mathrm{d}^2\boldsymbol{k}'}{\mathrm{d}t^2} + \frac{\mathrm{d}x'}{\mathrm{d}t}\frac{\mathrm{d}\boldsymbol{i}'}{\mathrm{d}t} + \frac{\mathrm{d}y'}{\mathrm{d}t}\frac{\mathrm{d}\boldsymbol{j}'}{\mathrm{d}t} + \frac{\mathrm{d}z'}{\mathrm{d}t}\frac{\mathrm{d}\boldsymbol{k}'}{\mathrm{d}t}\end{aligned}$$

$$\begin{aligned}\frac{\mathrm{d}\boldsymbol{v}_r}{\mathrm{d}t} &= \frac{\mathrm{d}}{\mathrm{d}t}\left(\frac{\mathrm{d}x'}{\mathrm{d}t}\boldsymbol{i}' + \frac{\mathrm{d}y'}{\mathrm{d}t}\boldsymbol{j}' + \frac{\mathrm{d}z'}{\mathrm{d}t}\boldsymbol{k}'\right)\\ &= \frac{\mathrm{d}^2x'}{\mathrm{d}t^2}\boldsymbol{i}' + \frac{\mathrm{d}^2y'}{\mathrm{d}t^2}\boldsymbol{j}' + \frac{\mathrm{d}^2z'}{\mathrm{d}t^2}\boldsymbol{k}' + \frac{\mathrm{d}x'}{\mathrm{d}t}\frac{\mathrm{d}\boldsymbol{i}'}{\mathrm{d}t} + \frac{\mathrm{d}y'}{\mathrm{d}t}\frac{\mathrm{d}\boldsymbol{j}'}{\mathrm{d}t} + \frac{\mathrm{d}z'}{\mathrm{d}t}\frac{\mathrm{d}\boldsymbol{k}'}{\mathrm{d}t}\end{aligned}$$

由式（6.1）得 $$\boldsymbol{a}_r=\frac{\tilde{\mathrm{d}}\boldsymbol{v}_r}{\mathrm{d}t}=\frac{\mathrm{d}^2x'}{\mathrm{d}t^2}\boldsymbol{i}'+\frac{\mathrm{d}^2y'}{\mathrm{d}t^2}\boldsymbol{j}'+\frac{\mathrm{d}^2z'}{\mathrm{d}t^2}\boldsymbol{k}'$$

由式(6.2)得 $$\boldsymbol{a}_e=\frac{\mathrm{d}\boldsymbol{v}_e}{\mathrm{d}t}=\frac{\mathrm{d}^2\boldsymbol{r}_{O'}}{\mathrm{d}t^2}+x'\frac{\mathrm{d}^2\boldsymbol{i}'}{\mathrm{d}t^2}+y'\frac{\mathrm{d}^2\boldsymbol{j}'}{\mathrm{d}t^2}+z'\frac{\mathrm{d}^2\boldsymbol{k}'}{\mathrm{d}t^2}$$

综合以上各式得

$$\boldsymbol{a}_a=\boldsymbol{a}_e+\boldsymbol{a}_r+2\left(\frac{\mathrm{d}x'}{\mathrm{d}t}\frac{\mathrm{d}\boldsymbol{i}'}{\mathrm{d}t}+\frac{\mathrm{d}y'}{\mathrm{d}t}\frac{\mathrm{d}\boldsymbol{j}'}{\mathrm{d}t}+\frac{\mathrm{d}z'}{\mathrm{d}t}\frac{\mathrm{d}\boldsymbol{k}'}{\mathrm{d}t}\right) \tag{6.6}$$

（1）当动系平移时，$\frac{\mathrm{d}\boldsymbol{i}'}{\mathrm{d}t}=\frac{\mathrm{d}\boldsymbol{j}'}{\mathrm{d}t}=\frac{\mathrm{d}\boldsymbol{k}'}{\mathrm{d}t}=0$。

由式（6.4）有

$$\boldsymbol{a}_a=\boldsymbol{a}_e+\boldsymbol{a}_r \tag{6.7}$$

这就是动系平移时点的加速度合成定理。该定理表明：动系平移时，动点的绝对加速度等于其牵连加速度和相对加速度的矢量和。

（2）动系定轴转动时，设动系 $O'x'y'z'$ 以角速度 ω_e 绕定轴转动，角速度矢量为 ω_e，把定轴取为定坐标轴的 z 轴，如图 6.4 所示，由泊松公式

$$\frac{\mathrm{d}\boldsymbol{i}'}{\mathrm{d}t}=\boldsymbol{\omega}\times\boldsymbol{i}',\ \frac{\mathrm{d}\boldsymbol{j}'}{\mathrm{d}t}=\boldsymbol{\omega}\times\boldsymbol{j}',\ \frac{\mathrm{d}\boldsymbol{k}'}{\mathrm{d}t}=\boldsymbol{\omega}\times\boldsymbol{k}'$$

得式（6.6）中

$$2\left(\frac{\mathrm{d}x'}{\mathrm{d}t}\frac{\mathrm{d}\boldsymbol{i}'}{\mathrm{d}t}+\frac{\mathrm{d}y'}{\mathrm{d}t}\frac{\mathrm{d}\boldsymbol{j}'}{\mathrm{d}t}+\frac{\mathrm{d}z'}{\mathrm{d}t}\frac{\mathrm{d}\boldsymbol{k}'}{\mathrm{d}t}\right)=2\boldsymbol{\omega}\left(\frac{\mathrm{d}x'}{\mathrm{d}t}\boldsymbol{i}'+\frac{\mathrm{d}y'}{\mathrm{d}t}\boldsymbol{j}'+\frac{\mathrm{d}z'}{\mathrm{d}t}\boldsymbol{k}'\right)=2\boldsymbol{\omega}\times\boldsymbol{v}_r$$

定义哥氏加速度

$$\boldsymbol{a}_k=2\boldsymbol{\omega}\times\boldsymbol{v}_r \tag{6.8}$$

该加速度是法国工程师 Coriolis 于 1832 年研究水轮机时发现的。人们为了纪念他，将该加速度命名为哥里奥利斯加速度，简称哥氏加速度。其方向由右手法则确定，如图 6.5 所示，其大小为

$$a_k=2\omega v_r\sin(\boldsymbol{\omega},\boldsymbol{v}_r)$$

当 $\omega\perp v_r$ 时，$a_k=2\omega v_r$；当 $\omega /\!/ v_r$ 时，$a_k=0$。

故

$$\boldsymbol{a}_a=\boldsymbol{a}_e+\boldsymbol{a}_r+\boldsymbol{a}_k \tag{6.9}$$

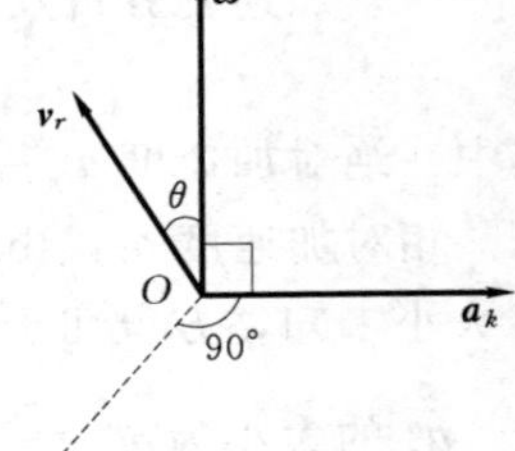

图 6.5

这就是动系定轴转动时点的加速度合成定理。该定理表明：动系定轴转动时，动点的绝对加速度等于其牵连加速度、相对加速度和哥氏加速度的矢量和。

【例 6.3】 如图 6.6 所示，半径为 R 的半圆形凸轮，当 $O'A$ 与铅垂线成 φ 角时，凸轮以速度 $\boldsymbol{v}_0$、加速度 $\boldsymbol{a}_0$ 向右运动，并推动从动杆 AB 沿铅垂方向上升，求此瞬时 AB 杆的速度和加速度。

解：（1）确定动点和动系。因为从动杆的端点 A 和凸轮 D 做相对运动，故取杆的端点 A 为动点，动系 $O'x'y'$ 固连在凸轮上。

（2）分析三种运动。

1）绝对运动：沿铅直线；

2）相对运动：沿凸轮表面的圆弧；

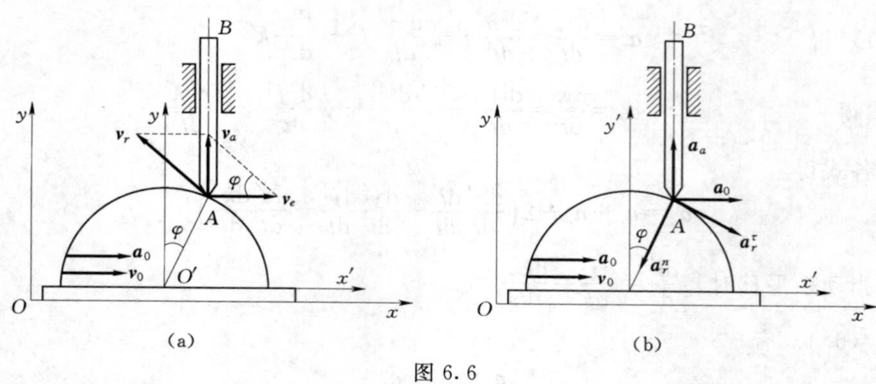

图 6.6

3）牵连运动：凸轮 D 的平动。

(3) 速度分析及计算。

根据速度合成定理有

$$\boldsymbol{v}_a=\boldsymbol{v}_e+\boldsymbol{v}_r$$

其中：$\boldsymbol{v}_a$ 的大小未知，方向沿铅垂直线向上；

$\boldsymbol{v}_r$ 的大小未知，方向沿凸轮圆周上 A 点的切线，指向待定；

$\boldsymbol{v}_e$ 大小为 $v_e=v_0$，方向沿水平直线向右。

作速度平行四边形如图 6.6 (a) 所示。由图中几何关系求得

$$v_A=v_a=v_e\tan\varphi=v_0\tan\varphi$$

$$v_r=\frac{v_e}{\cos\varphi}=\frac{v_0}{\cos\varphi}$$

(4) 加速度分析及计算。根据牵连运动为平动的加速度合成定理有

$$\boldsymbol{a}_a=\boldsymbol{a}_e+\boldsymbol{a}_r$$

其中：绝对加速度 $\boldsymbol{a}_a=\boldsymbol{a}_A$ 大小未知，方位铅直，指向假设向上；

相对加速度 $\boldsymbol{a}_r$，由于相对运动轨迹为圆弧，故相对加速度分为两项即 $\boldsymbol{a}_r^\tau$、$\boldsymbol{a}_r^n$，其中 $\boldsymbol{a}_r^\tau$ 大小未知，方位切于凸轮在 A 点的圆弧，指向如图 6.6 所示中假设

$\boldsymbol{a}_r^n$ 的大小为 $a_r^n=\dfrac{v_r^2}{R}=\dfrac{v_0^2}{R\cos^2\varphi}$方向过 A 点指向凸轮半圆中心 O'；

牵连加速度 $\boldsymbol{a}_e$ 的大小 $a_e=a_0$ 方向水平直线向右。

故动点 A 的绝对加速度又可写为

$$\boldsymbol{a}_a=\boldsymbol{a}_e+\boldsymbol{a}_r^\tau+\boldsymbol{a}_r^n \tag{a}$$

作出各加速度的矢量，如图 6.6 (b) 所示，根据解析法，取 $O'A$ 为投影轴，将式 (a) 向 $O'A$ 轴上投影得

$$a_a\cos\varphi=a_0\sin\varphi-a_r^n$$

$$a_a=\frac{a_0\sin\varphi-a_r^n}{\cos\varphi}=a_0\tan\varphi-\frac{\dfrac{v_0^2}{R\cos^2\varphi}}{\cos\varphi}=a_0\tan\varphi-\frac{v_0^2}{R\cos^3\varphi}=-\left(\frac{v_0^2}{R\cos^3\varphi}-a_0\tan\varphi\right)$$

负号表示 $\boldsymbol{a}_a$ 的指向与假设相反，应指向下。因为从动杆 AB 作平动，故 $\boldsymbol{v}_A=\boldsymbol{v}_a$，$\boldsymbol{a}_A=\boldsymbol{a}_a$ 即为该瞬时 AB 杆的速度和加速度。

【例 6.4】 半径为 r 的转子相对于支承框架以角速度 ω_1 绕水平轴 Ⅰ—Ⅰ 转动，此轴连同框架又以角速度 ω_2 相对于机架绕铅垂轴 Ⅱ—Ⅱ 转动，试求转子边缘上 A、B、C、D 四点在如图 6.7(a) 所示瞬时的科氏加速度，其中 A、B 两点在 Ⅱ—Ⅱ 轴线上，OC 连线垂直于 Ⅰ—Ⅰ 和 Ⅱ—Ⅱ 轴所组成的平面，OD 连线与 Ⅱ—Ⅱ 轴成 60°角。

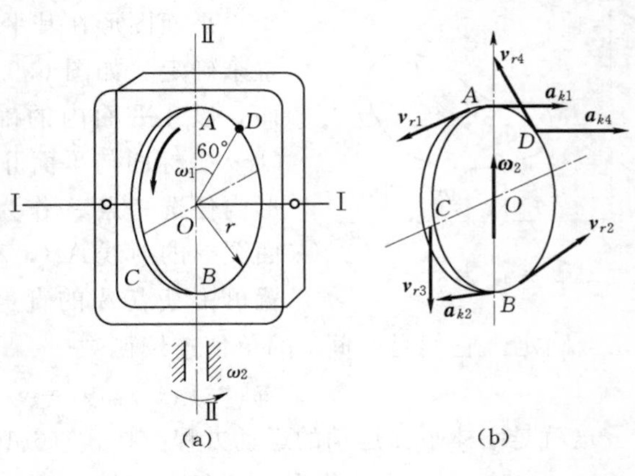

图 6.7

解：(1) 确定动点和动系。分别取 A、B、C、D 为动点，动系固连于框架上，定系固连于机架。

(2) 分析三种运动。牵连运动是以 ω_2 绕 Ⅱ—Ⅱ 轴的转动，各点的相对运动都是匀速圆周运动，相对运动轨迹为以 r 为半径的圆。

(3) 求各点的科氏加速度。

1) A 点：$v_{r1}=r\omega_1$，牵连运动的角速度为 ω_2 且 $\boldsymbol{\omega}_2 \perp \boldsymbol{v}_{r1}$，故

$$a_{k1}=2\omega_2 v_{r1}=2r\omega_1\omega_2$$

方向将 $\boldsymbol{v}_{r1}$ 按 ω_2 的转向转过 90°，垂直于转子盘面向右。

2) B 点：$v_{r2}=r\omega_1$

且 $\boldsymbol{\omega}_2 \perp \boldsymbol{v}_{r2}$ 故 $\boldsymbol{a}_k$ 的大小为

$$a_{k2}=2\omega_2 v_{r2}=2r\omega_1\omega_2$$

方向垂直于转子盘面向左。

3) C 点：由于 $\boldsymbol{\omega}_2 /\!/ \boldsymbol{v}_{r3}$，故 $a_{k3}=0$

4) D 点：$v_{r4}=r\omega_1$，$\boldsymbol{\omega}_2$ 与 $\boldsymbol{v}_{r4}$ 之间夹角等于 30°，故

$$a_{k4}=2\omega_2 v_{r4}\sin30°=r\omega_1\omega_2$$

方向按右手定则确定，即垂直于转子盘面向右。

6.2 刚体的平面运动

刚体的平面运动是工程机械中常见的一种刚体运动，它可以看作平移和转动的合成，也可以看作绕不断运动的轴的转动。刚体在运动时，其内的任意点与某个固定平面始终保持等距离的刚体运动称为刚体平面运动。例如沿直线轨道滚动的轮子，曲柄连杆机构如图 6.8 所示的连杆 AB 均作平面运动。

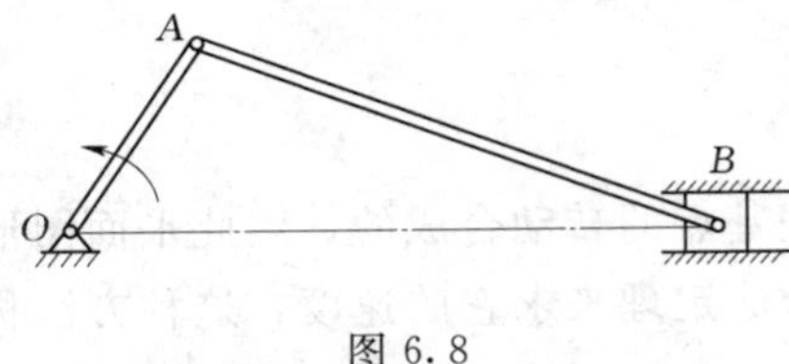

图 6.8

6.2.1 刚体平面运动的概述和分解

用与固定平面相平行的平面去切割刚体，所得截面为平面图形。由平面运动的定义可知，平面图形将始终在自身平面中运动，并且它完全代表整个刚体的运动。

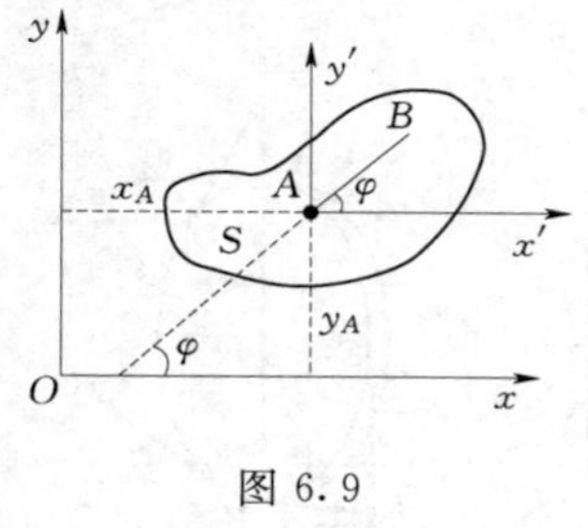

图 6.9

平面图形在其平面上的位置可由图形内任意线段 AB 的位置来确定。如图 6.9 所示，设平面图形 S 所在的平面为Ⅱ平面，以Ⅱ平面内的确定点 O 为原点建立定坐标系 $Oxyz$，令 Oxy 坐标面与平面Ⅱ重合，Oz 轴沿平面Ⅱ的法线。在平面图形内任选一点 A 作为基点，从基点 A 向任意方向作固结于平面图形的射线 AB，称为基线。于是平面图形在平面Ⅱ内的位置可由基点 A 的直角坐标 x_A、y_A 以及基线相对 Ox 轴的倾角 φ 完全确定。它们是时间 t 的单值连续函数

$$x_A=x_A(t),\ y_A=y_A(t),\ \varphi=\varphi(t) \tag{6.10}$$

这就是刚体平面运动的运动方程。在式（6.10）中，若 φ 保持不变，则简化为平移；若 x_A、y_A 保持不变，则简化为绕 A 轴的定轴转动。因此刚体的平面运动可以分解为平移和定轴转动。在基点 A 固连平移直角坐标系 $Ax'y'$，且各轴分别与定坐标系 Oxy 的对应轴平行（如图 6.9 所示），则平面图形的平面运动（绝对运动）可看作为以基点 A 为原点的平移坐标系的平移（牵连运动）和平面图形相对平移坐标系的定轴转动（相对运动）的合成。

研究平面运动时，可以选择不同的点作为基点。一般平面图形上各点的运动情况是不同的，如图 6.8 所示的曲柄连杆机构中连杆 AB 作平面运动，其上的点 A 作圆周运动，点 B 作直线运动。因此在平面图形上选择不同的基点，其动参考系的平移速度和加速度都不相同。如图 6.10 所示，分别取点 A 和点 B 作基点，则平动的位移 AB_1 和 BA_1 是不同的，当然图形随点 A 或点 B 平移的速度和加速度也不相同，但对于绕不同基点转过的转角 φ_A 和 φ_B 的大小及转向在任一时刻总是相同的，那么其角速度和角加速度在任一时刻也必然相同。于是可得结论：刚体的平面运动可取任意基点而分解为平移和转动，其中平移的速度和加速度与基点的选择有关，而平面图形绕基点的转动的角速度和角加速度与基点的选取无关。

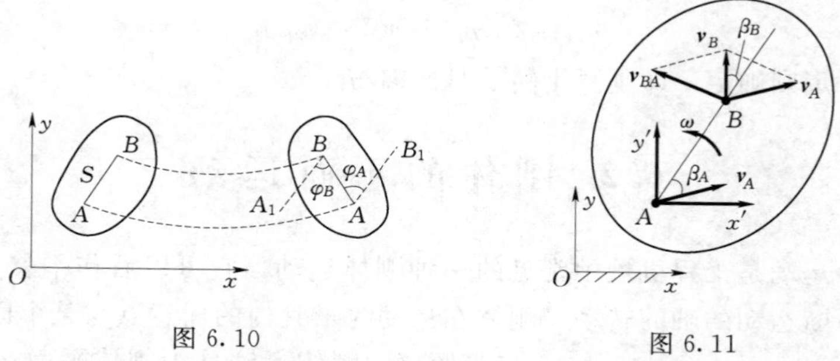

图 6.10　　　　图 6.11

6.2.2　平面图形上各点的速度

1. 基点法

前面分析了平面图形的运动是由随基点的平移和绕基点的转动合成的，因此平面图形上任一点的运动也是两个运动的合成，所以可用速度合成定理来求它的速度，这种方法称为基点法。

如图 6.11 所示，某瞬时平面图形上，A 点的速度和加速度分别为 $\boldsymbol{v}_A$、$\boldsymbol{a}_A$，平面图形

的角速度和角加速度分别为 ω、α。设 A 为基点，建立 $Ax'y'$ 平移动系，选 B 为动点，则 B 点的牵连运动为平移（牵连速度 $\boldsymbol{v}_e=\boldsymbol{v}_A$），$B$ 点的相对运动为绕 A 点的圆周运动，相对速度称为绕基点作圆周运动的速度（用 $\boldsymbol{v}_{BA}$ 表示），其大小为 $v_r=v_{BA}=AB\omega$，方向垂直于 AB（如图 6.11 所示）。由速度合成定理

$$\boldsymbol{v}_a=\boldsymbol{v}_e+\boldsymbol{v}_r$$

有

$$\boldsymbol{v}_B=\boldsymbol{v}_A+\boldsymbol{v}_{BA} \tag{6.11}$$

式（6－11）表明，平面图形上任意点的速度等于基点的速度和该点绕基点作圆周运动速度的矢量和。这种求平面图形上任一点速度的方法称为基点法。

注意：利用式（6.11）解题时，应该知道四个因素，可以求出两个未知因素。式（6－11）中 $v_{BA}=AB\omega$，该 ω 为平面图形的绝对角速度。

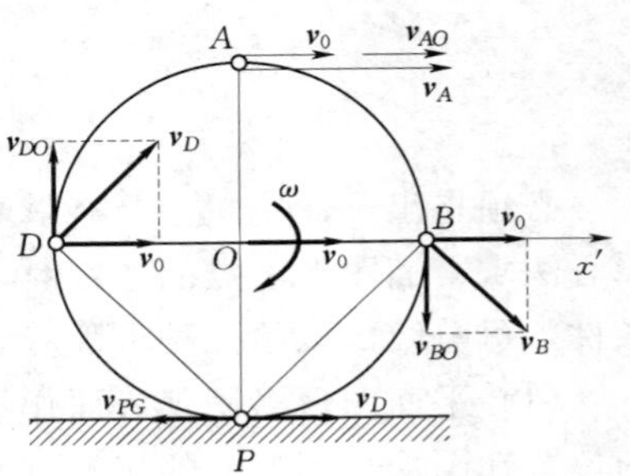

图 6.12

【例 6.5】 车轮沿固定直线轨道只滚不滑（又称纯滚动），如图 6.12 所示，设轮的半径为 R，轮心速度为 $\boldsymbol{v}_0$，试求轮缘上的点 D、A 和 B 的速度。

解： 车轮作平面运动。先取轮心 O 为基点，研究接触点 P 的速度如图 6.12 所示，有

$$\boldsymbol{v}_P=\boldsymbol{v}_0+\boldsymbol{v}_{P0} \tag{a}$$

由于轮只滚不滑，显然 $v_P=0$，因此，有 $v_{P0}=PO\cdot\omega=R\omega=v_0$，$\boldsymbol{v}_{PO}$ 方向与 $\boldsymbol{v}_0$ 相反，从而有

$$\omega=\frac{v_0}{R} \tag{b}$$

再研究点 D、A 和 B 的速度如图 6.12 所示。且 $v_{DO}=v_{AO}=v_{BO}=R\omega=v_0$，由各点速度的几何关系得 $v_D=\sqrt{2}v_0$，$v_A=2v_0$，$v_B=\sqrt{2}v_0$，其方向如图 6.12 所示。

2. 速度瞬心法

基点法中常选速度和加速度已知的点为基点，能否选平面图形上速度或加速度为零的点为基点呢？若能如此，基点法就会变得更为简单。下面讨论这个问题。

如果平面图形上有瞬时速度为零的一点，则称其为速度瞬心，简称瞬心，用 P 表示。若取速度瞬心 P 为基点，由于基点的速度为零，即 $v_P=0$，则平面图形上任一 M 点的速度可表示成

$$\boldsymbol{v}_M=\boldsymbol{v}_{MP} \tag{6.12}$$

即图形上任一点 M 的速度 $\boldsymbol{v}_M$ 就是 M 点绕速度瞬心 P 作圆周运动的速度 $\boldsymbol{v}_{MP}$。在此瞬时，图形上各点速度的分布规律就像绕基点 P 作定轴转动一样（如图 6.13 所示）。设平面图形的角速度为 ω，则

$$v_M=v_{MP}=MP\cdot\omega \tag{6.13}$$

这种选择速度瞬心为基点求平面图形上任一点速度的方法，实质上是速度基点法的特殊形式，称为速度瞬心法，简称瞬心法。

可以证明，只要平面图形在某一瞬时的角速度 ω 不等于零，那么平面图形上必存在一个速度瞬心。证明过程如下：

设图形上 A 点的速度为 $\boldsymbol{v}_A$，过 A 点将 $\boldsymbol{v}_A$ 顺 ω 的转向转 90°，得垂线 AB（如图 6.14 所示），在 AB 上取一点 C_v，使得 $AP=\frac{v_A}{\omega}$。由速度基点法得 $\boldsymbol{v}_P=\boldsymbol{v}_A+\boldsymbol{v}_{PA}$。因为 $\boldsymbol{v}_A$ 和 $\boldsymbol{v}_{PA}$ 方向相反，且 $v_{PA}=AP\cdot\omega=v_A$，所以 $\boldsymbol{v}_P=0$，这就证明了在一般情形下平面图形的速度瞬心唯一存在。

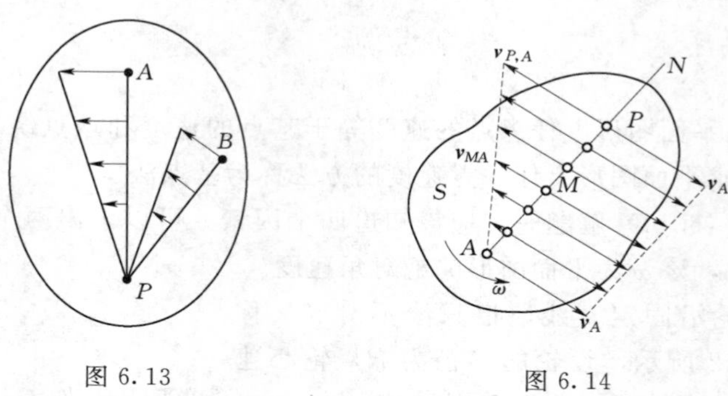

图 6.13　　图 6.14

必须指出，速度瞬心具有瞬时性，它在平面图形上的位置是随时间而连续变化的，用瞬心法求平面图形上点的速度时，先要确定速度瞬心的位置。在解题时，根据机构的几何条件，可总结出以下几种求瞬心的方法：

（1）平面图形沿固定表面作无滑动的滚动，如图 6.15（a）所示，图形的速度瞬心 P 的位置在图形与固定面的接触点。

（2）已知图形内任意两点 A 和 B 的速度，如图 6.15（b）所示，过 A、B 两点分别作速度矢量 $\boldsymbol{v}_A$、$\boldsymbol{v}_B$ 的垂直线，其交点为平面图形的速度瞬心 P。

（3）已知图形上两点 A 和 B 的速度相互平行，且速度方向垂直于两点的连线 AB，如图 6.15（c）、（d）所示，则速度瞬心必在连线 AB 与速度矢量 $\boldsymbol{v}_A$ 和 $\boldsymbol{v}_B$ 端点连线的交

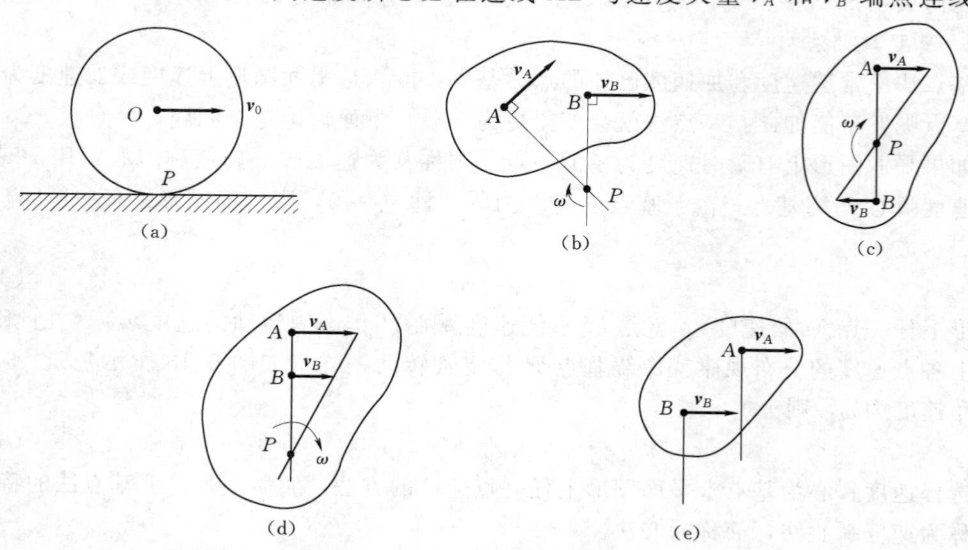

(a)　(b)　(c)　(d)　(e)

图 6.15

点 P。

(4) 某瞬时，图形上 A、B 两点的速度平行且相等，如图 6.15 (e) 所示。图形的速度瞬心在无穷远处。在该瞬时，图形上各点的速度分布如同图形作平移时一样，称为瞬时平移。瞬时平移与平移是不同的，瞬时平移的平面图形仅在这一瞬时其上各点的速度相同，且 $\omega=0$，而另一瞬时则不相同，而且即使在此瞬时，各点的加速度并不一定相同，且 $\alpha\neq 0$；而平移在每一瞬时，刚体上各点的速度相同，加速度也相同，且 $\alpha=0$。

【例 6.6】 滚压机构如图 6.16 所示，已知长为 r 的曲柄 OA 以匀角速度 ω 转动，半径为 R 的滚子沿水平面作无滑动的滚动。求当曲柄与水平线的夹角为 60°，且曲柄与连杆 AB 垂直时，滚子中心 B 的速度和滚子的角速度。

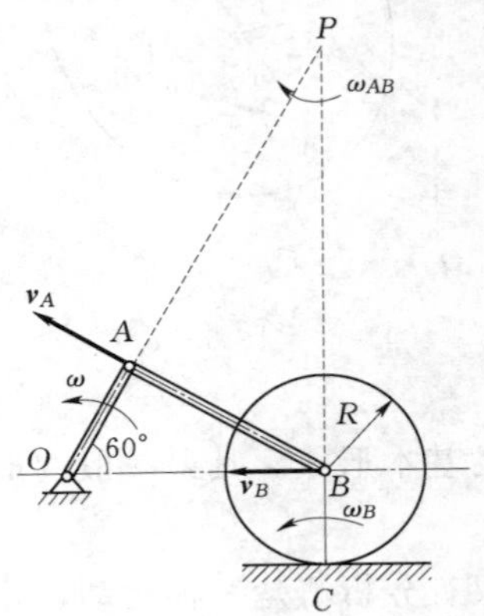

图 6.16

解： 滚压机构由曲柄 OA、连杆 AB 和滚子所组成。曲柄作定轴转动，连杆和滚子均作平面运动，滚子中心 B 作直线运动。

先通过连杆 AB 的平面运动求滚子中心 B 的速度。由于 $\boldsymbol{v}_A$ 垂直于 OA，$\boldsymbol{v}_B$ 沿水平线 OB，作 A、B 两点速度的垂线，其交点 P，即为 AB 杆在图示瞬时的速度瞬心。因为点 A 的速度为

$$v_A=r\omega$$

所以连杆 AB 的角速度为

$$\omega_{AB}=\frac{v_A}{AP}=\frac{r\omega}{3r}=\frac{\omega}{3}$$

由 $\boldsymbol{v}_A$ 的方向可知 ω_{AB} 的转向为顺时针，故 B 点的速度

$$v_B=BP\cdot\omega_{AB}=\frac{2\sqrt{3}}{3}r\omega$$

且由 ω_{AB} 的转向知 $\boldsymbol{v}_B$ 的方向水平向左。

再求滚子的角速度。由于滚子作无滑动的滚动。所以滚子与水平面接触点 C 即为滚子的速度瞬心。因此，滚子的角速度为

$$\omega_B=\frac{v_B}{R}=\frac{2\sqrt{3}}{3R}r\omega$$

且由 $\boldsymbol{v}_B$ 的方向可知，ω_B 是逆时针转向。

由本题可知，连杆和滚子在该瞬时都有各自的速度瞬心和角速度，两者不可混淆。

3. 速度投影法

将式 (6.11) 向连线 AB 投影，因 $\boldsymbol{v}_{BA}$ 始终垂直于 AB，其投影恒等于零，于是有

$$[\boldsymbol{v}_B]_{AB}=[\boldsymbol{v}_A]_{AB} \tag{6.14}$$

式 (6.14) 表明，平面图形上任意两点的速度在这两点连线上的投影相等，称为速度投影定理。它反映了刚体上任何两点距离不变的物理性质。若已知图形上一点速度的大小和方向，又知另一点速度的方位可用该定理十分方便地求得图形上任一点速度的大小并确定其

指向。

6.2.3　用基点法求平面图形上一点的加速度

根据前面所述，平面图形的运动可分解为随基点的平移与绕基点的转动，因此求平面图形上一点的加速度时，也可用加速度合成法。

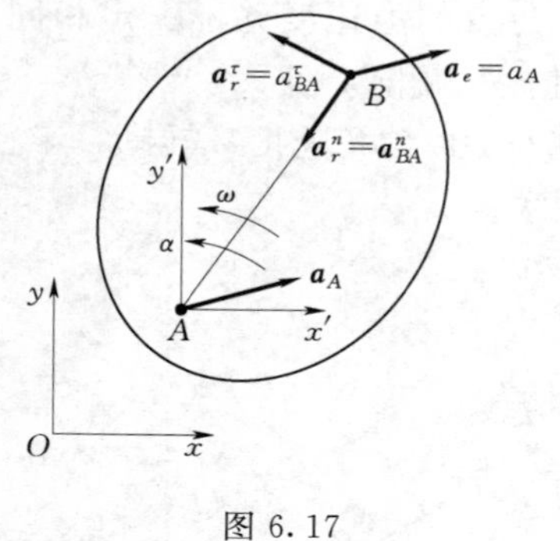

图 6.17

在如图 6.17 所示中选 $Ax'y'$ 为平移动系，B 为动点，由动系平移时点的加速度合成定理，有

$$\boldsymbol{a}_a=\boldsymbol{a}_e+\boldsymbol{a}_r$$

其中，$\boldsymbol{a}_a=\boldsymbol{a}_B$，$\boldsymbol{a}_e=\boldsymbol{a}_A$，$\boldsymbol{a}_r=\boldsymbol{a}_r^\tau+\boldsymbol{a}_r^n=\boldsymbol{a}_{BA}^\tau+\boldsymbol{a}_{BA}^n$，于是得到

$$\boldsymbol{a}_B=\boldsymbol{a}_A+\boldsymbol{a}_{BA}^\tau+\boldsymbol{a}_{BA}^n \tag{6.15}$$

其中　$a_{BA}^\tau=AB\alpha$，$a_{BA}^n=AB\omega^2$

式（6.15）表明，平面图形上任一点的加速度等于基点的加速度与该点绕基点圆周运动的切向加速度和法向加速度的矢量和。

式（6.15）为牵连运动为平动时点的加速度合成定理的基本形式。其最一般的形式为

$$\boldsymbol{a}_a^\tau+\boldsymbol{a}_a^n=\boldsymbol{a}_e^\tau+\boldsymbol{a}_e^n+\boldsymbol{a}_r^\tau+\boldsymbol{a}_r^n \tag{6.16}$$

只有分析清楚三种运动，才能确定加速度合成定理的形式。用该定理同样只能求出两个未知量，所以具体应用时，常常采用投影式。

【例 6.7】　如图 6.18 所示曲柄滑块机构。曲柄 OA 长为 r，以匀角速度 ω 转动，连杆 AB 长为 l，求曲柄 OA 铅垂向上和水平向右时，滑块 B 的加速度。

解：曲柄滑块机构中，曲柄 OA 作定轴转动，连杆 AB 作平面运动，欲求滑块 B 的加速度，需先求出连杆 AB 角速度 ω_{AB} 和角速度 α_{AB}，然后再求滑块 B 的加速度。

(1) 曲柄位于铅垂向上位置，如图 6.18（a）所示。OA 杆作定轴转动，$v_A=r\omega$，方向水平向左，滑块 B 沿水平滑道运动，在该瞬时连杆 AB 作瞬时平动，$\omega_{AB}=0$。

取 A 为基点，分析 B 点的加速度，则

$$\boldsymbol{a}_B=\boldsymbol{a}_A+\boldsymbol{a}_{BA}^\tau+\boldsymbol{a}_{BA}^n \tag{a}$$

其中：

1) $a_A=a_A^n=r\omega^2$，方向铅垂向下；

2) $a_{BA}^\tau=l\cdot\alpha_{AB}$，方向垂直于 AB，指向假定为右上方；

3) $a_{BA}^n=l\omega_{AB}^2=0$，$a_B$ 大小未知，方向水平，假定指向右方。画出 B 点的加速度矢量图如图 6.18（a）所示。

将式（a）向 $\boldsymbol{a}_A$ 方向投影得

$$0=a_A-a_{BA}^\tau\cos\theta$$

式中 $\cos\theta=\dfrac{\sqrt{l^2-r^2}}{l}$ 则

$$0=r\omega^2-l\cdot\alpha_{AB}\cdot\frac{\sqrt{l^2-r^2}}{l}$$

$$\alpha_{AB}=\frac{r\omega^2}{\sqrt{l^2-r^2}}$$

将式（a）向 AB 方向投影得

$$a_B\cos\theta=a_A\sin\theta$$

$$a_B=a_A\tan\theta=r\omega^2\ \frac{r}{\sqrt{l^2-r^2}}=\frac{r^2\omega^2}{\sqrt{l^2-r^2}}$$

由计算结果可以看出，当 AB 杆作瞬时平动时，$\omega_{AB}=0$，$\alpha_{AB}\neq0$；$\boldsymbol{v}_A=\boldsymbol{v}_B$，$\boldsymbol{a}_A\neq\boldsymbol{a}_B$。可见，刚体作瞬时平动时，角加速度并不为零，刚体上各点的加速度也不相等，与刚体平动是不完全相同的。

（2）曲柄位于水平向右位置：如图 6.18（b）所示，在该位置 $v_A=r\omega$，方向铅垂向上，连杆 AB 的速度瞬心是 B 点，$v_B=0$，在该瞬时，AB 绕 B 点作瞬时转动，$\omega_{AB}=\frac{v_A}{l}=\frac{r\omega}{l}$，转向为顺时针。

以 A 为基点，求 B 点的加速度，即

$$\boldsymbol{a}_B=\boldsymbol{a}_A+\ \boldsymbol{a}_{BA}^{\tau}+\boldsymbol{a}_{BA}^{n}$$

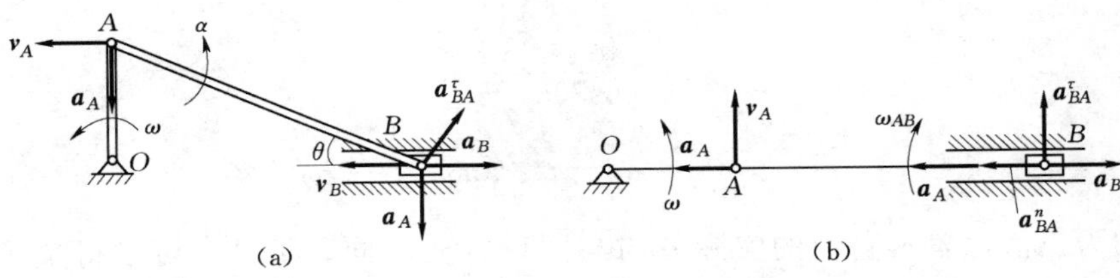

图 6.18

其中 $a_A=a_A^n=r\omega^2$，方向水平向左；$a_{BA}^{\tau}=l\cdot\alpha_{AB}$，方向铅垂，指向假定向上；$a_{BA}^{n}=l\omega_{AB}^2=l\left(\frac{r\omega}{l}\right)^2=\frac{r^2\omega^2}{l}$，方向水平向左；$\boldsymbol{a}_B$ 大小未知，方向水平，指向假定设为右方。画出 B 点的加速度矢量图如图 6.18 所示。

将式（b）向 $\boldsymbol{a}_{BA}^{\tau}$ 方向投影得

$$a_{BA}^{\tau}=0$$

$$\alpha_{AB}=\frac{a_{BA}^{\tau}}{l}=0$$

将式（b）向 $\boldsymbol{a}_B$ 方向投影得

$$a_B=-a_A-a_{BA}^{n}=-r\omega^2-\frac{r^2\omega^2}{l}$$

$$=-\left(1+\frac{r}{l}\right)r\omega^2$$

结果为负值，说明 $\boldsymbol{a}_B$ 的方向与假定的方向相反，即 $\boldsymbol{a}_B$ 应是水平向左。

由计算结果可以看出，在该位置 AB 杆的速度瞬心为 B 点，$\boldsymbol{v}_B=0$，而该瞬时 $\boldsymbol{a}_B\neq0$。可见，平面运动刚体的速度瞬心的加速度并不为零。

【例 6.8】　求例 6.6 中滚子中心 B 的加速度，连杆 AB 和滚子的角加速度。

解：连杆 AB 作平面运动。曲柄 OA 做匀速转动，故

$$\boldsymbol{a}_A = OA \cdot \omega^2 = r\omega^2$$

方向指向 O 点。

取 A 点为基点，由式（6.15）知，B 点的加速度为

$$\boldsymbol{a}_B = \boldsymbol{a}_A + \boldsymbol{a}_{BA}^{\tau} + \boldsymbol{a}_{BA}^{n} \tag{a}$$

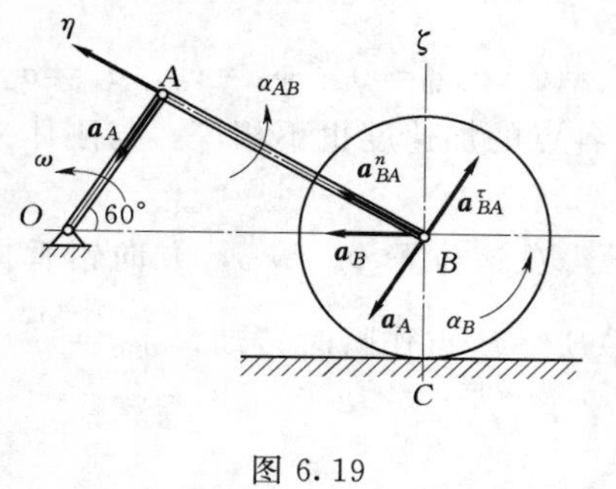

图 6.19

其中 $\boldsymbol{a}_A$ 大小方向均为已知；$\boldsymbol{a}_{BA}^{\tau}$ 大小未知，方向垂直于 AB，指向假设如图 6.19 所示；$a_{BA}^{n} = AB \cdot \omega_{AB}^2 = \frac{\sqrt{3}}{9} r\omega^2$，方向指向 A 点；$\boldsymbol{a}_B$ 大小未知，方向沿 OB 直线，指向假设向左。

取 η 轴和 ζ 轴如图 6.19 所示，将式（a）向 η 轴和 ζ 轴上投影得

$$a_B \cos 30° = a_{BA}^{n}$$

$$0 = -a_A \cos 30° + a_{BA}^{\tau} \cos 30° + a_{BA}^{n} \sin 30°$$

解得

$$a_B = \frac{a_{BA}^{n}}{\cos 30°} = \frac{2}{9} r\omega^2$$

$$a_{BA}^{\tau} = a_A - a_{BA}^{n} \tan 30° = \frac{8}{9} r\omega^2$$

a_B 和 a_{BA}^{τ} 均为正值，表示它们的实际方向与图设方向相同。于是，可求得滚子的角加速度为

$$\alpha_B = \frac{a_B}{R} = \frac{2r}{9R}\omega^2$$

由 $\boldsymbol{a}_B$ 的方向知 α_B 为逆时针转向。连杆 AB 的角加速度为

$$\alpha_{AB} = \frac{a_{BA}^{\tau}}{AB} = \frac{8}{9\sqrt{3}}\omega^2$$

且由 $\boldsymbol{a}_{BA}^{\tau}$ 的方向知 $\boldsymbol{\alpha}_{AB}$ 也为逆时针转向。

习　题

6-1　如习题 6-1 图所示平面铰接四边形机构，$O_1A = O_2B = 10\text{cm}$，$O_1O_2 = AB$，杆 O_1A 以 $\omega = 2\text{rad/s}$ 绕 O_1 轴作匀速转动。AB 杆上有一套筒 C，此筒与 CD 杆相铰接。求当 $\varphi = 60°$ 时 CD 杆的速度。

6-2　如习题 6-2 图所示，摇杆 OC 绕 O 轴摆动，通过固定在齿条 AB 上的销子 k 带动齿条平动，而齿条又带动半径为 10cm 的齿轮 D 绕固定轴转动。如 $l = 40\text{cm}$，摇杆的角速度 $\omega = 0.5\text{rad/s}$，求 $\varphi = 30°$ 时，齿轮的角速度 ω_1。

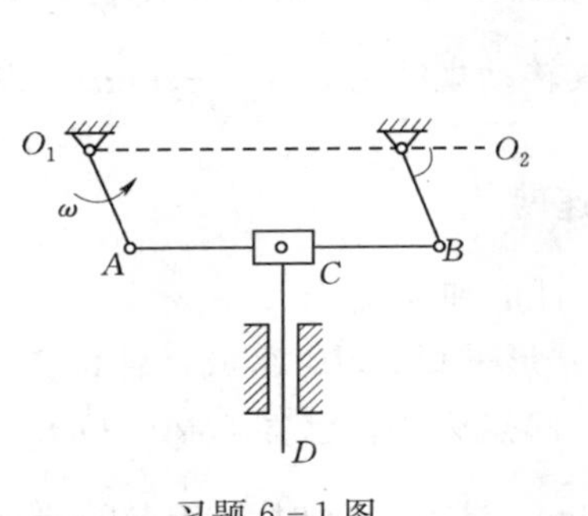

习题 6－1 图

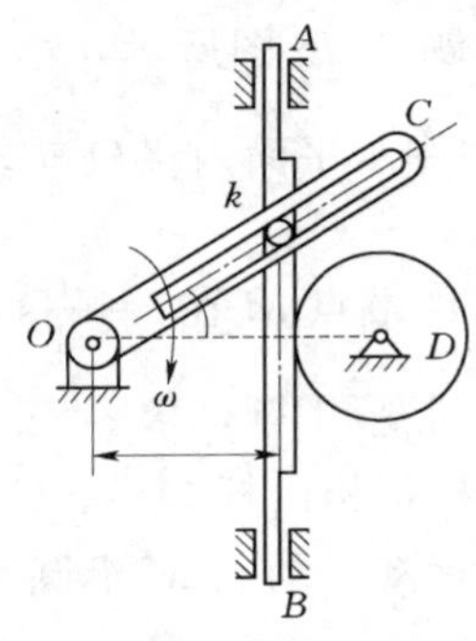

习题 6－2 图

6－3　如习题 6－3 图所示，麦粒从传送带 A 落到另一个传送带 B，其绝对速度 $v_1=4\text{m/s}$，其方向与铅垂线成 30°角，设传送带 B 与水平面成 15°角，其速度 $v_2=2\text{m/s}$。求此时麦粒对于传送带 B 的相对速度。另外当传送带 B 的速度为多大时，麦粒的相对速度才能与它垂直。

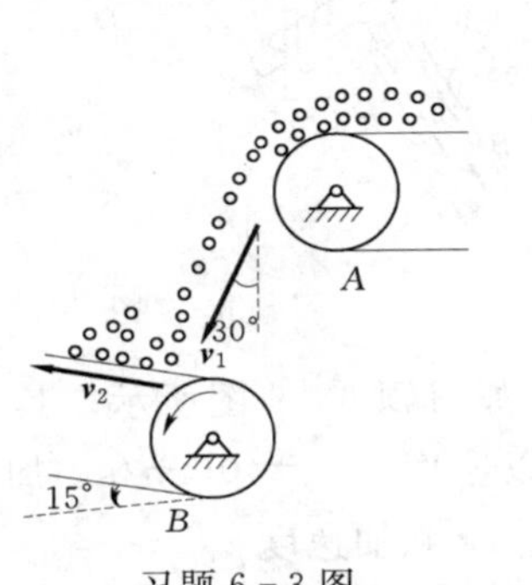

习题 6－3 图

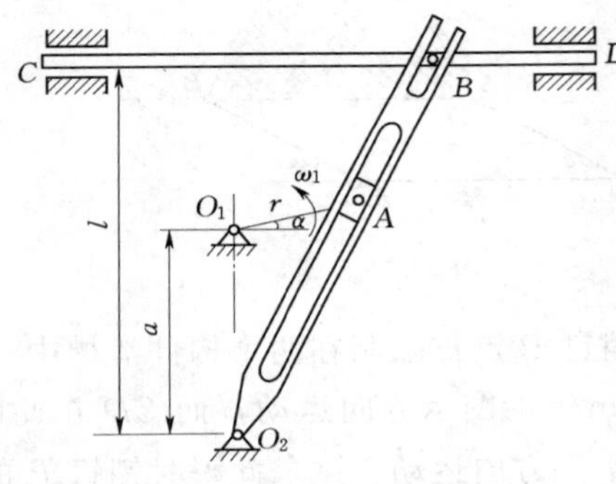

习题 6－4 图

6－4　如习题 6－4 图所示为一刨床机构。已知 $O_1A=r=20\text{cm}$，$O_1O_2=a=20\sqrt{3}\text{cm}$，$l=2a=40\sqrt{3}\text{cm}$，曲柄 O_1A 以角速度 $\omega_1=2\text{rad/s}$ 绕 O_1 轴转动，求在图示位置当 $\alpha=30°$ 时，滑枕 CD 的移动速度。

6－5　如习题 6－5 图所示，曲柄滑道机构的曲柄 $OA=r=40\text{cm}$，以转速 $n=120\text{r/min}$ 按顺时针方向作匀速转动。水平杆 BC 的滑槽 DE 与水平线成 60°角。曲柄转动时，通过滑块 A 带动 BC 杆在水平方向作往复运动。求当曲柄与水平线夹角分别为 $\varphi=0°$、30°时，杆 BC 的速度和加速度。

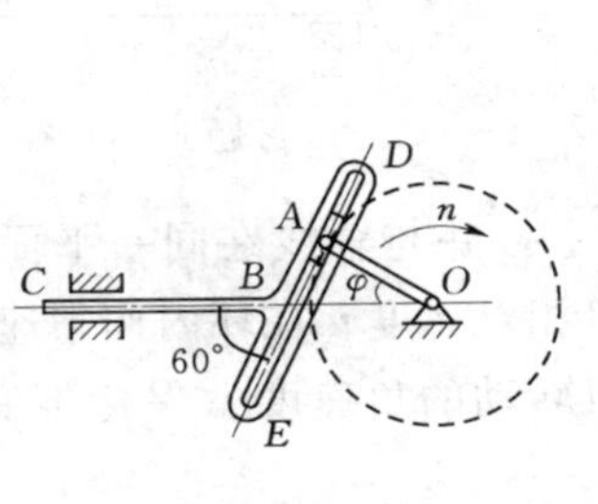

习题 6－5 图

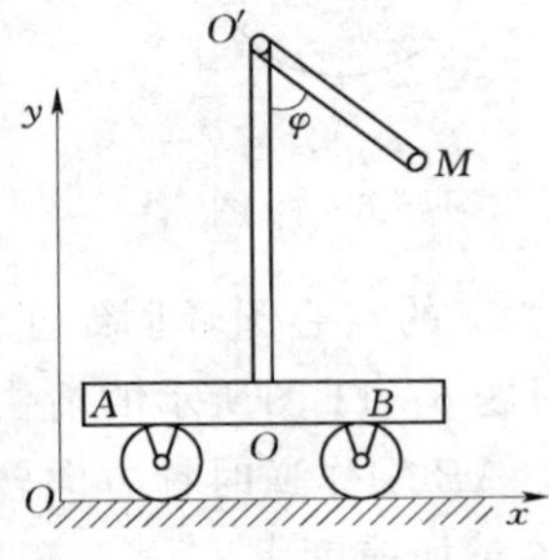

习题 6－6 图

6-6　如习题 6-6 图所示，小车的运动规律为 $x=50t^2$，x 单位为 cm，t 单位为 s。车上连杆 $O'M$ 在图示平面内绕 O' 轴转动，其转动规律为 $\varphi=\frac{\pi}{3\sqrt{3}}\sin\pi t$。设连杆 $O'M$ 长为 60cm，试求连杆的端点 M 在 $t=\frac{1}{3}$s 时的加速度。

6-7　题设同 6-1 题，求 $\varphi=60°$时 CD 杆的加速度。

6-8　四连杆机构由杆 O_1A、O_2B 及半圆形平板 ADB 组成，各构件均在如习题6-8图所示的平面内运动。动点 M 沿圆弧运动，起点为 B。已知 $O_1A=O_2B=18$cm，半圆形平板半径 $R=18$cm，$\varphi=\frac{\pi}{18}t$，$s=\widehat{B}\ \widehat{M}=\pi t^2$cm。求 $t=3$s 时，M 点的绝对速度及绝对加速度。

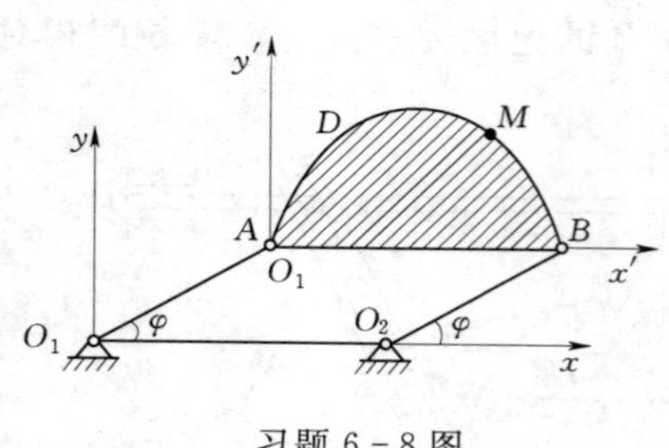

习题 6-8 图

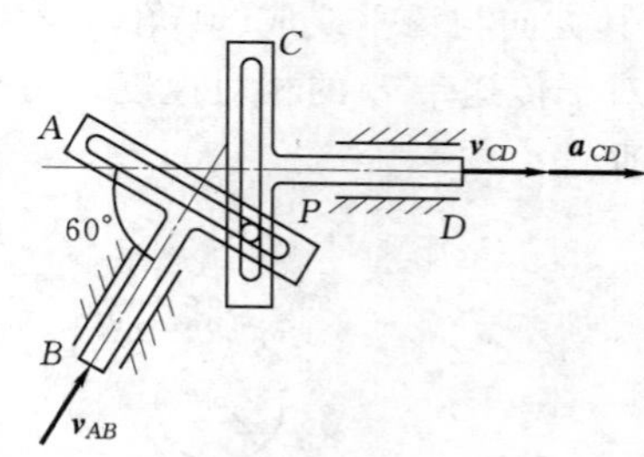

习题 6-9 图

6-9　销钉 P 点被限制在两个构件滑槽中运动，如习题 6-9 图所示。其中 AB 以匀速 $v_{AB}=80$mm/s 沿图示方向运动，而 CD 在此瞬时以速度 $v_{CD}=40$mm/s、加速度 $a_{CD}=10$mm/s^2 沿水平方向运动。试求此瞬时销钉 P 的速度 $\boldsymbol{v}_P$ 和加速度 $\boldsymbol{a}_P$。

6-10　如习题 6-10 图所示，圆盘以角速度 $\omega=2t$rad/s 绕 AB 轴转动，点 M 由盘心 O 沿半径向盘边运动，其运动规律为 $OM=40t^2$，其中长度以 mm 计，时间以 s 计，求 $t=1$s 时 M 点的绝对加速度。

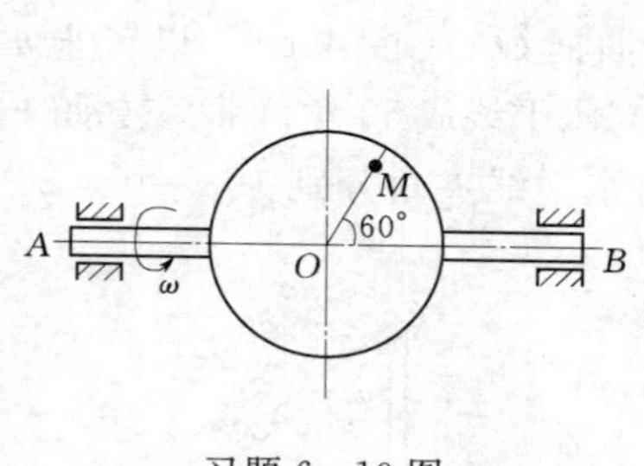

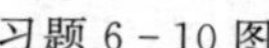
习题 6-10 图

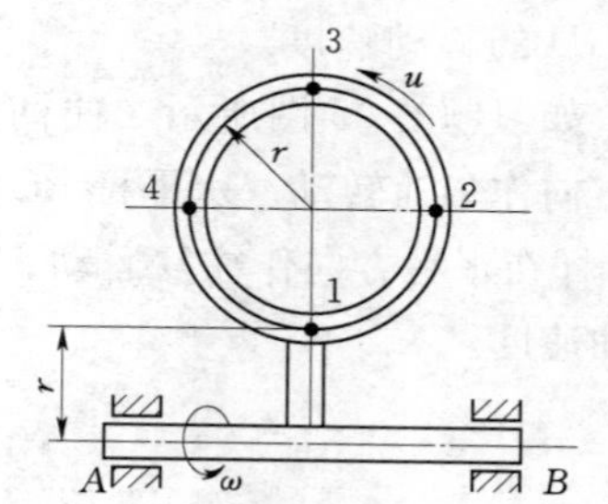

习题 6-11 图

6-11　半径为 r 的空心圆环固结于 AB 轴上，并与轴线在同一平面内，圆环内充满液体，液体按如习题 6-11 图所示的箭头方向以相对速度 $\boldsymbol{u}$ 在环内作匀速运动。如从点 B 顺轴向点 A 看去，AB 轴作逆时针方向转动，且转动的角速度 ω 保持不变。求在 1、2、3 和 4 点处液体的绝对加速度。

6－12　如习题 6－12 图所示，物体对地面的速度为 $\boldsymbol{u}$，求沿下列轨道运动到图示位置时科氏加速度的大小和方向，设地球自转角速度为 ω。(1) 赤道 A 点；(2) 北纬 $30°B$ 点；(3) 沿经线 C 点；(4) 沿经线 D 点；(5) 沿经线 E 点。

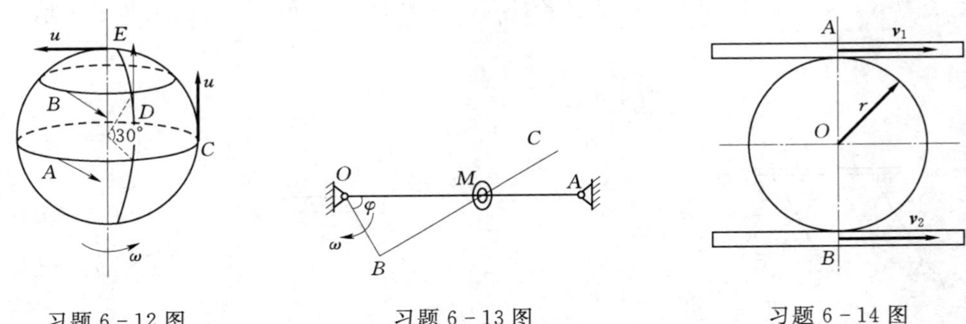

习题 6－12 图　　习题 6－13 图　　习题 6－14 图

6－13　如习题 6－13 图所示，曲杆 OBC 绕 O 轴转动，使套在其上的小环 M 沿固定直杆 OA 滑动。已知：$OB=10\text{cm}$，OB 与 BC 垂直，曲杆的角速度 $\omega=0.5\text{rad/s}$。求当 $\varphi=60°$时，小环 M 的速度和加速度。

6－14　如习题 6－14 图所示，两齿条以速度 $\boldsymbol{v}_1$ 和 $\boldsymbol{v}_2$ 作同方向运动，在两齿条间夹一齿轮，其半径为 r，求齿轮的角速度及其中心的速度。

6－15　如习题 6－15 图所示，曲柄连杆机构在其连杆 AB 的中点 C 以铰链与 CD 杆相连接，而 CD 杆又与 DE 杆相连接，DE 杆可绕 E 点摆动。已知 B 点和 E 点在同一铅垂线上，OAB 成一水平线；曲柄 OA 的角速度 $\omega=8\text{rad/s}$，$OA=25\text{cm}$，$DE=100\text{cm}$，$\angle CDE=90°$，$\angle ACD=30°$，求曲柄连杆机构在图示位置时，DE 杆的角速度。

6－16　如习题 6－16 图所示，双曲柄连杆机构的滑块 B 和 E 由杆 BE 连接。主动曲柄 OA 和从动曲柄 OD 都绕 O 轴转动，已知主动曲柄 OA 的角速度 $\omega_{OA}=12\text{rad/s}$，机构尺寸为 $OA=10\text{cm}$，$OD=12\text{cm}$，$AB=26\text{cm}$，$BE=12\text{cm}$，$DE=12\sqrt{3}\text{cm}$。求当曲柄 OA 垂直于滑块的导轨方向时，从动曲柄 OD 和连杆 DE 的角速度。

6－17　如习题 6－17 图所示，机构中，已知 $OA=10\text{cm}$，$BD=10\text{cm}$，$DE=10\text{cm}$，$EF=10\sqrt{3}\text{cm}$，$\omega_{OA}=4\text{rad/s}$，在习题 6－17 图示位置，曲柄 OA 与水平线 OB 垂直，且 B、D 和 F 在同一铅直线上。又知 DE 垂直于 EF。求杆 EF 的角速度和点 F 的速度。

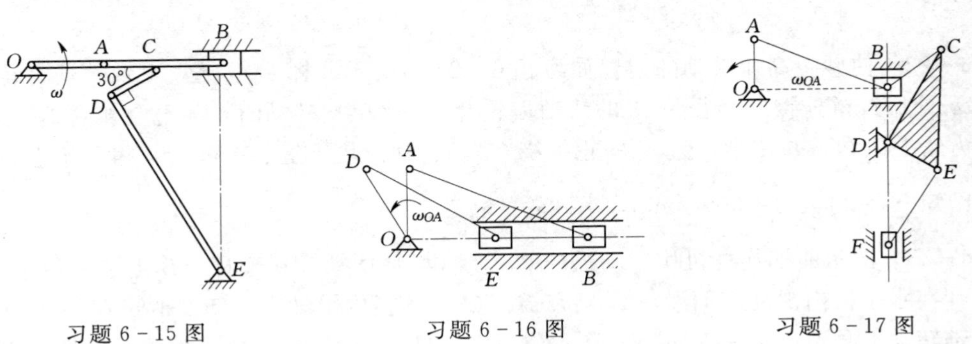

习题 6－15 图　　习题 6－16 图　　习题 6－17 图

6－18　如习题 6－18 图所示，在振动机构中，筛子的摆动由曲柄连杆机构所带动。

已知曲柄 OA 的转速 $n=40\text{r/min}$，$OA=30\text{cm}$。当筛子 BC 运动到与点 O 在同一水平线上时，$\angle BAO=90°$，求此瞬时筛子 BC 的速度。

6－19　杆 AB 的 A 端沿水平线以等速 $\boldsymbol{v}$ 运动，在运动时杆恒与一半圆周相切，半圆周的半径为 R，如习题 6－19 图所示。若杆与水平线间的交角为 θ，试以角 θ 表示杆的角速度。

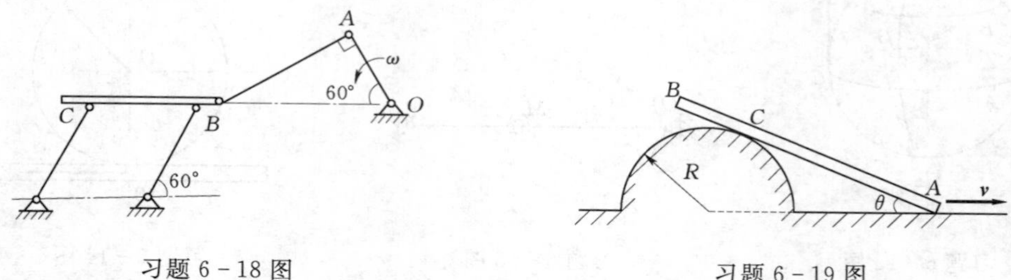

习题 6－18 图　　　　习题 6－19 图

6－20　如习题 6－20 图所示，直径为 $6\sqrt{3}\text{cm}$ 的滚子在水平面上作纯滚动。杆 BC 一端与滚子铰接，另一端与滑块 C 铰接。已知图示位置（BC 杆水平）滚子角速度 $\omega=12\text{rad/s}$，$\alpha=30°$，$\beta=60°$，$BC=27\text{cm}$，试求该瞬时杆 BC 的角速度和点 C 的速度。

6－21　在瓦特行星传动中，平衡杆 O_1A 绕 O_1 轴转动，并借连杆 AB 带动曲柄 OB；而曲柄 OB 活动地装在 O 轴上，如习题 6－21 图所示。在 O 轴上装有齿轮 Ⅰ，齿轮 Ⅱ 的轴安装在连杆 AB 的另一端。已知 $r_1=r_2=30\sqrt{3}\text{cm}$，$O_1A=75\text{cm}$，$AB=150\text{cm}$，又知平衡杆的角速度 $\omega_{O1}=6\text{rad/s}$，求当 $\alpha=60°$ 和 $\beta=90°$ 时，曲柄 OB 和齿轮 Ⅰ 的角速度。

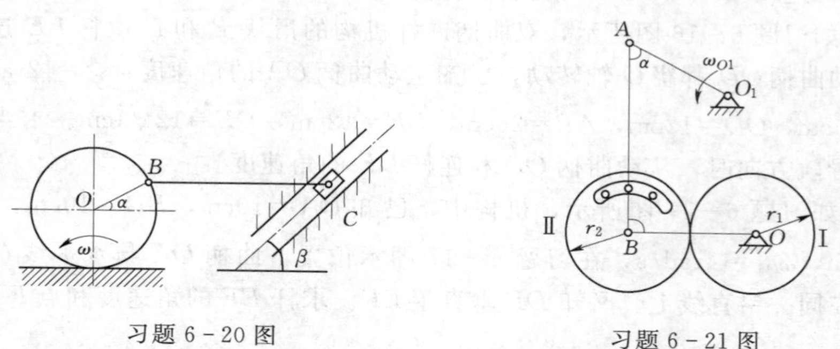

习题 6－20 图　　　　习题 6－21 图

6－22　使砂轮高速转动的装置如习题 6－22 图所示。杆 O_1O_2 绕 O_1 轴转动，转速为 n_4。O_2 处用铰链连接一半径为 r_2 的活动齿轮 Ⅱ，杆 O_1O_2 转动时，轮 Ⅱ 在半径为 r_3 的固定内齿轮上滚动，并使半径为 r_1 的轮 Ⅰ 绕 O_1 轴转动。轮 Ⅰ 上装有砂轮，随同轮 Ⅰ 高速转动。已知 $\dfrac{r_3}{r_1}=11$，$n_4=900\text{r/min}$，求砂轮的转速。

6－23　图示曲柄连杆机构带动摇杆 O_1C 绕 O_1 轴摆动。在连杆 AB 上装有两个滑块，滑块 B 在水平槽内滑动，而滑块 D 则在摇杆 O_1C 的槽内滑动。已知曲柄长 $OA=5\text{cm}$，它绕 O 轴转动的角速度 $\omega=10\text{rad/s}$；图示位置时，曲柄与水平线间成 90°角，摇杆与水平线间成 60°角；距离 $O_1D=7\text{cm}$。求摇杆的角速度。

6－24　如习题 6－24 图所示，平面机构的曲柄 OA 长为 $2a$，以角速度 ω_0 绕 O 轴转动。在图示位置时，$AB=BO$，且$\angle OAD=90°$，求此时套筒 D 相对于杆 BC 的速度。

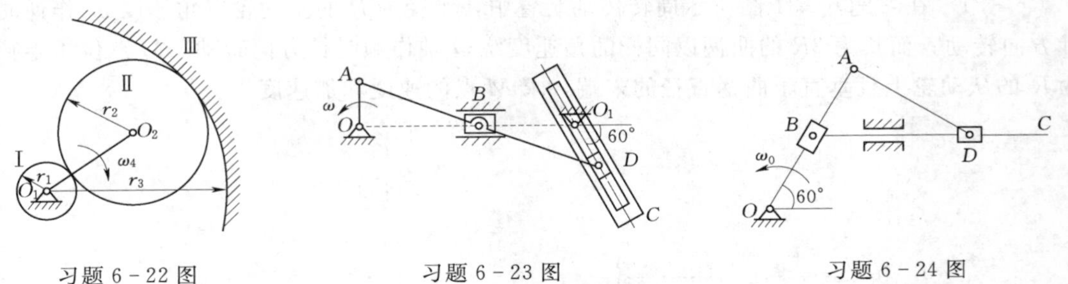

习题 6－22 图　　习题 6－23 图　　习题 6－24 图

6－25　已知如习题 6－25 图所示，机构中滑块 A 的速度 $v_A=20$cm/s，$AB=40$cm。求当 $AC=CB$，$\angle\alpha=30°$时杆 CD 的速度。

6－26　如习题 6－26 图所示，曲柄长 $OA=20$cm，绕 O 轴以等角速度 $\omega_0=10$rad/s 转动。此曲柄带动连杆 AB 使滑块 B 沿铅直方向运动。连杆长 $AB=100$cm，求当曲柄与连杆相互垂直并与水平线间各 $\alpha=45°$和 $\beta=45°$时，连杆 AB 的角速度、角加速度和滑块 B 的加速度。

6－27　在习题 6－27 图所示机构中，曲柄 OA 绕 O 轴转动，其角速度为 ω_0，角加速度为 α_0。某瞬时曲柄与水平线间成 60°角，连杆 AB 与曲柄 OA 垂直。滑块 B 在圆形槽内滑动，此时半径 O_1B 与连杆 AB 间成 30°角。若 $OA=a$，$AB=2\sqrt{3}a$，$O_1B=2a$，求该瞬时滑块 B 的切向和法向加速度。

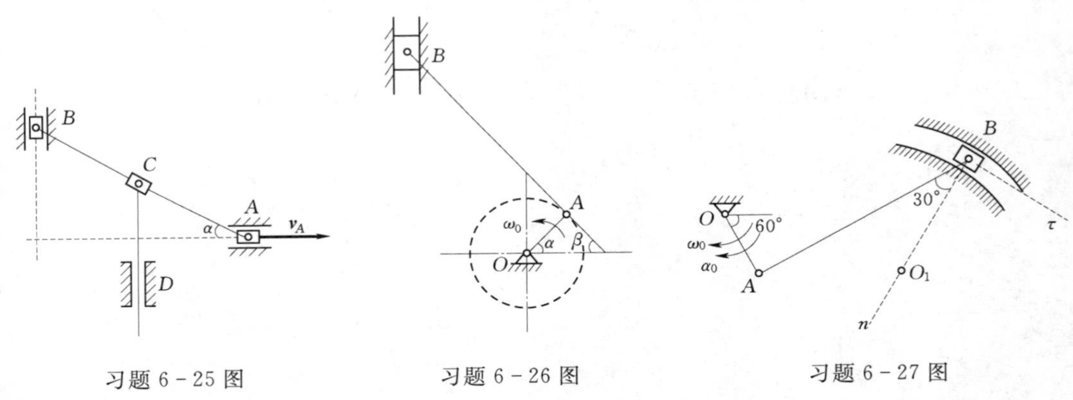

习题 6－25 图　　习题 6－26 图　　习题 6－27 图

6－28　在习题 6－28 图所示的平面机构中，曲柄长 $OA=R$，以匀角速度 ω_0 绕 O 轴转动，连杆长 $AB=2R$，杆 O_1B 长为 R。在图示位置，杆 OA、O_1B 位于铅垂位置，且$\angle OAB=60°$。试求此瞬时杆 O_1B 的角加速度。

6－29　在习题 6－29 图所示配汽机构中，曲柄 OA 长为 r，绕 O 轴以等角速度 ω_0 转动，$AB=6r$，$BC=3\sqrt{3}r$。求机构在图示位置时，滑块 C 的速度和加速度。

6－30　机构如习题 6－30 图所示，曲柄 OA 以匀角速度 ω_0 转动，固定齿轮Ⅰ的半径为 $2r$。半径为 r 的齿轮Ⅱ沿齿轮Ⅰ无滑动地滚动，长为 r 的杆 BD 与轮Ⅱ固连在一起，图

示瞬时 O、A、B 三点位于同一铅垂线上，角 $\alpha=30°$。求此时滑块的加速度和连杆的角加速度。

6-31　在习题 6-31 图所示周转传动装置中，半径为 R 的主动轮以角速度 ω_0 作逆时针方向转动。而长为 $3R$ 的曲柄以同样的角速度绕 O 轴作顺时针方向转动。M 点位于半径为 R 的从动轮上且垂直于曲柄直径的末端，求 M 点的速度和加速度。

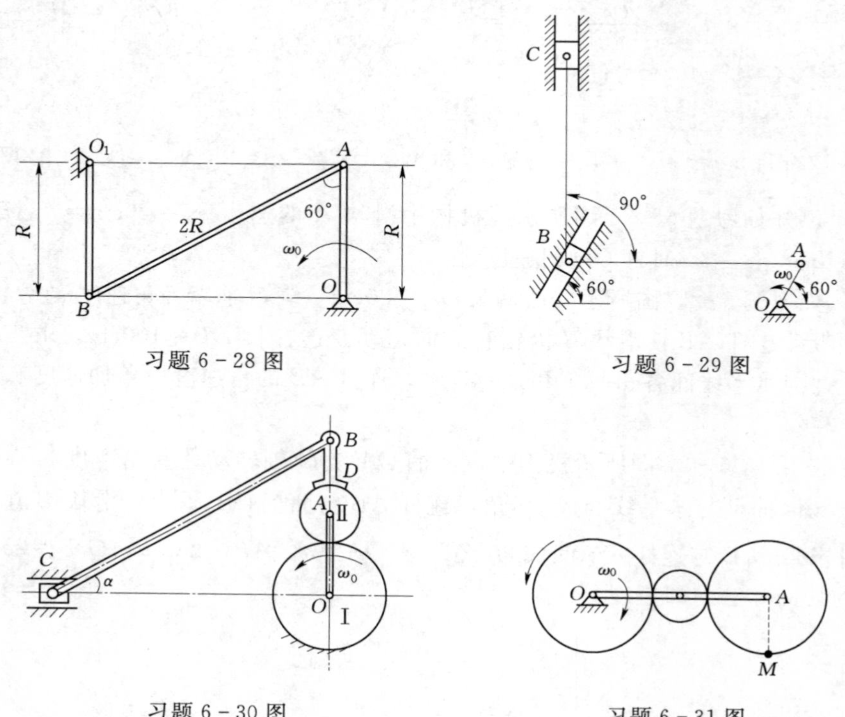

习题 6-28 图　习题 6-29 图

习题 6-30 图　习题 6-31 图

动◆力◆学

动力学是研究机械运动与其受力关系的科学。动力学在工程机械的研究和设计中有着广泛的应用，例如各种机械的动力分析问题、机器的振动和均衡问题、电动机功率的计算问题，以及运动构件的强度计算问题等都是动力学课题。动力学的基本知识是了解和处理这些问题的基础。

在动力学中物体的抽象模型有质点和质点系。质点是具有一定质量而几何形状和尺寸大小可以忽略不计的物体。例如，在研究人造地球卫星的运行轨道时，可将卫星视为质点；刚体作平动时，因刚体内各点的运动情况完全相同，也可以不考虑它的形状和大小，而将它抽象为一个质点来研究。

如果物体的形状和大小在所研究的问题中可以忽略不计，则物体可抽象为质点系。质点系是由几个或无限个相互有联系的质点所组成的系统。这是动力学中最普遍的抽象模型，它包括刚体、弹性体、流体和由几个物体所组成的机构等都是质点系。刚体是质点系的一种特殊情形其上任意两个质点间的距离保持不变，可称为不变的质点系。

动力学可分为质点动力学和质点系动力学两部分。质点动力学是整个动力学的基础，质点系动力学反映物体运动更一般的规律，是动力学的主要内容。由于自然规律的内在一致性，各章都从质点动力学入手，然后再研究质点系动力学。

动力学是以牛顿定律为基础，主要研究以下两类基本问题：

（1）已知物体的运动规律，求物体所受的力。

（2）已知物体的受力，求物体的运动规律。

以牛顿三大定律为基础，所建立的力学称为古典力学。在古典力学中认为质量、时间和空间与物体的运动无关。但近代物理已证明质量、时间和空间应与物体运动的速度有关，不过只有物体的速度极大而接近光速或当研究微观粒子的运动时，这种关系才明显。在一般工程问题中，物体的速度远小于光速，物体速度对质量、时间和空间的影响微不足道，可以忽略不计。因此应用古典力学解决一般工程问题中的动力学问题完全可以得到足够精确的结果。

第7章　动力学基本方程

7.1　质点动力学的基本方程

动力学的基本方程给出了质点受力和其运动变化之间的联系。根据动力学基本定律得出基本方程，然后求解质点的动力学问题。

7.1.1　动力学的基本定律

动力学基本定律为牛顿三大定律，是牛顿综合了前人研究成果而发现的，并在其巨著《自然哲学的数学原理》中进行了总结。

1. 第一定律（惯性定律）

任何质点如不受力作用，则将保持其原来静止的或匀速直线运动的状态不变。质点保持其原有运动状态不变的属性称为惯性。事实上，不存在不受力的质点，若作用在质点上的力系为平衡力系，则等效于质点不受力。

该定律表明：力是改变质点运动状态的原因。

2. 第二定律（力与加速度关系定律）

质点的质量与加速度的乘积等于作用其上力系的合力。

即

$$m\boldsymbol{a}=\sum \boldsymbol{F}_i \tag{7.1}$$

由于式（7.1）是推导其他动力学方程的出发点，所以通常称为动力学基本方程。该定律表明：质点的质量越大，其运动状态越难改变，也就是质点的惯性越大。因此，质量是质点惯性的度量。

在重力场中，物体均受重力 G 作用。物体在重力作用下自由落体所获得的加速度称为重力加速度，用 $\boldsymbol{g}$ 表示。由第二定律有

$$\boldsymbol{G}=m\boldsymbol{g}\,,\ m=\frac{\boldsymbol{G}}{\boldsymbol{g}} \tag{7.2}$$

其中 $\boldsymbol{G}$ 是物体所受重力的大小，称为物体的重量，$\boldsymbol{g}$ 是重力加速度的大小。通常取 $g=9.8\mathrm{m/s^2}$。必须指出的是质点受力与坐标无关，但质点的加速度与坐标的选择有关，因此牛顿第一、第二定律不是任何坐标都适用的。凡牛顿定律适用的坐标系称为惯性坐标系，反之为非惯性坐标系。

速度与合力同时存在，且方向一致。

3. 第三定律（作用与反作用定律）

两个物体间相互作用的作用力和反作用力总是大小相等、方向相反，沿着同一作用线同时分别作用在这两个物体上。

该定律已在静力学中讲过，不仅在物体平衡时适用，而且也适用于做任何形式运动的

物体。

7.1.2　质点的运动微分方程

将动力学基本方程用微分形式表示所得到的方程称为质点运动微分方程。

1. 两种形式方程

(1) 矢量式：

由动力学基本方程
$$m\boldsymbol{a}=\boldsymbol{F}$$

由运动学可得

$$m\frac{\mathrm{d}\boldsymbol{v}}{\mathrm{d}t}=\boldsymbol{F} \text{ 或 } m\frac{\mathrm{d}^2\boldsymbol{r}}{\mathrm{d}t^2}=\boldsymbol{F} \tag{7.3}$$

式 (7.3) 就是矢径形式的质点运动微分方程。

(2) 投影式：

将式 (7.3) 分别向各类坐标轴投影，可得各类坐标形式的方程。常见的有：

1) 直角坐标式

$$ma_x=m\frac{\mathrm{d}^2x}{\mathrm{d}t^2}=\sum F_x,\ ma_y=m\frac{\mathrm{d}^2y}{\mathrm{d}t^2}=\sum F_y,\ ma_z=m\frac{\mathrm{d}^2z}{\mathrm{d}t^2}=\sum F_z \tag{7.4}$$

2) 弧坐标式

$$ma_\tau=m\frac{\mathrm{d}v}{\mathrm{d}t}=\sum F_\tau,\ ma_n=m\frac{v^2}{\rho}=\sum F_n,\ 0=\sum F_b \tag{7.5}$$

其中，$\frac{\mathrm{d}v}{\mathrm{d}t}=a_\tau$，$\frac{v^2}{\rho}=a_n$，$\rho$ 为轨迹上动点所在处的曲率半径，b 为轨迹副法线方向。

注意：投影式方程的两边坐标正方向应相同，且坐标与坐标的导数正方向一致。

2. 两类应用问题

应用质点运动微分方程，可以求解质点动力学的两类基本问题。一是已知运动求力，只需进行微分运算，往往比较简单；二是已知力求运动，需积分运算或解微分方程，比第一类问题复杂。有的工程问题既需要求质点的运动规律，又需要求未知的约束力，需要求的是一、二类基本问题综合在一起的混合问题。

【例 7.1】 汽车车厢质量为 m，在车架弹簧上作铅垂运动，见图 7.1。如取车厢平衡位置为坐标原点，坐标轴向下为正时，设其运动方程为 $x=a\sin kt$，式中 a 和 k 为常量。试求弹簧对于车厢的反力。

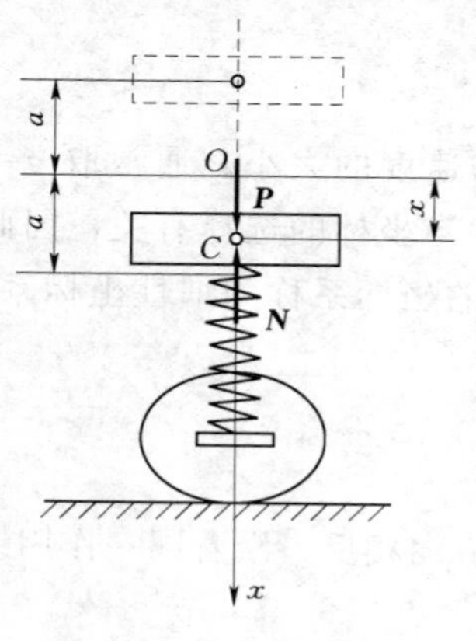

图 7.1

解：取车厢为研究对象。车厢受到重力 $\boldsymbol{P}=mg$ 和弹簧的约束反力 $\boldsymbol{N}$。

将已知的车厢运动方程 $x=a\sin kt$ 对时间求二阶导数得

$$a_x=\frac{\mathrm{d}^2x}{\mathrm{d}t^2}=-ak^2\sin kt \tag{a}$$

质点运动微分方程在 x 轴上的投影式为

$$m\frac{\mathrm{d}^2x}{\mathrm{d}t^2}=P-N$$

因而可得

$$N=mg+mak^2\sin kt \tag{b}$$

当车厢静止或作匀速直线运动时，$a_x=0$，反力 $N=P=mg$。这一部分的约束反力是没有加速度时的反力，故称为静反力。而式（b）中右端第二项 $mak^2\sin kt$，完全是由于物体加速度而引起的。由加速度引起的约束反力称为附加动反力或动反力。

弹簧对于车厢的反力 **N** 随时间而变化，当车厢在最低位置时，$x=a$，$\sin k_t=1$，由式(a)，加速度 $a_x=-ak^2$，负号说明方向是向上的；再由式（b）知，此时 **N** 达到最大值，即

$$N_{\max}=m(g+ak^2)$$

而在最高位置，则得最小值（在 $g\geqslant ak^2$ 的条件下）

$$N_{\min}=m(g-ak^2)$$

【例 7.2】 质量为 1kg 的小球 M，用两绳系住，两绳的另一端分别连接在固定点 A、B，如图 7.2 所示。已知小球以速度 $v=2.5\text{m/s}$ 在水平面内作匀速圆周运动，圆的半径 $r=0.5\text{m}$，求两绳的拉力。

解： 以小球为研究对象，任一瞬时小球受力如图 7.2 所示，小球在水平面内作匀速圆周运动。

$$a_\tau=0,\ a_n=\frac{v^2}{r}=12.5\text{m/s}^2 \quad 方向指向\ O\ 点$$

建立图示的自然坐标系。由自然坐标形式的质点运动微分方程得

$$m\frac{v^2}{r}=T_A\sin45°+T_B\sin60° \qquad \text{(a)}$$

$$0=-mg+T_A\cos45°+T_B\cos60° \qquad \text{(b)}$$

代入数据，联立求解得 $T_A=8.65\text{N}$，$T_B=7.38\text{N}$。

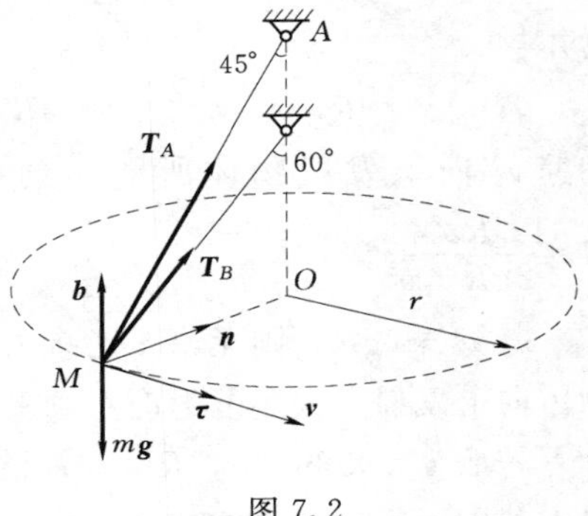

图 7.2

下面再对本题作进一步的分析讨论，由式（a）、式(b)可得

$$T_A=\frac{\sqrt{2}}{\sqrt{3-1}}(9.8\sqrt{3}-2v^2),\ T_B=\frac{\sqrt{2}}{\sqrt{3-1}}(2v^2-9.8)$$

令 $T_A>0$ 可得 $\qquad v<\sqrt{4.9\sqrt{3}}=2.91(\text{m/s})$

令 $T_B>0$ 可得 $\qquad v>\sqrt{4.9}=2.21(\text{m/s})$

因此，只有当 $2.21\text{m/s}<v<2.91\text{m/s}$ 时，两绳才同时受力，否则将只有其中一绳受力。

【例 7.3】 垂直于地面向上发射一物体，求该物体在地球引力作用下的运动速度，并求第二宇宙的速度。不计空气阻力及地球自转的影响。

解： 以物体为研究对象，将其视为质点，建立如图 7.3 所示的坐标。质点在任一位置受地球引力的大小为

$$F=G_0\frac{mM}{x^2}$$

因为 $mg=G_0\dfrac{mM}{R^2}$，所以 $\qquad G_0=\dfrac{gR^2}{M}$

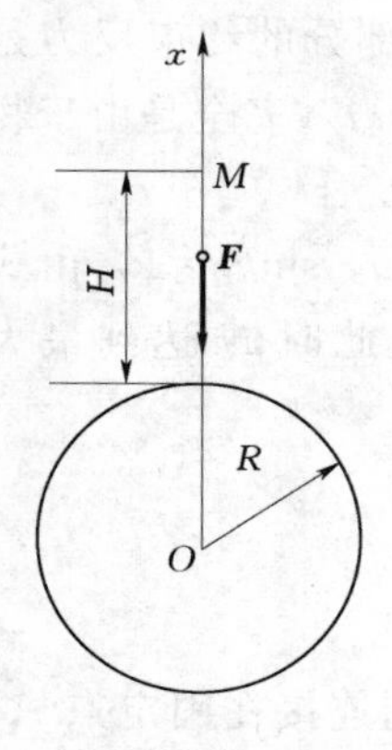

图 7.3

由直角坐标形式的质点运动微分方程得

$$m\frac{\mathrm{d}^2x}{\mathrm{d}t^2}=-F=-\frac{mgR^2}{x^2} \tag{a}$$

由于 $\frac{\mathrm{d}^2x}{\mathrm{d}t^2}=\frac{\mathrm{d}v_x}{\mathrm{d}t}=\frac{\mathrm{d}v_x}{\mathrm{d}x}\frac{\mathrm{d}x}{\mathrm{d}t}=v_x\frac{\mathrm{d}v_x}{\mathrm{d}x}$，将式（a）改写为 $mv_x\frac{\mathrm{d}v_x}{\mathrm{d}x}=-\frac{mgR^2}{x^2}$，分离变量得

$$mv_x\mathrm{d}v_x=-mgR^2\frac{\mathrm{d}x}{x^2} \tag{b}$$

设物体在地面发射的初速度为 v_0，在空中任一位置 x 处的速度为 v，对积分 $\int_{v_0}^{v}mv_x\mathrm{d}v_x=\int_R^x-mgR^2\frac{\mathrm{d}x}{x^2}$，得

$$\frac{1}{2}mv^2-\frac{1}{2}mv_0^2=mgR^2\left(\frac{1}{x}-\frac{1}{R}\right)$$

所以物体在任意位置的速度为 $v=\sqrt{(v_0^2-2gR)+\frac{2gR^2}{x}}$，可见物体的速度将随 x 的增加而减小。

若 $v_0^2<2gR$，则物体在某一位置 $x=R+H$ 时速度将为零，此后物体将回落，H 为以初速 $\boldsymbol{v}_0$ 向上发射物体所能达到的最大高度。将 $x=R+H$ 及 $v=0$ 代入上式可得 $H=\frac{Rv_0^2}{2gR-v_0^2}$。

若 $v_0^2>2gR$，则无论 x 为多大，甚至为无限大时，速度 v 均不会减小为零，因此欲使物体向上发射一去不复返时必须具有的最小速度为 $v_0^2=2gR$。

若取 $g=9.8\mathrm{m/s^2}$，$R=6370\mathrm{km}$，代入上式可得 $v_0=11.2\mathrm{km/s}$。这就是物体脱离地球引力范围所需的最小初速度，称为第二宇宙速度。

7.2　刚体绕定轴转动的微分方程

设刚体在外力 $\boldsymbol{F}_1$、$\boldsymbol{F}_2$、…、$\boldsymbol{F}_n$ 作用下，绕 z 轴作定轴转动，如图 7.4 所示，在某一瞬时，角速度为 ω、角加速度为 α。在刚体内任取质点 M_i，转动半径为 r_i，以 $\boldsymbol{F}_i^e$ 代表作用于该质点的外力的合力。$\boldsymbol{F}_i^i$ 代表作用于该质点的内力的合力（质点间相互作用力）。由于这里只研究刚体绕定轴转动，也就是只考虑力矩的效应，将 $\boldsymbol{F}_i^e$、$\boldsymbol{F}_i^i$ 往 $\boldsymbol{\tau}$、$\boldsymbol{n}$、$\boldsymbol{b}$ 方向分解，使得刚体绕 z 轴有转动效应的只有切向分力 $\boldsymbol{F}_{i\tau}^e$ 和 $\boldsymbol{F}_{i\tau}^i$。

即

$$M_z(\boldsymbol{F}_{i\tau}^e)=M_z(\boldsymbol{F}_i^e) \tag{a}$$

$$M_z(\boldsymbol{F}_{i\tau}^n)=M_z(\boldsymbol{F}_i^n) \tag{b}$$

由动力学基本方程，有用的方程为

$$m_ia_{i\tau}=m_ir_i\alpha=F_{i\tau}^e+F_{i\tau}^i \tag{c}$$

将式（c）两边同乘 r_i，并考虑式（a）、式（b）得

$$m_i r_i^2 \alpha = M_z(\boldsymbol{F}_i^e) + M_z(\boldsymbol{F}_i^i) \qquad \text{(d)}$$

再研究整个刚体，对其中的每一个质点列出式（d）并求和，得

$$\sum m_i r_i^2 \alpha = \sum M_z(\boldsymbol{F}_i^0) + \sum M_2(\boldsymbol{F}_i^i)$$

由于刚体内力成对出现，所以$\sum M_z(\boldsymbol{F}_i^i)=0$。于是式（d）可写为$\sum m_i r_i^2 \alpha = \sum M_z(\boldsymbol{F}_i^e)$，叫做刚体对 z 轴的转动惯量。令 $J_z = \sum M_i r_i^z$，于是有

$$J_z \alpha = \sum M_z(\boldsymbol{F}^e),\ J_z \frac{\mathrm{d}^2\varphi}{\mathrm{d}t} = \sum M_z(\boldsymbol{F}^e) \qquad (7.6)$$

即刚体对定轴的转动惯量与角加速度的乘积，等于作用于刚体上的主动力对该轴的矩的代数和。式（7.6）均称为刚体绕定轴转动的微分方程。

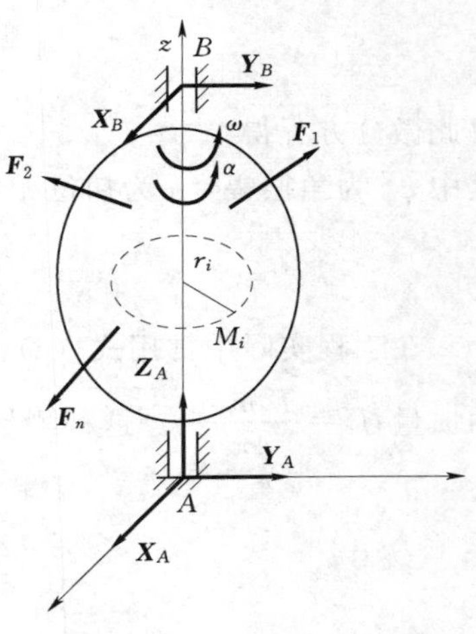

图 7.4

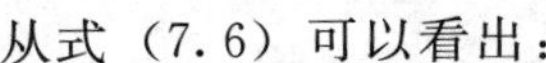

从式（7.6）可以看出：

（1）当刚体绕一轴 z 转动时，外力主矩$\sum M_z(\boldsymbol{F}^e)$越大，则角加速度 α 越大。这表示外力主矩是使刚体转动状态改变的原因。当外力主矩$\sum M_z(\boldsymbol{F}^e)=0$ 时，角加速度 $\alpha=0$，因而刚体作匀速转动或保持静止（转动状态不变）。

（2）在同样外力主矩作用下，刚体的转动惯量 J_z 越大，则获得的角加速度 α 越小，这说明刚体的转动状态变化得慢。可见，转动惯量是刚体转动时的惯性量度。这可和平动时刚体（或质点）惯性度量相比拟。转动惯量和质量都是力学中表示物体惯性大小的物理量。

（3）刚体定轴转动微分方程和质点以直线运动的微分方程在形式上相似，求解问题的方法与步骤也相似。

应用刚体定轴转动的微分方程可以解决动力学的两类问题：

（1）已知刚体的转动规律 $\varphi=f(t)$，可以通过导数运算求得刚体上的外力对轴的力矩。

（2）已知外力的力矩，可以求角加速度，通过积分运算，也可求得角速度和转动规律。

【例 7.4】 求复摆的运动规律。一个刚体，由于重力作用而自由地绕一水平轴转动，如图 7.5 所示，称为复摆（或物理摆）。设摆的质量为 m，质心 C 到转轴 O 的距离为 a，摆对轴的转动惯量为 J_0。

解： 以复摆为研究的质点系。复摆受的外力有重力 mg 和轴承的约束反力。设 φ 角以逆时针方向为正，则重力对 O 点之矩为负。应用刚体定轴转动微分方程，则

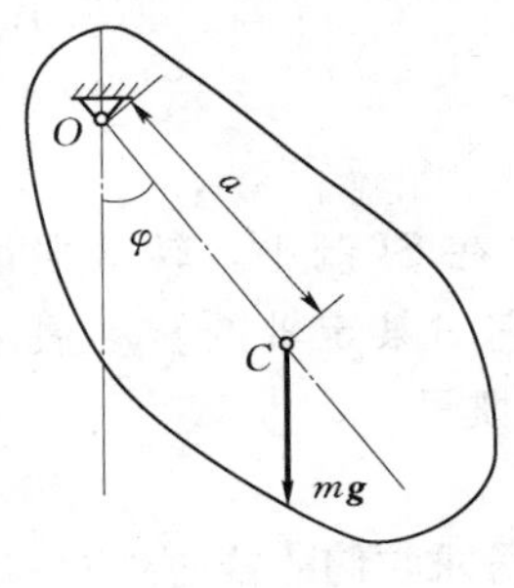

图 7.5

$$J_0 \frac{\mathrm{d}^2\varphi}{\mathrm{d}t^2} = -mga\sin\varphi$$

即

$$\frac{\mathrm{d}^2\varphi}{\mathrm{d}t^2} + \frac{mga}{I_0}\sin\varphi = 0$$

当摆作微幅摆动时，可取 $\sin\varphi \approx \varphi$

令 $\omega_n^2 = \dfrac{mga}{J_0}$，上式成为

$$\frac{\mathrm{d}^2\varphi}{\mathrm{d}t^2}+\omega_n^2\varphi=0$$

解此微分方程得

$$\varphi=\varphi_0\sin(\omega_n\cdot t+\alpha)$$

其中 φ_0 为角振幅，α 为初位相，两者均由初始条件决定。复摆的周期为

$$T=\frac{2\pi}{\omega_n}=2\pi\sqrt{\frac{J_0}{mga}} \tag{a}$$

在工程实际中常用式（a），通过测定零件（如曲柄、连杆等）的摆动周期，计算其转动惯量 $J_0=\dfrac{T^2mga}{4\pi^2}$。这种测量转动惯量的实验方法，称为摆动法。

7.3　转　动　惯　量

1. 转动惯量的定义和一般公式

由前面可知，刚体对轴 z 的转动惯量定义为：刚体上所有质点的质量与该质点到轴 z 距离的平方乘积的算术和。即

$$J_z=\sum m_ir_i^2 \tag{7.7}$$

其中，m_i，r_i 分别为第 i 个质点的质量和该质点到 z 轴的距离。对于质量连续分布的刚体，式（7.7）可写成积分形式

$$J_z=\int_M r^2\,\mathrm{d}m \tag{7.8}$$

式中，M 表示积分范围遍及刚体的全部质量。

在工程中，为了计算方便，常将转动惯量 J_z 写成

$$J_z=m\rho_z^2 \tag{7.9}$$

其中，m 为刚体的总质量；ρ_z 为刚体对 z 轴的回转半径或惯量半径，相当于将刚体的全部质量都集中于与 z 轴距离为 ρ_z 的某一点时对 z 轴的转动惯量。

在刚体上或其延拓部分固连直角坐标系 $Oxyz$，则该刚体对 x、y、z 轴的转动惯量为

$$\begin{cases} J_x=\int_M(y^2+z^2)\,\mathrm{d}m \\ J_y=\int_M(z^2+x^2)\,\mathrm{d}m \\ J_z=\int_M(x^2+y^2)\,\mathrm{d}m \end{cases} \tag{7.10}$$

由定义可知，转动惯量不仅与质量有关，而且与质量的分布有关；在 SI 制中，转动惯量的单位是：$\mathrm{kg\cdot m^2}$。同一刚体对不同轴的转动惯量是不同的，而它对某定轴的转动惯量却是常数。因此在谈及转动惯量时，必须指明它是对哪一轴的转动惯量。

2. 均质形状简单物体转动惯量的计算

对形状简单而规则的物体，可以直接从定义式（7.8）出发，用积分求它们的转动惯量。

（1）均质细直杆（如图 7.6 所示）对于 z 轴的转动惯量，设杆长为 l 单位长度的质量为

ρ 的细杆，取杆上一微段 $\mathrm{d}x$，其质量为 $m=\rho\cdot\mathrm{d}x$，则此杆对 z 轴的转动为

$$J_z=\int_0^l(\rho\mathrm{d}x\cdot x^2)=\rho\frac{l^3}{3}$$

由于杆的质量 $M=\rho l$，得

$$J_z=\frac{1}{3}Ml^2$$

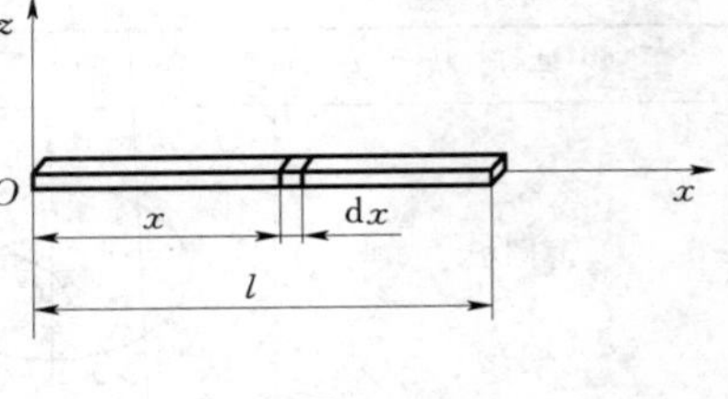

图 7.6

(2) 均质薄圆环（如图 7.7 所示）对于中心轴的转动惯量，设圆环质量为 M，半径为 R，将圆环沿圆周分成许多微段，设每段的质量为 m_i，由于这些微段到 z 轴的距离都等于 R。因此，圆环对 z 轴的转动惯量为

$$J_z=\sum m_iR_i^2=(\sum m_i)R^2=MR^2$$

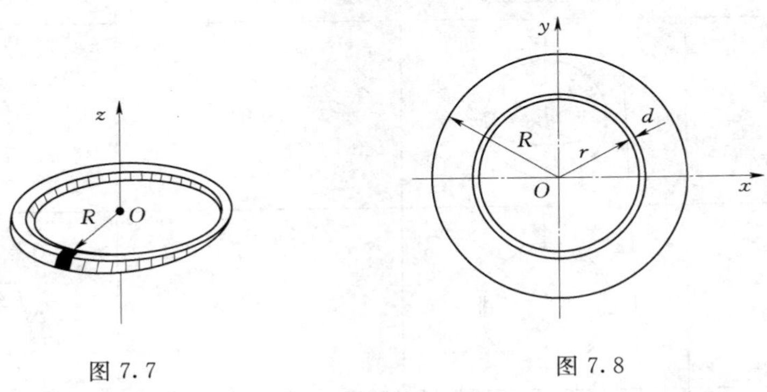

图 7.7　　图 7.8

(3) 均质圆盘（如图 7.8 所示）对中心轴的转动惯量，设圆盘半径为 R，质量为 M。将圆盘分成无数细圆环，其中任一半径为 r，宽度为 $\mathrm{d}r$ 的圆环，质量为

$$m_i=2\pi r_i\cdot\mathrm{d}r_i\cdot\rho$$

其中，$\rho=\dfrac{M}{\pi R^2}$，为均质圆盘的单位面积质量。于是

$$J_z=\int_0^R r^2\,2\pi r\rho\,\mathrm{d}r=2\pi\rho\int_0^R r^3\,\mathrm{d}r=\frac{\rho\pi}{2}R^4$$

因为 $\rho\pi R^2=M$，故

$$J_z=\frac{1}{2}MR^2$$

一些常见的均质物体转动惯量的计算公式已在手册中列成表格，如表 7.1 所示就是从中摘出的一部分。

同一物体对不同转轴的转动惯量往往是不同的，表中为了注明转轴，在符号 J 后加了下标。

表 7.1　　均质物体的转动惯量

物体形状	简图	转动惯量 J_z	回转半径 ρ_z
细直杆	z C l/2 l/2	$\frac{1}{12}Ml^2$	$\frac{p}{2\sqrt{3}}l=0.289l$

续表

物体形状	简　图	转动惯量 J_z	回转半径 ρ_z
薄圆板		$\frac{1}{2}MR^2$	$0.5R$
圆柱		$\frac{1}{2}MR^2$	$\frac{R}{\sqrt{2}}=0.707R$
空心圆柱		$\frac{1}{2}M(R^2-r^2)$	$\sqrt{\frac{R^2-r^2}{2}}=0.707\sqrt{R^2-r^2}$
实心球		$\frac{2}{5}MR^2$	$0.632R$
薄壁空心球		$\frac{2}{3}MR^2$	$\sqrt{\frac{2}{3}}R=0.816R$
细圆环		MR^2	R
矩形六面体		$\frac{1}{12}M(a^2+b^2)$	$\sqrt{\frac{a^2-b^2}{12}}=0.289\sqrt{a^2-b^2}$

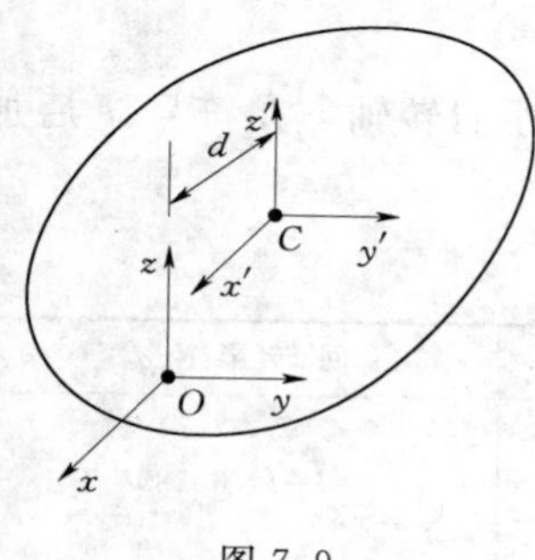

图 7.9

3. 平行轴定理

刚体的转动惯量与轴的位置有关，一般工程手册中所给出的都是刚体对过质心轴的转动惯量。要求出刚体对平行于质心轴的其他轴的转动惯量，建立如图 7.9 所示的直角坐标系 $Oxyz$，使 z 轴与需要求转动惯量的轴重合；$Cx'y'z'$ 为质心直角坐标系，它的各轴与 $Oxyz$ 的相应轴平行，质心 C 在 $Oxyz$ 中的坐标为 (a, b, c)，于是有 $x=x'+a$，$y=y'+b$。由

$$J_z=\int_M (x^2+y^2)\mathrm{d}m=\int_M [(x'+a)^2+(y'+b)^2]\mathrm{d}m$$
$$=\int_M (x'^2+y'^2)\mathrm{d}m+(a^2+b^2)\int_M \mathrm{d}m+2a\int_M x'\mathrm{d}m+2b\int_M y'\mathrm{d}m$$

注意到 $\int_M \mathrm{d}m=m$，$\int_M x'\mathrm{d}m=mx'_C=0$，$\int_M y'\mathrm{d}m=my'_C=0$，设 z 轴与 z' 轴之间的距离为 d，则 $d^2=a^2+b^2$，于是可简化为

$$J_z=J_{z'}+md^2 \tag{7.11}$$

即刚体对任一轴的转动惯量等于刚体对过质心且与该轴平行的轴的转动惯量加上刚体质量与两轴之间距离平方的乘积，这就是转动惯量的平行轴定理。可见，刚体对一系列平行轴的转动惯量之中，对过质心轴的转动惯量最小。

例如均质细直杆对通过端点并与杆垂直的 z 轴的转动惯量为 $J_z=Ml^2/3$。则此杆对通过质心 C 并与 z 轴平行的轴的转动惯量为

$$J_{zC}=J_z-Md^2=\frac{Ml^2}{3}-M\left(\frac{l}{2}\right)^2=\frac{1}{12}Ml^2$$

7.4 刚体平面运动的微分方程

由运动学知道，刚体的平面运动可以分解为随基点的平动和绕基点的转动。在动力学中，常取质心 C 为基点（如图 7.10 所示），它的坐标为 x_c、y_c，刚体上的任一线段 CD 与 x 轴夹角为 φ，则刚体的位置由 x_c、y_c 和 φ 确定，刚体的运动分解为随质心的平动和绕质心的转动两部分。

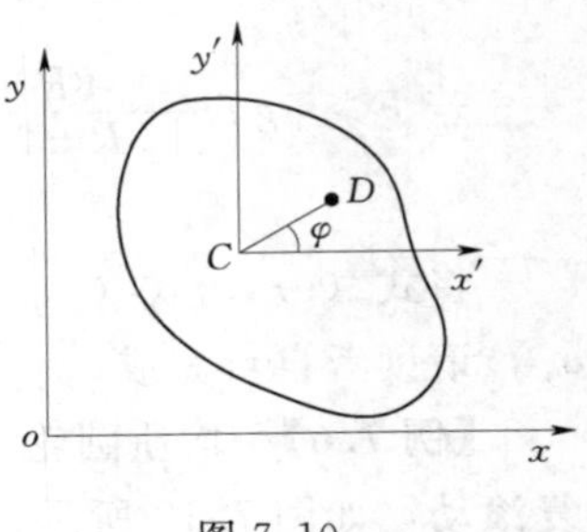

图 7.10

如果刚体上作用的外力系可以向质心所在平面简化为一个平面任意力系，则在该平面力系作用下，刚体随质心的平动部分可运用质心运动的微分方程，相对质心的转动部分可运用刚体绕定轴转动的微分方程确定，从而得到刚体平面运动微分方程。

$$\left.\begin{aligned} m\boldsymbol{a}_c&=\sum \boldsymbol{F}^{(e)}\\ J_c\alpha&=\sum M_c[\boldsymbol{F}^{(e)}]\end{aligned}\right\} \tag{7.12}$$

或

$$\left.\begin{aligned} m\frac{\mathrm{d}^2\boldsymbol{r}_c}{\mathrm{d}t^2}&=\sum \boldsymbol{F}^{(e)}\\ J_c\frac{\mathrm{d}^2\varphi}{\mathrm{d}t^2}&=\sum M_c(\boldsymbol{F}^{(e)})\end{aligned}\right\} \tag{7.13}$$

在应用时需取其投影式

$$\left.\begin{aligned} m\frac{\mathrm{d}^2x_c}{\mathrm{d}t^2}&=\sum F_x^{(e)}\\ m\frac{\mathrm{d}^2y_c}{\mathrm{d}t^2}&=\sum F_y^{(e)}\\ J_c\frac{\mathrm{d}^2\varphi}{\mathrm{d}t^2}&=\sum M_c(\boldsymbol{F}^{(e)})\end{aligned}\right\} \text{或} \left.\begin{aligned} m\frac{v_c^2}{\rho}&=\sum F_n^{(e)}\\ m\frac{\mathrm{d}v_c}{\mathrm{d}t}&=\sum F_\tau^{(e)}\\ J_c\frac{\mathrm{d}^2\varphi}{\mathrm{d}t^2}&=\sum M_c[(\boldsymbol{F}^{(e)}]\end{aligned}\right\} \tag{7.14}$$

下面举例说明刚体平面运动的微分方程的应用。

【例 7.5】　如图 7.11 所示，均质轮可在水平面上滚动，已知轮的质量和半径分别为 m，R，摩擦因数为 f，在轮高度 h 处受水平恒力 $\boldsymbol{F}$ 作用，求轮心加速度 $\boldsymbol{a}_C$ 与接触处摩擦力。

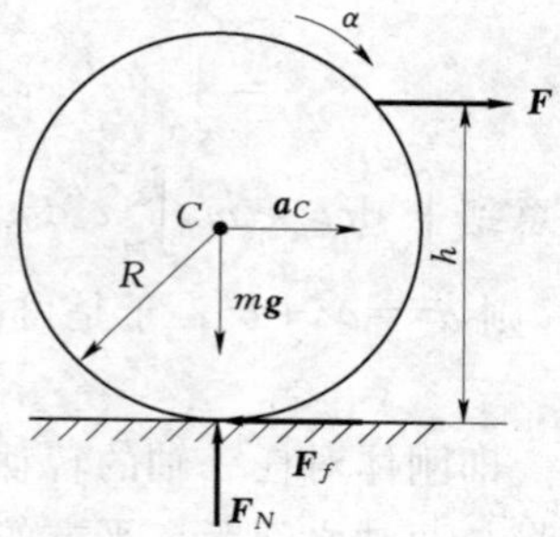

图 7.11

解：圆轮受力与运动分析如图 7.11 所示，由刚体平面运动微分方程有

$$F-F_f=ma_C \tag{a}$$

$$F_N-mg=0 \tag{b}$$

$$F(h-R)+F_fR=J_C\alpha \tag{c}$$

假设轮

$$a_C=R\alpha \tag{d}$$

联立以上 4 个方程式可求得

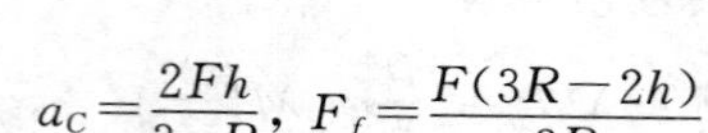

$$a_C=\frac{2Fh}{3mR},\ F_f=\frac{F(3R-2h)}{3R}$$

可见，$h<\dfrac{3R}{2}$时，F_f 向左；$h>\dfrac{3R}{2}$时，F_f 向右；$h=\dfrac{3R}{2}$时，$F_f=0$

纯滚条件是 $|F_f|\leqslant F_{\max}$，即

$$F\leqslant mgf\frac{3R}{|3R-2h|}$$

若 $F>mgf\dfrac{3R}{|3R-2h|}$，则轮既滚又滑，补充方程为

$$F_f=mgf \tag{e}$$

将式（e）与式（a），式（b），式（c）联立，按 $\boldsymbol{F}_f$ 向前与向后两种情形可分别求出 $\boldsymbol{a}_C$，请读者自行完成。

【例 7.6】　均质圆轮半径为 r，质量为 m，受到轻微扰动后，在半径为 R 的圆弧上往复滚动，如图 7.12 所示。设表面足够粗糙，使圆轮在滚动时无滑动，求质心 C 的运动规律。

解：圆轮在曲面上作平面运动，受到外力有重力 $\boldsymbol{G}=m\boldsymbol{g}$，圆弧表面的法向反力 $\boldsymbol{N}$ 和摩擦力 $\boldsymbol{F}$。

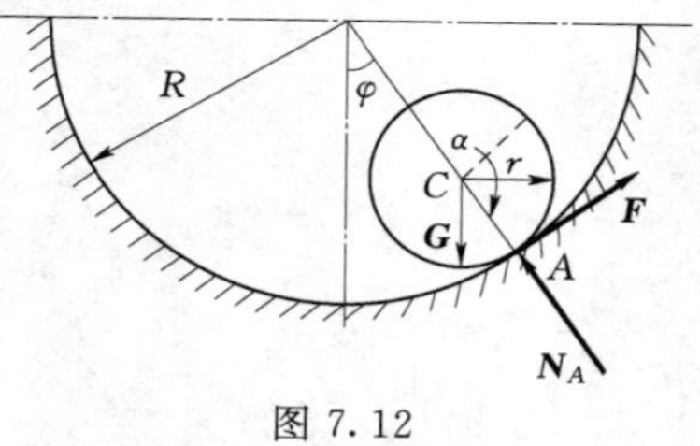

图 7.12

设 φ 角以逆时针为正，取切线轴的正向如图 7.12 所示，并设圆轮以顺时针转动为正，则图示瞬时刚体平面运动微分方程在自然轴上的投影式为

$$ma_c^\tau=F-mg\sin\varphi \tag{a}$$

$$m\frac{v_c^2}{R-r}=N-mg\cos\varphi \tag{b}$$

$$J_c\alpha=-F\cdot r \tag{c}$$

由运动学可知，当圆轮只滚不滑时，角加速度大小为

$$\alpha=\frac{a_c^\tau}{r} \tag{d}$$

取 S 为质心的弧坐标，由图 7.12 可知

$$S=(R-r)\varphi$$

注意到 $a_c^\tau=\frac{\mathrm{d}^2S}{\mathrm{d}t^2}$，$J_c=\frac{1}{2}mr^2$，当 φ 很小时 $\sin\varphi\approx\varphi$。

联立式（a），式（c），式（d）求得

$$\frac{3}{2}\frac{\mathrm{d}^2S}{\mathrm{d}t^2}+\frac{g}{R-r}S=0$$

令 $\omega_n^2=\frac{2g}{3(R-r)}$，则上式成为

$$\frac{\mathrm{d}^2S}{\mathrm{d}t^2}+\omega_n^2S=0$$

此方程的解为

$$S=S_0\sin(\omega_n t+\alpha)$$

其中 S_0 和 α 为两个常数，由运动初始条件确定。

如 $t=0$ 时，$S=0$，初速度为 v_0 于是

$$0=S_0\sin\alpha$$

$$v_0=S_0\omega_n\cos\alpha$$

解得

$$\tan\alpha=0,\ \alpha=0°$$

$$S_0=\frac{v_0}{\omega_n}=v_0\sqrt{\frac{3(R-r)}{2g}}$$

最后得

$$S=v_0\sqrt{\frac{3(R-r)}{2g}}\sin\left(\sqrt{\frac{2}{3}\frac{g}{R-r}}\cdot t\right)$$

这就是质心沿轨迹的运动方程。

由式（b）可求得圆轮在滚动时对地面的压力为 N'

$$N'=N=m\frac{v_c^2}{R-r}+mg\cos\varphi$$

式中右端第一项为附加动压力，其中

$$v_c=\frac{\mathrm{d}S}{\mathrm{d}t}=v_0\cos\left(\sqrt{\frac{2}{3}\frac{g}{R-r}}\cdot t\right)$$

习　题

7-1　如习题 7-1 图所示，在曲柄滑道连杆机构中，活塞和活塞杆的质量共为 50kg。曲柄长 30cm 绕 O 轴作匀速转动，转速为 $n=120\mathrm{r/min}$。求当曲柄在以下位置时，作用在活塞上的水平力。

试求：(1) OA 水平向右。

(2) OA 铅垂向上。

7-2　如习题 7-2 图所示，半径为 R 的偏心轮绕 O 轴以匀角速度 ω 转动，推动导板 AB 沿铅直轨道运动。导板顶部有一质量为 m 的物体，设偏心距 $OC=a$，开始时 OC 沿水平线。

求：(1) 物体对导板的最大压力。

(2) 使物体不离开导板的 ω 最大值。

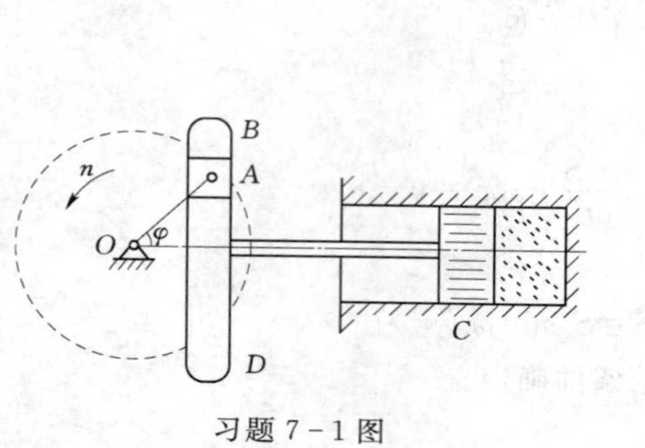

习题 7-1 图

习题 7-2 图

7-3　如习题 7-3 图所示，重物 M 质量为 1kg，系于 30cm 长的细线上，线的另一端系于固定点 O。重物在水平面内作圆周运动，成一锥摆形状，且细线与铅垂线成 60°角。求重物的速度和线的张力。

7-4　如习题 7-4 图所示，套管 A 重 P，因受绳子牵引沿铅直杆向上滑动。绳子的另一端绕过距离杆为 l 的滑轮 B 而缠在鼓轮上。当鼓轮转动时，其边缘上各点的速度大小为 v_0。求绳子的拉力和距离 x 之间的关系。

7-5　如习题 7-5 图所示，质量为 m 的质点带有电荷 e，放在一均匀电场中，电场强度为 $E=A\sin kt$，其中 A 和 k 均为常数。如已知质点在电场中所受之力为 $\boldsymbol{F}=e\boldsymbol{E}$，其方向与 $\boldsymbol{E}$ 相同。又知质点的初速度为 v_0，与 x 轴的夹角为 α，且取坐标原点为起始位置。如重力的影响不计，求质点的运动方程。

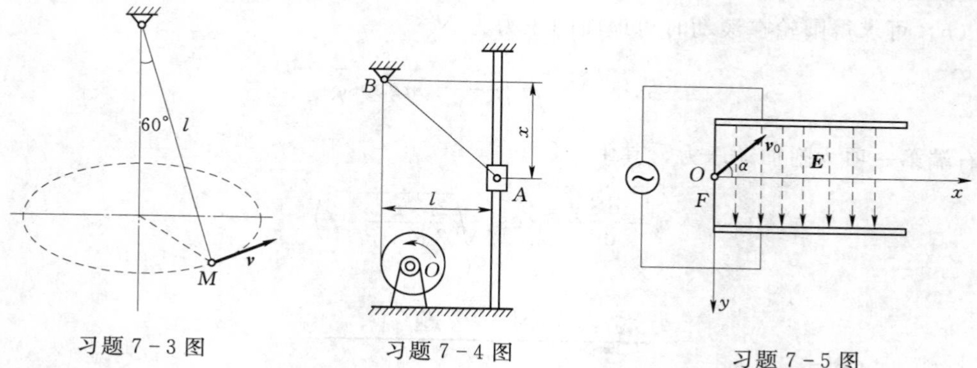

习题 7-3 图　　习题 7-4 图　　习题 7-5 图

7-6　一质量为 m 的质点，在按下述随时间变化的力作用下，由静止开始运动。

$$F(t)=\begin{cases} a-bt & \text{当 } 0\leqslant t\leqslant \dfrac{a}{b} \\ 0 & \text{当 } t>\dfrac{a}{b} \end{cases}$$

其中 $a=\text{const}>0$ 和 $b=\text{const}>0$，假设力 $F(t)$ 的方向不变，求此点的运动方程。

7-7　如习题 7-7 图所示，弹簧一端固定，另一端与质量 $m=200\text{kg}$ 的物块相接触。光滑斜面与水平面成 $\alpha=30°$角，弹簧刚性系数 $k=50\text{N/mm}$。开始时弹簧未被压缩。求：

(1) 若物体缓慢沿斜面下滑（用力控制），求当物块到平衡位置时弹簧的压缩量。

(2) 若突然释放物块，求它经过平衡位置时的速度。

7-8　如习题 7-8 图所示，物块从半径为 R 的光滑半圆柱体顶点 A 处无初速地沿柱体下滑，求物块离开圆柱体时的角度 φ。

7-9　如习题 7-9 图所示，质量为 m 的质点沿圆上的弦运动。此质点受一指向圆心的吸力作用，吸力大小与质点到 O 点的距离成反比，比例常数为 k。开始时，质点处于 M_0 的位置，初速为零。已知圆的半径为 R，经 O 点到弦的垂直距离为 r。求质点经过弦中点时的速度。

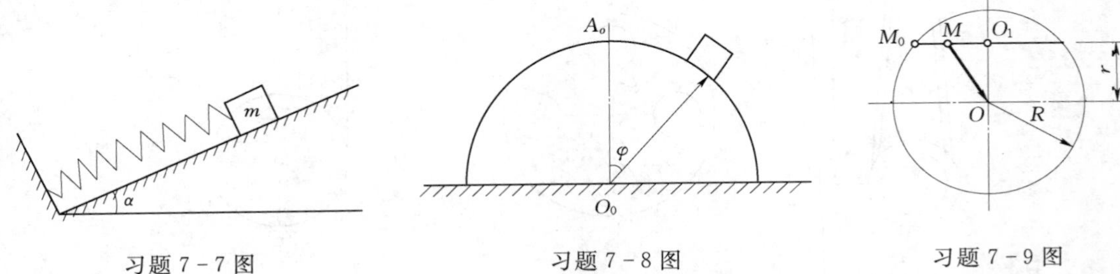

习题 7-7 图　　习题 7-8 图　　习题 7-9 图

7-10　一物体重为 $\boldsymbol{P}$，以初速度 $\boldsymbol{v}_0$ 将它铅垂上抛，如空气阻力可以用 k^2pv^2 来表示，其中 $\boldsymbol{v}$ 为物体的速度，求物体所能达到的高度及所经过的时间各为多少？

7-11　如习题 7-11 图所示，圆轮 A 重 $\boldsymbol{P}_1$，半径为 r_1，以角速度 ω 绕 OA 杆的 A 端转动，此时将轮放置在重 $\boldsymbol{P}_2$ 的另一圆轮 B 上，其半径为 r_2。B 轮原为静止，但可绕其几何轴自由转动。放置后，A 轮的重量由 B 轮支持。略去轴承的摩擦与杆 OA 的重量，并设两轮间的摩擦系数为 f。求自 A 轮放在 B 轮上到两轮间没有滑动为止，经过多少时间？

7-12　如习题 7-12 图所示，轮子的质量 $m=100\text{kg}$，半径 $R=1\text{m}$，可以看成均质圆盘。当轮子以转速 $n=120\text{r/min}$ 绕定轴 C 转动时，在杆 A 点垂直地施加常力 $\boldsymbol{P}$，经过 10s 轮子停转。设轮与闸块间的动摩擦系数 $f'=0.1$，试求力 $\boldsymbol{P}$ 的大小，轴承的摩擦和闸块的厚度忽略不计。

7-13　已知如习题 7-13 图所示的均质三角形薄板的质量为 m，高为 h，求对底边的转动惯量 J_x。

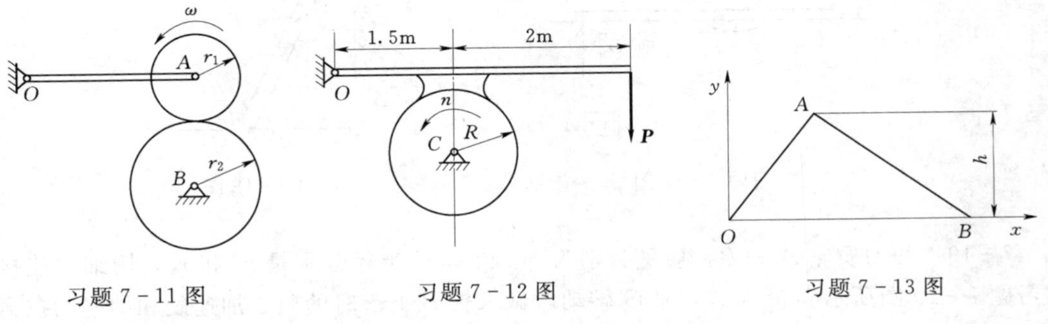

习题 7-11 图　　习题 7-12 图　　习题 7-13 图

7－14　如习题 7－14 图所示的连杆的质量为 m，质心在点 C。若 $AC=a$，$BC=b$，连杆对 B 轴的转动惯量为 J_B，求连杆对 A 轴的转动惯量。

7－15　均质钢制圆盘如习题 7－15 图所示，外径 $D=60\text{cm}$，厚 $h=10\text{cm}$。其上钻有四个圆孔，直径均为 $d_1=10\text{cm}$，尺寸 $d=30\text{cm}$。钢的密度取 $\rho=7.9\times10^{-3}\text{kg/cm}^3$，求此圆盘对过其中心 O 并与盘面垂直的轴的转动惯量。

7－16　均质圆柱体 A 的质量为 m，在外圆上绕一细绳，绳的一端 B 固定不动，如习题 7－16 图所示。圆柱因解开绳子而下降，其初速为零。求当圆柱体的轴心降落了高度 h 时，轴心的速度和绳子的张力。

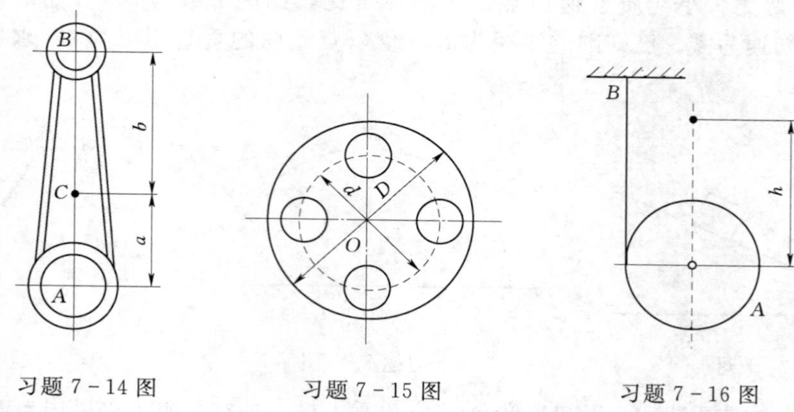

习题 7－14 图　　习题 7－15 图　　习题 7－16 图

7－17　如习题 7－17 图所示，一个重为 P 的物块 A 下降时，借助于跨过滑轮 D 而绕在轮 C 上的绳子，使轮子 B 在水平轨道上只滚动而不滑动。已知轮 B 与轮 C 固连在一起，总重为 Q，对通过轮心 O 的水平轴的回转半径为 ρ，试求物块 A 的加速度。

7－18　如习题 7－18 图所示，均质杆 AB 长为 l，质量为 m，放在铅直平面内，杆的一端 A 靠在光滑的铅直墙上，另一端 B 放在光滑的水平地板上，并与地板面成 φ_0 角。此后，令杆由静止状态倒下，求：

（1）杆在任意位置时的角速度和角加速度。

（2）当杆脱离墙时，此杆与水平面的夹角。

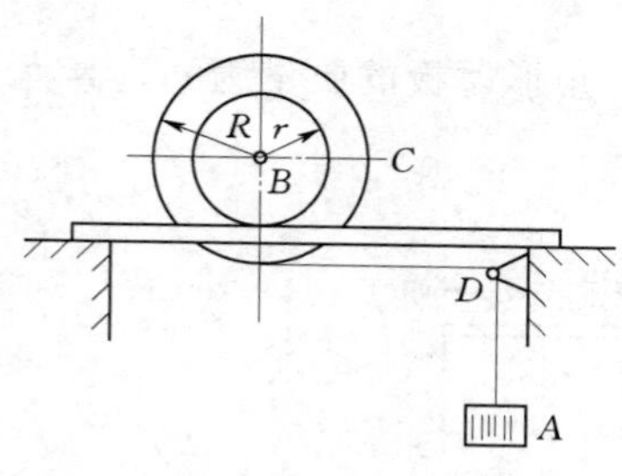

习题 7－17 图

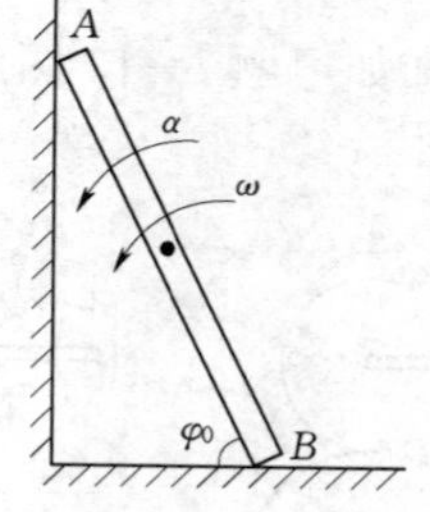

习题 7－18 图

7－19　两匀质轮 A 和 B，质量分别为 m_1 和 m_2，半径分别是 r_1 和 r_2，用细绳连接，如习题 7－19 图所示。轮 A 绕定轴 O 转动，试求轮 B 下落时的质心加速度和细绳的拉力。

7－20　如习题 7－20 图所示，平板质量为 m_1，受水平力 F 的作用而沿水平面运动。板与水平面间的动摩擦因数为 f'。平板上放一质量为 m_2、半径为 r 的均质圆柱体，它对平板只滚动而不滑动，求平板的加速度。

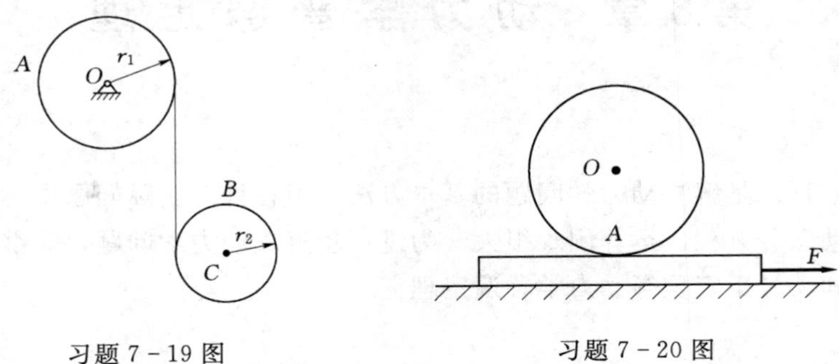

习题 7－19 图　　习题 7－20 图

第 8 章　动力学普遍定理

应用微分方程式是解决动力学问题的基本方法，但在许多实际问题中，要写出系统中每个质点的运动微分方程，运算困难很大。为进一步解决动力学问题，需继续研究动能定理、动量定理和动量矩定理等动力学普遍定理。

8.1　动量定理

质点的动量定理，以牛顿运动定律为基础，建立了质点（质点系）的动量和作用于质点（质点系）上力的冲量之间的关系。

8.1.1　动量和冲量

1. 质点和质点系的动量

质点的质量和速度的乘积称为质点的动量，记为 $m\boldsymbol{v}$，质点的动量是矢量，它的方向与速度的方向一致，在 SI 制中，动量的单位为 kg·m/s。质点系运动时，各质点在每一瞬时均有各自的动量矢。与力系一样，质点系动量也是一个矢量系。质点系中所有质点动量的矢量和，即动量系的主矢量，称为质点系的动量，用 $\boldsymbol{p}$ 表示。即

$$\boldsymbol{p}=\sum m_i\boldsymbol{v}_i \tag{8.1}$$

质点系的动量 $\boldsymbol{p}$ 是自由矢量，因为它只有大小和方向二要素。质点系的动量是度量质点系整体运动的一基本特征量。

与重心坐标相似，定义质点系质量中心（简称质心）C 的矢径为

$$\boldsymbol{r}_c=\frac{\sum m_i\boldsymbol{r}_i}{m} \tag{8.2}$$

其中，m_i，$\boldsymbol{r}_i$ 分别为第 i 个质点的质量与位矢；m 为质点系的总质量。式（8.2）对时间求一阶系数得

$$\boldsymbol{v}_c=\frac{\mathrm{d}\boldsymbol{r}_c}{\mathrm{d}t}=\frac{\sum m_i}{m}\frac{\mathrm{d}\boldsymbol{r}_i}{\mathrm{d}t}=\frac{\sum m_i\boldsymbol{v}_i}{m} \tag{8.3}$$

由式（8.1）、式（8.3）得

$$\boldsymbol{p}=m\boldsymbol{v}_c \tag{8.4}$$

式（8.4）表明，质点系的动量等于其总质量乘以质心速度。这相当于将质点系总质量集中于质心时系统的动量。因此，质点系的动量描述了质心的运动，这是质点系整体运动的一部分。

2. 力的冲量

力的冲量可定义为力与作用时间的乘积，力的冲量也是一个矢量，方向与力的方向一致。当力 $\boldsymbol{F}$ 为恒力，作用时间为 t 时，力的冲量 $\boldsymbol{I}$ 为

$$\boldsymbol{I}=\boldsymbol{F}t \tag{8.5}$$

当力 $\boldsymbol{F}$ 为变量，在微小时间间隔 $\mathrm{d}t$ 内，其元冲量 $\mathrm{d}\boldsymbol{I}=\boldsymbol{F}\mathrm{d}t$；力 $\boldsymbol{F}$ 在作用时间 t 内的冲量为

$$\boldsymbol{I}=\int_0^t \boldsymbol{F}\mathrm{d}t \tag{8.6}$$

在 SI 制中，冲量的单位为 N・s。

8.1.2 动量定理

1. 质点的动量定理

设质点质量为 m，速度为 $\boldsymbol{v}$，作用力为 $\boldsymbol{F}$，由牛顿第二定律，有 $m\dfrac{\mathrm{d}\boldsymbol{v}}{\mathrm{d}t}=\boldsymbol{F}$ 变换为

$$m\mathrm{d}\boldsymbol{v}=\boldsymbol{F}\mathrm{d}t \tag{8.7}$$

式（8.7）为质点的动量定理的微分形式，其中 $\boldsymbol{F}\mathrm{d}t$ 为元冲量。

将式（8.7）对时间 t 积分有

$$m\boldsymbol{v}_2-m\boldsymbol{v}_1=\int_{t_1}^{t_2}\boldsymbol{F}\mathrm{d}t \tag{8.8}$$

式（8.8）为质点的动量定理的积分形式。

2. 质点系的动量定理

设质点系中任一点质点 i，其所受合力为 $\boldsymbol{F}_i$（包括外界对质点的作用力 $\boldsymbol{F}_i^e$ 和质点之间的相互作用力 $\boldsymbol{F}_i^i$），由质点动量定理有

$$\frac{\mathrm{d}}{\mathrm{d}t}(m_i\boldsymbol{v}_i)=\boldsymbol{F}_i \quad (i=1,2,\cdots,n)$$

将这 n 个式求和，并交换求和"$\sum$"与求导数"$\dfrac{\mathrm{d}}{\mathrm{d}t}$"顺序，在右边消去质点间成对出现的内力，得

$$\frac{\mathrm{d}}{\mathrm{d}t}\left(\sum m_i\boldsymbol{v}_i\right)=\sum\boldsymbol{F}_i^e \tag{8.9}$$

即

$$\frac{\mathrm{d}\boldsymbol{p}}{\mathrm{d}t}=\sum\boldsymbol{F}_i^e \tag{8.10}$$

其中，$\sum\boldsymbol{F}_i^e$ 为作用在质点系上外力系主矢量。式（8.9）和式（8.10）表明，质点系动量主矢对时间的一阶导数等于作用在该质点系上外力系的主矢。这就是质点系动量定理。

质点系动量的变化仅取决于外力系的主矢，内力系不能改变质点系的动量。式（8.9）和式（8.10）是质点系动量定理的微分形式，将其两边对时间 t 积分，得其积分形式为

$$\sum m_i\boldsymbol{v}_{i2}-\sum m_i\boldsymbol{v}_{i1}=\sum\boldsymbol{I}_i^e \tag{8.11}$$

即

$$\boldsymbol{p}_2-\boldsymbol{p}_1=\sum\boldsymbol{I}_i^e \tag{8.12}$$

其中，$\boldsymbol{I}_i^e=\int_{t_1}^{t_2}\boldsymbol{F}_i^e\mathrm{d}t$，是作用在任意质点 i 上的系统外力在时间间隔 t_2-t_1 中的冲量；$\sum\boldsymbol{I}_i^e$ 是作用在质点系上所有外力在同一时间中的冲量和，即外力冲量的主矢。这就是质点系的冲量定理：质点系在 t_1 至 t_2 时间内动量的改变量等于作用在该质点系的外力在这段时间

内的冲量。

在具体运用中，常取动量定理的投影形式，在直角坐标系中的投影式为

$$\frac{\mathrm{d}p_x}{\mathrm{d}t}=\sum F_x^e,\ \frac{\mathrm{d}p_y}{\mathrm{d}t}=\sum F_y^e,\ \frac{\mathrm{d}p_z}{\mathrm{d}t}=\sum F_z^e \tag{8.13}$$

和

$$p_{2x}-p_{1x}=\sum I_x^e,\ p_{2y}-p_{1y}=\sum I_y^e,\ p_{2z}-p_{1z}=\sum I_z^e \tag{8.14}$$

如果作用于质点系的外力的主矢量恒为零，则质点系的动量保持不变，即 $\boldsymbol{p}=\boldsymbol{p}_0=$恒矢量，如果作用于质点系的外力的主矢量在某一坐标轴上的投影恒为零，则质点系的动量在该坐标轴上的投影保持不变。如$\sum F_x^e=0$，则 $p_{2x}=p_{1x}=$恒量。以上结论称为质点系动量守恒定律。

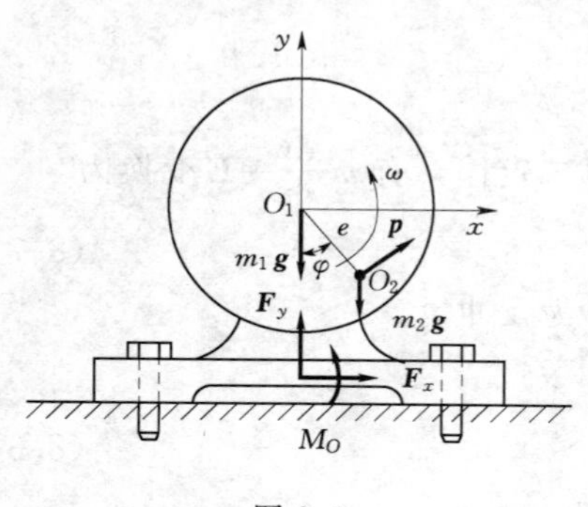

图 8.1

【例 8.1】 电动机的外壳固定在水平基础上，定子和机壳的质量为 m_1，转子质量为 m_2，如图 8.1 所示。设定子的质心位于转轴的中心 O_1，但由于制造误差，转子的质心 O_2 到 O_1 的距离为 e。已知转子匀速转动，角速度为 ω。求基础的水平及铅垂约束力。

解：取电动机外壳与转子组成质点系，外力有重力 $m_1\boldsymbol{g}$ 和 $m_2\boldsymbol{g}$，基础的约束力有 $\boldsymbol{F}_x$、$\boldsymbol{F}_y$ 和约束力偶 M_O。机壳不动，质点系的动量就是转子的动量，由式（8.4）得，其大小为 $p=m_2\omega e$，方向如图 8.1 所示。设 $t=0$ 时，O_1O_2 铅垂，有 $\varphi=\omega t$，由式（8.13）得

$$\frac{\mathrm{d}p_x}{\mathrm{d}t}=F_x,\ \frac{\mathrm{d}p_y}{\mathrm{d}t}=F_y-m_1g-m_2g$$

而 $p_x=m_2\omega e\cos\omega t$，$p_y=m_2\omega e\sin\omega t$，代入上式，解得

$$F_x=-m_2e\omega^2\sin\omega t$$

$$F_y=(m_1+m_2)g+m_2e\omega^2\cos\omega t$$

电动机不转时，基础只有向上的约束力 $(m_1+m_2)g$，称为静约束力；电动机转动时，基础的约束力称为动约束力。动约束力与静约束力的差值称为附加动约束力，是由于系统运动而产生的，它的存在将引起电动机和基础的振动。

8.2 质心运动定理

现将研究动量定理的另一种形式——质心运动定理。将式（8.3）两边对时间 t 求一次导数得

$$\boldsymbol{a}_C=\frac{\sum m_i\boldsymbol{a}_i}{m} \tag{8.15}$$

其中，$\boldsymbol{a}_C$ 为质心的加速度；$\boldsymbol{a}_i$ 为第 i 个质点的加速度。将式（8.5）代入式（8.9），得

$$m\boldsymbol{a}_C=\sum \boldsymbol{F}_i^e \tag{8.16}$$

即质点系的质量与质心加速度的乘积等于作用在该质点系上的外力主矢。这称为质心运动定理。

质心运动定理是动量定理的质心运动形式，揭示了外力主矢与质点系质心运动状态变化的关系，质心的运动由外力主矢及质心运动的初始条件确定。

质心运动定理在实际应用时也通常采用投影式。例如式（8.16）在直角坐标系中的投影式为

$$ma_{Cx}=\sum F_{ix}^{e}，ma_{Cy}=\sum F_{iy}^{e}，ma_{Cz}=\sum F_{iz}^{e} \tag{8.17}$$

若作用于质点系的外力主矢恒等于零，即$\sum F_{i}^{e}=0$，根据式（8.16），有

$$a_{c}=0，v_{C}=\text{恒量}$$

表示质心作惯性运动。若质心原是静止的，则质心始终保持静止。若作用于质点系的外力主矢恒不等于零，但它在某一坐标轴上的投影恒等于零，如$\sum \boldsymbol{F}_{ix}^{e}=0$，则根据式（8.17）有

$$v_{Cx}=v_{cx0}=\text{恒量}$$

表示质点质心速度在x轴上的投影（或分量）守恒。其上各恒量的值取决于运动的初始条件。

若初始速度$v_{Cx0}=0$，则$x_{C}=$常数，即$\Delta x_{C}=0$，这表明质心C在x方向不动（或守恒）。再由$mx_{C}=\sum m_{i}x_{i}$，结合$\Delta x_{C}=O$，可得

$$\sum m_{i}\Delta x_{i}=0 \tag{8.18}$$

这是质心在x方向运动守恒的又一表达形式，应用十分方便。以上结论称为质心运动守恒定理，在研究动力学的实际问题中，有很重要的意义。

【例 8.2】 如图 8.2 所示，均质杆AB长为l，铅直立于光滑水平面上，并让其在铅直面内滑倒，试求杆端A的运动轨迹。

解： 因$\sum F_{x}=0$，且初始静止，故$v_{Cx}=0$。所以，杆在滑倒过程中质心C无水平位移，即$\Delta x_{C}=0$。建立如图 8.2 所示坐标系，y轴始终过杆的质心C点。在任意位置时，A点坐标为

$$x_{A}=\frac{l}{2}\cos\varphi，y_{A}=l\sin\varphi$$

故有 $\dfrac{4x_{A}^{2}}{l^{2}}+\dfrac{y_{A}^{2}}{l^{2}}=1$，即为所求$A$点的椭圆轨迹方程。

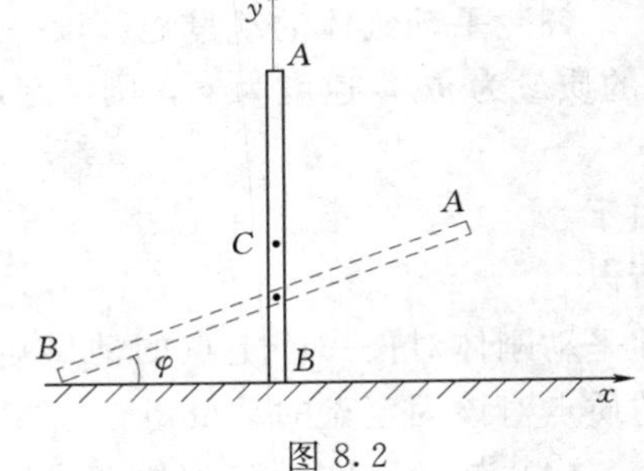

图 8.2

8.3 动量矩定理

在动力学普遍定律中，质点的动量矩定理和动量定理是一类，揭示了质点系动量主矩的变化率与外力对同一点的主矩的关系；与动量定理相结合，完整地描述了外力系对质点系整体运动变化的瞬时效应与时间累积效应。

8.3.1 质点和质点系的动量矩

1. 质点的动量矩

设质点M某瞬时的动量为$m\boldsymbol{v}$，质点相对固定点O的矢径为$\boldsymbol{r}$，如图 8.3 所示。质点M的动量对于点O的矩，定义为质点对于点O的动量矩，即

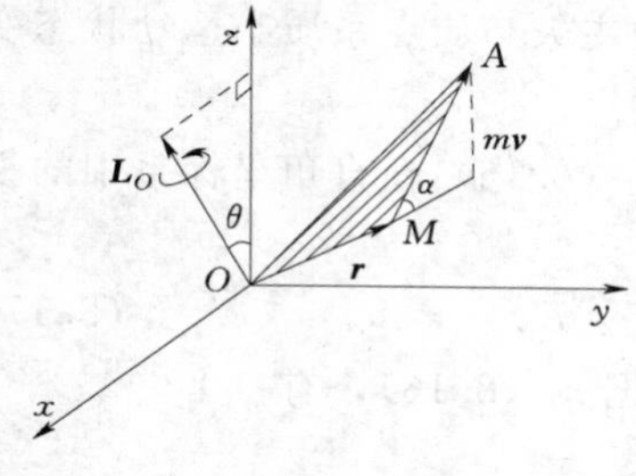

图 8.3

$$M_O(mv)=r\times mv \tag{8.19}$$

$M_O(mv)$垂直于△OMA，大小等于△OMA 面积的两倍，方向由右手法则确定。

类似于力对点之矩和力对轴之矩的关系，质点对固定坐标轴的动量矩等于质点对坐标原点的动量矩在相应坐标轴上的投影，即

$$M_z(mv)=[M_O(mv)]_z \tag{8.20}$$

质点对固定轴的动量矩是代数量，其正负号可由右手法则来确定。动量矩是瞬时量，在国际单位制中，动量矩的单位是 kg·m²/s。

2. 质点系的动量矩

(1) 质点系对固定点的动量矩。设质点系由 n 个质点组成，其中第 i 个质点的质量为 m_i，速度为 v_i，到 O 点的矢径为 r_i，则质点系对 O 点的动量矩（动量系对点的主矩）为

$$L_O=\sum M_O(m_i v_i)=\sum r_i\times m_i v_i \tag{8.21}$$

即质点系对任一固定点 O 的动量矩定义为质点系中各质点对固定点动量矩的矢量和。

(2) 质点系对固定轴的动量矩。以固定点 O 为原点建立直角坐标轴，将式 (8.21) 投影到 z 轴上，则有

$$L_z=[\sum M_O(m_i v_i)]_z=\sum m_z(m_i v_i) \tag{8.22}$$

即质点系对任一固定轴的动量矩定义为质点系中各质点对该固定轴动量矩的代数和。

(3) 平动刚体的动量矩。设平动刚体的质量为 m，质心 C 的速度为 v_c。其上任一质点 i 的质量为 m_i，速度为 v_i，则 $v_i=v_c$。任选一固定点 O，则有

$$L_O=\sum r_i\times m_i v_i=(\sum m_i r_i)\times v_c$$

由于

$$\sum m_i r_i=m r_c$$

所以

$$L_O=r_c\times m v_c \tag{8.23}$$

即平动刚体对任一固定点的动量矩等于视刚体为质量集中于质心的质点对该固定点的动量矩。

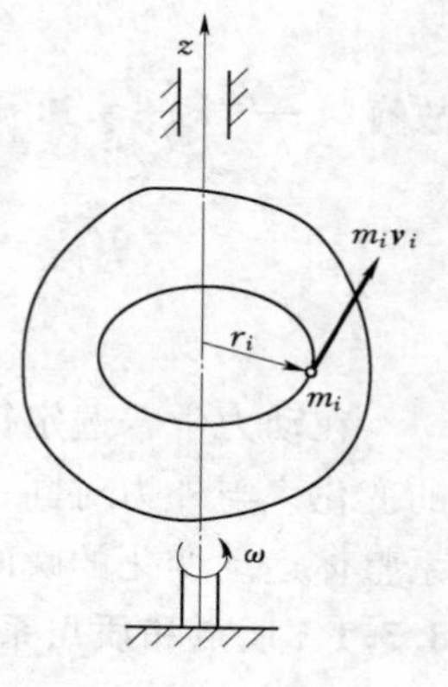

图 8.4

(4) 转动刚体对转轴的动量矩。设刚体绕定轴 z 转动的角速度为ω，刚体上任一质点 M_i 的质量为 m_i，到转轴的距离为 r_i，如图 8.4 所示，则其速度的大小为 $v_i=\omega r_i$，于是有

$$L_z=\sum m_z(m_i v_i)=\sum m_i v_i r_i=(\sum m_i r_i^2)\omega$$

令 $J_z=\sum m_i r_i^2$，J_z 称为刚体对转轴 z 的转动惯量，于是有

$$L_z=J_z\omega \tag{8.24}$$

即定轴转动刚体对转轴的动量矩等于刚体对转轴的转动惯量与刚体角速度的乘积。

8.3.2 动量矩定理

1. 质点的动量矩定理

设质点对固定点 O 的动量矩为 $M_O(mv)$，作用力 F 对同一点的矩为 $M_O(F)$，如图 8.5

所示。将动量矩对时间取一次导数，得$\frac{\mathrm{d}}{\mathrm{d}t}\boldsymbol{M}_O(m\boldsymbol{v})=\frac{\mathrm{d}}{\mathrm{d}t}(\boldsymbol{r}\times m\boldsymbol{v})$

$=\frac{\mathrm{d}\boldsymbol{r}}{\mathrm{d}t}\times m\boldsymbol{v}+\boldsymbol{r}\times\frac{\mathrm{d}}{\mathrm{d}t}(m\boldsymbol{v})$

由于$\frac{\mathrm{d}}{\mathrm{d}t}(m\boldsymbol{v})=\boldsymbol{F}$，且$\frac{\mathrm{d}\boldsymbol{r}}{\mathrm{d}t}=\boldsymbol{v}$，则上式可改写为

$$\frac{\mathrm{d}}{\mathrm{d}t}M_O(m\boldsymbol{v})=\boldsymbol{v}\times m\boldsymbol{v}+\boldsymbol{r}\times\boldsymbol{F}$$

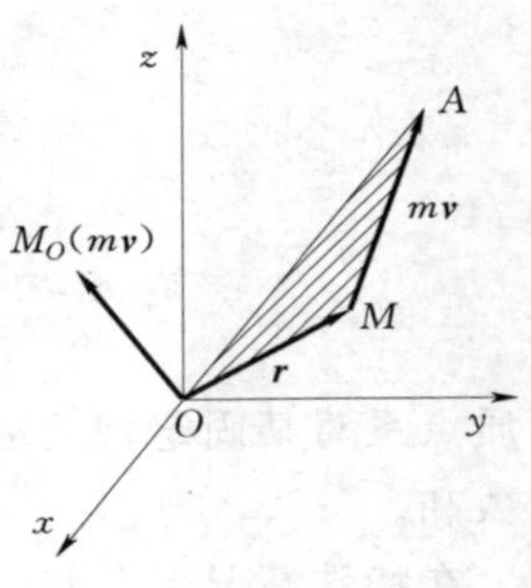

图 8.5

因为 $\boldsymbol{v}\times m\boldsymbol{v}=0$，$\boldsymbol{r}\times\boldsymbol{F}=M_O(F)$，于是得$\frac{\mathrm{d}}{\mathrm{d}t}M_O(m\boldsymbol{v})=M_O(\boldsymbol{F})$

即质点对某固定点的动量矩对时间的一阶导数，等于质点所受的力对同一点的矩。这就是质点的动量矩定理。

将上式投影在直角坐标轴上，并将对点的动量矩与对轴的动量矩的关系代入，得

$$\begin{aligned}\frac{\mathrm{d}}{\mathrm{d}t}m_x(mv)&=m_x(F)\\\frac{\mathrm{d}}{\mathrm{d}t}m_y(mv)&=m_y(F)\\\frac{\mathrm{d}}{\mathrm{d}t}m_z(mv)&=m_z(F)\end{aligned}\tag{8.25}$$

即质点对某固定轴的动量矩对时间的一阶导数等于质点所受的力对同一轴的矩。

在特殊情况下，若 $M_O(\boldsymbol{F})\equiv0$，则 $\boldsymbol{M}_O(m\boldsymbol{v})=$常矢量

若 $m_z(\boldsymbol{F})\equiv0$，则 $m_z(m\boldsymbol{v})=$常量

即若作用在质点上的作用力对某固定点（或固定轴）之矩恒等于零，则质点对该点（或该轴）的动量矩为常矢量（或常量）。这就是质点的动量矩守恒定理。

2. 质点系的动量矩定理

设质点系内有 n 个质点，作用于每个质点的力分为外力 F_i^e和内力 F_i^i。由质点的动量矩定理有

$$\frac{\mathrm{d}}{\mathrm{d}t}M_O(m_i\boldsymbol{v}_i)=M_O(\boldsymbol{F}_i^e)+M_O(\boldsymbol{F}_i^i)$$

这样的方程共有 n 个，相加后得

$$\sum\frac{\mathrm{d}}{\mathrm{d}t}M_O(m_i\boldsymbol{v}_i)=\sum M_O(\boldsymbol{F}_i^e)+\sum M_O(\boldsymbol{F}_i^i)$$

由于内力总是成对出现，因此上式右端的第二项$\sum M_O(\boldsymbol{F}_i^i)=0$

上式左端为$\sum\frac{\mathrm{d}}{\mathrm{d}t}M_O(m_i\boldsymbol{v}_i)=\frac{\mathrm{d}}{\mathrm{d}t}\sum M_O(m_i\boldsymbol{v}_i)=\frac{\mathrm{d}}{\mathrm{d}t}\boldsymbol{L}_O$，于是得$\frac{\mathrm{d}}{\mathrm{d}t}\boldsymbol{L}_O=\sum M_O(\boldsymbol{F}_i^e)$

即质点系对某固定点 O 的动量矩对时间的导数，等于作用于质点系的外力对于同一点的矩的矢量和。这就是质点系的动量矩定理。

应用时取投影式

$$\frac{d}{dt}L_x=\sum m_x(\boldsymbol{F}_i^e)$$
$$\frac{d}{dt}L_y=\sum m_y(\boldsymbol{F}_i^e) \tag{8.26}$$
$$\frac{d}{dt}L_z=\sum m_z(\boldsymbol{F}_i^e)$$

即质点系对某固定轴的动量矩对时间的导数，等于作用于质点系的外力对于同一轴的矩的代数和。

在特殊情况下，若 $M_O(\boldsymbol{F})\equiv0$，则 $\boldsymbol{L}_O=$常矢量；若 $M_z(\boldsymbol{F})\equiv0$，则 $L_z=$常量。

即若作用在质点系上的作用力对某固定点（或固定轴）之矩恒等于零，则质点系对该点（或该轴）的动量矩为常矢量（或常量）。这就是质点系的动量矩守恒定理。

动量矩守恒定理在工程实际和日常生活中都有广泛的应用。例如芭蕾舞演员绕通过脚尖的铅垂轴旋转时，如忽略脚尖和地面的摩擦力，则因演员所受重力及地面的支承反力与转轴共线，外力对转轴的矩恒为零，满足动量矩守恒的条件，所以演员对转轴的动量矩守恒。即 $J_z\omega=$常量。其中 J_z 为人体对转轴的转动惯量。为了改变人体的旋转角度 ω（当旋转进行时，ω 增大，当旋转结束时，ω 减小），可利用双臂的伸展或收缩来改变 J_z。因 $J_z=\sum m_ir_i^2$，当手臂向外伸展时，J_z 增大，当手臂向转轴收缩时，J_z 减小。因此演员常用此方法来调整旋转角速度。

上述动量矩定理只适用于惯性参照系中的固定点或固定轴，对于一般的动点或动轴，动量矩定理具有较复杂的形式。然而对于质点系的质心或通过质心的动轴，上述动量矩定理有关的陈述同样适用。

【例 8.3】 如图 8.6 所示，均质滑轮质量为 m，半径为 r。两重物系于绳的两端，质量分别为 m_1 和 m_2，试求重物的加速度。

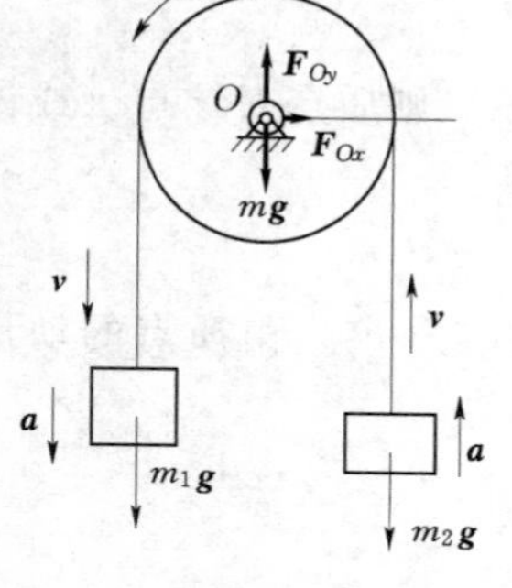

图 8.6

解： 以整体为研究对象，受力如图 8.6 所示。设滑轮沿逆时针方向转动，角速度为 ω，由 $\frac{d\boldsymbol{L}_O}{dt}=\sum\boldsymbol{M}_O$，并注意到 $\frac{d\omega}{dt}=\alpha$，有

$$\frac{d}{dt}\left[\left(m_1+m_2+\frac{1}{2}m\right)r^2\omega\right]=m_1gr-m_2gr$$

故

$$\alpha=\frac{2(m_1-m_2)g}{(2m_1+2m_2+m)r}$$

重物的加速度为

$$a=r\alpha=\frac{2(m_1-m_2)}{2m_1+2m_2+m}g$$

【例 8.4】 如图 8.7 所示，质量为 $m_1=5$kg，半径为 $r=30$cm 的均质圆盘，可绕铅直轴 z 转动，在圆盘中心用铰链 D 连接一质量为 $m_2=4$kg 的均质细杆 AB，AB 杆长为 $2r$，可绕 D 铰转动。当 AB 杆在铅直位置时，圆盘的角速度 $\omega=90$r/min，试求杆转到水平位置碰到销钉 C 而相对静止时圆盘的角速度 ω_1。

解： 研究整体，受力如图 8.7 所示。因 $\sum M_z=0$，该系统对 z 轴的动量矩守恒，有

$L_{z0}=L_{z1}$，即

$$\frac{1}{4}m_1r^2\omega=\frac{1}{4}m_1r^2\omega_1+\frac{1}{3}m_2r^2\omega_1$$

故

$$\omega_1=\frac{\frac{1}{4}m_1}{\frac{1}{3}m_2+\frac{1}{4}m_1}\omega$$

将有关数值代入，得

$$\omega_1=\frac{\frac{1}{4}\times 5}{\frac{1}{3}\times 4+\frac{1}{4}\times 5}\times\frac{90\pi}{30}=4.56(\text{rad/s})$$

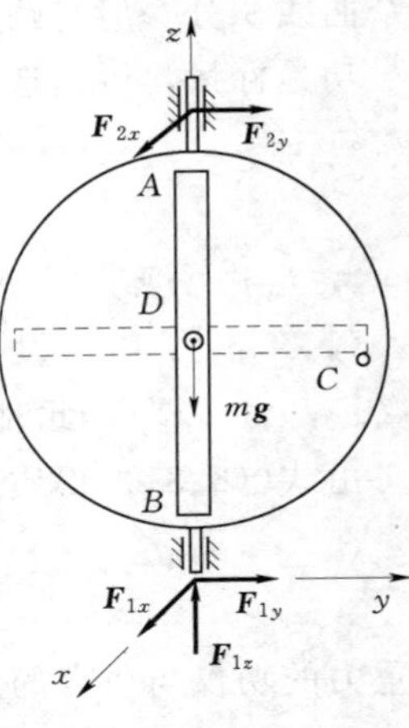

图 8.7

质点系的动量定理和动量矩定理相结合，能完整地描述外力系对质点系的作用效果，不但适用于刚体系统，而且也适用于变形固体、流体与松散介质。

8.4 动 能 定 理

动能定理是从能量的角度来分析质点与质点系的动力学问题，通过建立动能与力的功（功率）之间的关系，表达机械运动与其他运动形式的能量之间的传递和转化的规律，是能量守恒定律的一个特例。

8.4.1 力的功

1. 常力的功

力的功是力对物体的空间累积效应的度量。设质点 M 在常力 $\boldsymbol{F}$ 的作用下，沿直线走过一段路程 S，则常力 $\boldsymbol{F}$ 在位移方向的投影与其路程 S 的乘积，称为力 $\boldsymbol{F}$ 在路程 S 中所作的功，用 W 表示，即

$$W=\boldsymbol{F}\cdot\cos\alpha\cdot\boldsymbol{S}\text{ 或 }W=\boldsymbol{F}\cdot\boldsymbol{S} \tag{8.27}$$

其中，α 为力 $\boldsymbol{F}$ 与直线位移方向之间的夹角。功是代数量，在 SI 制中，功的单位是 J（焦耳）。

2. 变力的功

设质点在变力 $\boldsymbol{F}$ 作用下沿曲线运动，在无限小位移 $\mathrm{d}\boldsymbol{r}$ 中，力 $\boldsymbol{F}$ 可视为常力，所作的功称为元功，记为 δW，于是式（8.27）变为

$$\delta W=\boldsymbol{F}\cdot\mathrm{d}\boldsymbol{r} \tag{8.28}$$

这是物理学中力对质点元功的定义。采用 δW 是为了区别于全微分 $\mathrm{d}W$，因为功的全微分在许多情形中并不存在。显然，力系对质点系的元功等于各力元功的代数和，即

$$\delta W=\sum\delta W_i=\sum\boldsymbol{F}_i\cdot\mathrm{d}\boldsymbol{r}_i \tag{8.29}$$

当力 $\boldsymbol{F}$ 的作用点在空间沿某曲线 L 从 A 点移动到 B 点所作的功为

$$W_{AB}=\int_{AB}\boldsymbol{F}\cdot\mathrm{d}\boldsymbol{r} \tag{8.30}$$

这个曲线积分一般与路径 L 有关。常力和有势力的功与路径无关。

功是标量，可以选用任何坐标系进行具体计算，在直角坐标系中，式（8.30）成为

$$W_{AB}=\int_{AB}(F_x\mathrm{d}x+F_y\mathrm{d}y+F_z\mathrm{d}z) \tag{8.31}$$

3. 几种常见力的功

（1）重力功。设有重为 $m\boldsymbol{g}$ 的质点 M，由 $M_1(x_1, y_1, z_1)$ 处沿曲线移至 $M_2(x_2, y_2, z_2)$，此时质点的重力在坐标轴上的投影为 $F_x=0$，$F_y=0$，$F_z=-mg$。

由式（8.31）得质点的重力在曲线路程上作的功为

$$W=\int_{z_1}^{z_2}-mg\,\mathrm{d}z=mg(z_1-z_2) \tag{8.32}$$

故重力的功仅与质点的重量及始末位置有关，而与路径无关。

（2）弹力功。如图 8.8 所示，原长为 l_0 的弹簧一端固定于点 O，弹簧沿 x 轴由 M_1 运动至 M_2，设弹簧的刚性系数为 k(N/m)，在弹性范围内，弹性力

$$F=k(l_0-x)$$

弹性力 $\boldsymbol{F}$ 在由 M_1 到 M_2 路程上作的功为

$$\begin{aligned}W_{12}&=\int_{M_1}^{M_2}k(l_0-x)\mathrm{d}x\\&=\int_{M_1}^{M_2}k(l_0-x)\mathrm{d}(l_0-x)\\&=\frac{1}{2}k[(l_0-x_1)^2-(l_0-x_2)^2]\end{aligned}$$

令 $\delta_1=l_0-x_1$，$\delta_2=l_0-x_2$ 分别表示弹簧在起点和终点的变形量。则上式变为

$$W_{12}=\frac{1}{2}k(\delta_1^2-\delta_2^2) \tag{8.33}$$

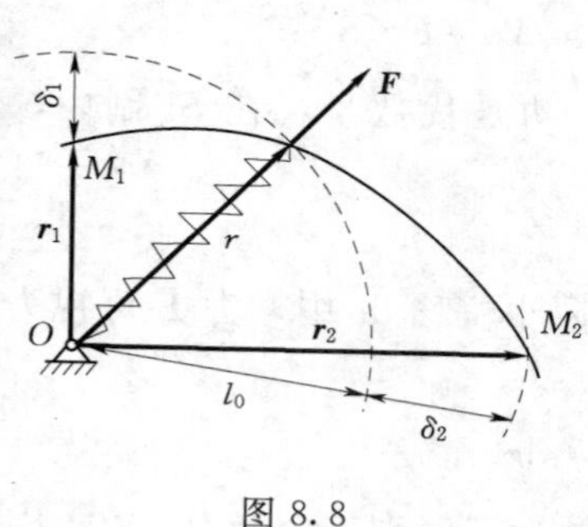

图 8.8

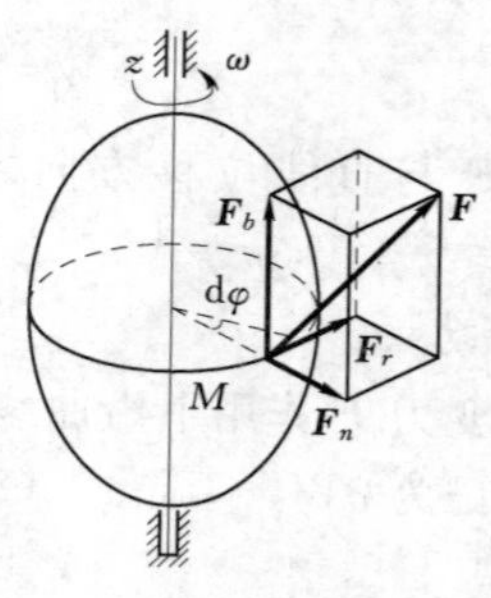

图 8.9

（3）作用在转动刚体上力的功。设刚体可绕固定轴 z 转动（如图 8.9 所示），作用在转动刚体上力 $\boldsymbol{F}$ 可分解成相互正交的三个分力平行于轴 z 的轴向力 $\boldsymbol{F}_z$，沿半径的径向力 $\boldsymbol{F}_r$，沿轨迹切线的切向力 $\boldsymbol{F}_\tau$。当刚体有微小转角 $\mathrm{d}\varphi$ 时，力作用点的位移为 $\mathrm{d}\boldsymbol{r}=\mathrm{d}s\cdot\boldsymbol{\tau}=r\cdot\mathrm{d}\varphi\cdot\boldsymbol{\tau}$，所以

$$\delta W=\boldsymbol{F}\cdot \mathrm{d}\boldsymbol{r}=F_{\tau}\cdot r\cdot \mathrm{d}\varphi=M_z(\boldsymbol{F})\cdot \mathrm{d}\varphi,\ W=\int_{\varphi_1}^{\varphi_2}M_z(\boldsymbol{F})\cdot \mathrm{d}\varphi=M_z(\varphi_2-\varphi_1) \tag{8.34}$$

(4) 动摩擦力的功。设质量为 m 的质点 M 在粗糙面上运动，动摩擦力大小 $\boldsymbol{F}=-fF_N$，方向恒与质点运动方向相反，摩擦力的元功 $\delta W=\boldsymbol{F}\cdot \mathrm{d}\boldsymbol{r}=-fF_N\mathrm{d}s$，所以摩擦力在曲线上的元功

$$W=\int_{M_1}^{M_2}-fF_N\cdot \mathrm{d}s=-\int_{M_1}^{M_2}fF_N\cdot \mathrm{d}s \tag{8.35}$$

可见动摩擦力的功恒为负值，它不仅取决于质点的始末位置，且与质点的运动路径有关。

特别强调，若 $F_n=$常量时，$W=-fF_N\cdot S$，S 为曲线长度。

8.4.2 动能

1. 质点和质点系的动能

动能是物体机械能的一种形式，也是物体作功能力的一种度量。设质点的质量为 m，速度为 v，则质点的动能为

$$T=\frac{1}{2}mv^2 \tag{8.36}$$

动能是正标量，其大小取决于各质点的质量和速度大小，而与速度方向无关。在 SI 制中动能的单位是 J（焦耳）。

质点系的动能为系统内所有质点动能之和，即

$$T=\sum\frac{1}{2}m_iv_i^2 \tag{8.37}$$

2. 刚体的动能

刚体是工程实际中常见的质点系，因此刚体动能的计算有着重要的意义，其动能的表达式随刚体运动形式的不同而不同。

(1) 平移。刚体平移时各点的速度在任意时刻都相同，且等于质心 C 的速度，其动能为 $T=\sum\frac{1}{2}m_iv_i^2=\frac{1}{2}v_c^2\sum m_i$，因为$\sum m_i=m$，所以有

$$T=\frac{1}{2}mv_c^2 \tag{8.38}$$

式 (8.38) 表明，刚体平移的动能相当于将刚体质量集中在质心时的质点动能。

(2) 定轴转动。刚体绕定轴转动时，各点的角速度相同，其中离转轴距离为 r_i 的速度为 $v_i=r_i\omega$，于是定轴转动刚体的动能为 $T=\sum\frac{1}{2}m_iv_i^2=\sum\left(\frac{1}{2}m_ir_i^2\omega^2\right)=\frac{1}{2}\omega^2\sum m_ir_i^2$，因为$\sum m_ir_i^2=J_z$，所以

$$T=\frac{1}{2}J_z\omega^2 \tag{8.39}$$

即刚体定轴转动的动能等于刚体对定轴的转动惯量与角速度平方乘积的一半。

(3) 平面运动。由运动学知识可知，刚体的平面运动，可以看成平面图形绕速度瞬心 P 的转动，即刚体绕通过速度瞬心并与运动平面垂直的轴的转动，故其动能写为

$$T=\frac{1}{2}J_P\omega^2 \tag{8.40}$$

其中 J_P 是刚体对瞬时轴的转动惯量，ω 是刚体的角速度。若质心 C 离速度瞬心的距离为 d，通过刚体的质心 C，取与瞬时轴平行的转轴，刚体对质心轴的转动惯量为 J_c，那么根据转动惯量的平行轴定理 $J_P=J_c+md^2$，代入式（8.40）得

$$T=\frac{1}{2}(J_c+md^2)\omega^2=\frac{1}{2}J_c\omega^2+\frac{1}{2}m(d\cdot\omega)^2$$

因为 $d\cdot\omega=v_c$，所以有

$$T=\frac{1}{2}mv_c^2+\frac{1}{2}J_c\omega^2 \tag{8.41}$$

式（8.41）表明，刚体平面运动的动能等于随质心平移的动能与相对于质心平移轴的转动动能之和。

8.4.3 质点与质点系动能定理

1. 动能定理的三种形式

（1）微分形式。设质点质量为 m，速度为 $\boldsymbol{v}$，由质点运动微分方程的矢量式 $m\frac{\mathrm{d}\boldsymbol{v}}{\mathrm{d}t}=\boldsymbol{F}$，在方程两边点乘 $\mathrm{d}r$ 得 $m\frac{\mathrm{d}\boldsymbol{v}}{\mathrm{d}t}\cdot\mathrm{d}\boldsymbol{r}=\boldsymbol{F}\cdot\mathrm{d}\boldsymbol{r}$。由于 $\mathrm{d}\boldsymbol{r}=\boldsymbol{v}\mathrm{d}t$，上式为

$$m\boldsymbol{v}\cdot\mathrm{d}\boldsymbol{v}=\boldsymbol{F}\cdot\mathrm{d}\boldsymbol{r}\quad 或\quad \mathrm{d}\left(\frac{1}{2}mv^2\right)=\delta W \tag{8.42}$$

式（8.42）称为质点动能定理的微分形式，即质点动能的增量等于作用在质点上的力的元功。

设质点系中由 n 个质点，对所有质点分别写出质点动能定理的微分式然后求和，并交换求和与微分运算顺序，便得到质点系动能定理的微分形式

$$\mathrm{d}\left(\sum\frac{1}{2}m_iv_i^2\right)=\sum\delta W_i$$

简写为

$$\mathrm{d}T=\delta W \tag{8.43}$$

式（8.43）表明，质点系动能的增量等于作用在质点系上所有力的元功之和。

（2）积分形式。将式（8.43）积分，便得到质点系动能定理的积分形式

$$\sum\frac{1}{2}m_iv_{i2}^2-\sum\frac{1}{2}m_iv_{i1}^2=\sum W_{i1-2}$$

简写为

$$T_2-T_1=W_{1-2} \tag{8.44}$$

式（8.44）表明，质点系从初位形 1 到末位形 2 的运动过程中，其动能的改变量等于作用在质点系上所有力所作功的代数和。

注意：上述“所有力”，既包括外主动力和内力，也包括约束力。约束力的元功的和等于零的约束称为理想约束，也就是说在理想约束中约束力不作功。工程中很多约束可视为理想约束，如光滑固定面约束；光滑铰链或轴承约束；刚性连接的约束；柔软而不可伸长的绳索约束；不计滚动摩阻时，纯滚动的接触点等。此时未知的约束力不作功，运用动

能定理非常方便。值得提醒的是理想约束的约束力不作功，而质点系的内力作功之和并不一定等于零。在工程中内力作功的情形很多，例如：蒸汽机、内燃机、涡轮机、电动机和发电机等的内力作功。汽车内燃机气缸内膨胀的气体质点之间的作用力、气体质点对活塞和气缸的作用力都是内力，这些力作功使汽车的动能增加；机器中有相对滑动的两个零件之间的内摩擦力作负功，消耗机器的能量，如轴与轴承、相互啮合的齿轮、滑块与滑道之间的内摩擦力等；弹性构件中的内力作负功时，转变为弹性势能。

(3) 守恒形式。主动力作用的空间区域称为力场，如万有引力场等。若力场对质点的作用力只与作用点位置有关，则可表示为 $\boldsymbol{F}=\boldsymbol{F}(r)=\boldsymbol{F}(x,y,z)$。如果主动力在有限位移上所作的功只与力的始末位置有关，而与运动路径无关，则称为势力场，或保守力场，例如重力场和弹性力场等。

在势力场中，必存在势能函数 $V(r)=V(x,y,z)$，其梯度恰好等于有势力 $F=-\text{grad}V$，即

$$\boldsymbol{F}=-\left(\frac{\partial V}{\partial x}\boldsymbol{i}+\frac{\partial V}{\partial y}\boldsymbol{j}+\frac{\partial V}{\partial z}\boldsymbol{k}\right)$$

故有势力 F 从 1 到 2 位置的功为

$$\boldsymbol{W}_{1-2}=\int_1^2\boldsymbol{F}\cdot\mathrm{d}\boldsymbol{r}=-\int_1^2\mathrm{d}V=V_1-V_2$$

将该式代入式 (8.44)，得质点系的机械能守恒定律表达式

$$T_1+V_1=T_2+V_2 \tag{8.45}$$

或

$$T+V=E=\text{常数} \tag{8.46}$$

其中，T_1、V_1 和 T_2、V_2 分别为质点系在位形 1 和位形 2 时所具有的动能和势能；E 为机械能。机械能守恒定律表明，系统仅在有势力作用下运动时，其机械能保持不变。这样的质点系通常称为保守系统；相反，受非有势力特别是耗散力（如作功的摩擦力和介质阻力等）作用的系统，称为非保守系统。

2. 动能定理的应用

动能定理常用于求解与空间位形变化有关的问题，已知运动的变化时可求功和力；已知力的功可求速度；应用动能定理的微分形式，或通过对任意位置列出的动能定理方程进行微分运算，还可求加速度与角加速度。对于具有一个自由度的理想约束系统，可用动能定理整体求解，并可避免理想约束力在方程中的出现。计入内力功，动能定理可广泛用于变形体的静力和动力问题。

【例 8.5】 卷扬机如图 8.10 所示，鼓轮在不变力矩 M 作用下将圆柱沿斜面上拉。已知鼓轮的半径为 R_1，重量为 $\boldsymbol{Q}_1$，质量分布在轮缘上；圆柱的半径为 R_2，重量为 $\boldsymbol{Q}_2$，质量均匀分布。设斜坡的倾角为 α，表面粗糙，使圆柱只滚不滑。系统从静止开始运动，求圆柱中心 C 经过路程 l 时的速度和加速度。

解： 以圆柱和鼓轮一起组成的质点系为研究对象。作用于该质点系的力有重力 $\boldsymbol{Q}_1$ 和 $\boldsymbol{Q}_2$，外力矩 M，轴承反力 $\boldsymbol{F}_{0x}$ 和 $\boldsymbol{F}_{0y}$，斜面对圆柱的作用力 $\boldsymbol{N}$ 和静摩擦力 $\boldsymbol{F}$。应用动能定理的积分形式求解。

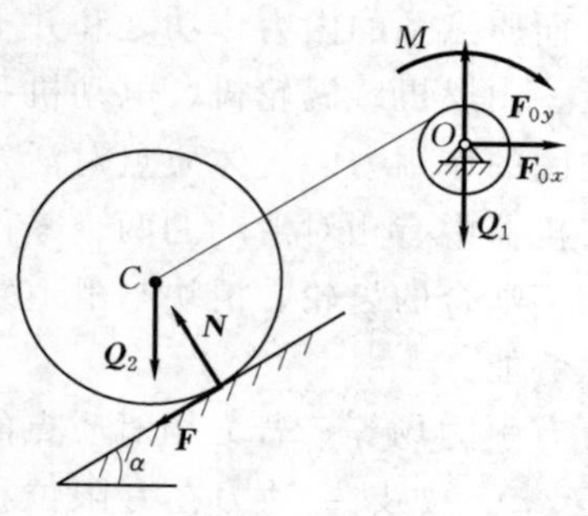

图 8.10

$$T_2 - T_1 = \sum W_F^{(e)}$$

(1) 先计算功。约束反力 $\boldsymbol{N}$、$\boldsymbol{F}_{0x}$、$\boldsymbol{F}_{0y}$ 及摩擦力均不作功，因此

$$\sum W_F^{(e)} = M\varphi - Q_2 \sin\alpha \cdot l$$

(2) 质点系的动能为

$$T_1 = 0$$

$$T_2 = \frac{1}{2} J_1 \omega^2 + \frac{1}{2} \frac{Q_2}{g} v_c^2 + \frac{1}{2} J_c \omega_2^2$$

其中 J_1、J_c 分别为鼓轮对于中心轴 O、圆柱对过质心 C 的轴的转动惯量

$$J_1 = \frac{Q_1}{g} R_1^2,\ J_2 = \frac{Q_2}{2g} R_2^2$$

又因 ω_1 和 ω_2 分别为鼓轮和圆柱的角速度，$\omega_1 = \dfrac{v_c}{R_1}$，$\omega_2 = \dfrac{v_c}{R_2}$，于是

$$T_2 = \frac{v_c^2}{4g}(2Q_1 + 3Q_2)$$

代入质点系动能定理的积分形式得

$$\frac{v_c^2}{4g}(2Q_1 + 3Q_2) - 0 = M\varphi - Q_2 \sin\alpha \cdot l$$

将 $\varphi = \dfrac{l}{R_1}$，代入上式解得

$$v_c = 2\sqrt{\frac{(M - Q_2 R_1 \sin\alpha) g l}{R_1 (2Q_1 + 3Q_2)}}$$

将上式平方后，视 l 为变量，对时间求导

$$\frac{\mathrm{d}}{\mathrm{d}t}(v_c^2) = 4\ \frac{(M - Q_2 R_1 \sin\alpha) g}{R_1 (2Q_1 + 3Q_2)} \frac{\mathrm{d}l}{\mathrm{d}t}$$

因 $\dfrac{\mathrm{d}v_c}{\mathrm{d}t} = a_c$，$\dfrac{\mathrm{d}l}{\mathrm{d}t} = v_c$，因此上式变为

$$2 v_c a_c = 4 v_c\ \frac{(M - Q_2 R_1 \sin\alpha) g}{R_1 (2Q_1 + 3Q_2)}$$

故

$$a_c = 2\ \frac{M - Q_2 R_1 \sin\alpha}{R_1 (2Q_1 + 3Q_2)} g$$

【例 8.6】 如图 8.11 所示，均质杆 AB 长为 l，重量为 $\boldsymbol{G}_1$，上端靠在光滑铅直墙面上，下端以铰链 A 与均质圆柱体中心连接，圆柱重量 $\boldsymbol{G}_2$，半径为 R，能在粗糙水平面上纯滚动。若 $\theta = 45°$时，$v_A = v_0$，试求该瞬时 A 点的加速度。

解： 在任意位置 θ 时，柱与杆的速度瞬心分别为 P_1 和 P_2，且有

$$\begin{cases} \omega_A = \dfrac{v_A}{R}, \omega_{AB} = \dfrac{v_A}{l\cos\theta} \\ \alpha_{AB} = \dfrac{\mathrm{d}\omega_{AB}}{\mathrm{d}t} = \dfrac{a_A}{l\cos\theta} + \dfrac{v_A^2 \sin\theta}{l^2 \cos^3\theta} \end{cases} \tag{a}$$

$$T=\frac{3}{4}\frac{G_2}{g}v_A^2+\frac{1}{2}\left[\frac{1}{12}\frac{G_1}{g}l^2+\frac{G_1}{g}\left(\frac{l}{2}\right)^2\right]\omega_{AB}^2 \quad \text{(b)}$$

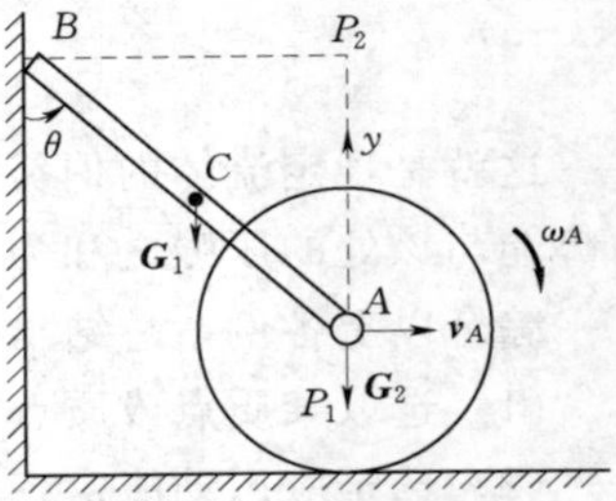

由 $\mathrm{d}T=\delta W$，并将式（b）代入，注意到$\frac{\mathrm{d}\omega_{AB}}{\mathrm{d}t}=\alpha_{AB}$有

$$\frac{3}{2}\frac{G_2}{g}v_A a_A+\left[\frac{1}{12}\frac{G_1}{g}l^2+\frac{G_1}{g}\frac{l^2}{4}\right]\omega_{AB}\alpha_{AB}=G_1\frac{l}{2}\sin\theta\omega_{AB}$$

再将式（a）代入上式，并经整理得

$$\left(\frac{3}{2}\frac{G_2}{g}+\frac{1}{3}\frac{G_1}{g}\frac{1}{\cos^2\theta}\right)a_A+\frac{1}{3}\frac{G_1}{g}\frac{\sin\theta}{\cos^3\theta}v_A^2=\frac{G_1 l}{2}\tan\theta \quad \text{(c)}$$

图 8.11

将 $\theta=45°$，$v_A=v_0$，代入式（c）得

$$a_A=\frac{6G_1 g}{9G_2+4G_1}\left(\frac{1}{2}-\frac{2\sqrt{2}}{3gl}v_0^2\right)$$

若 $\theta=45°$时，$v_0=0$，则

$$a_A=\frac{3G_1 g}{9G_2+4G_1}$$

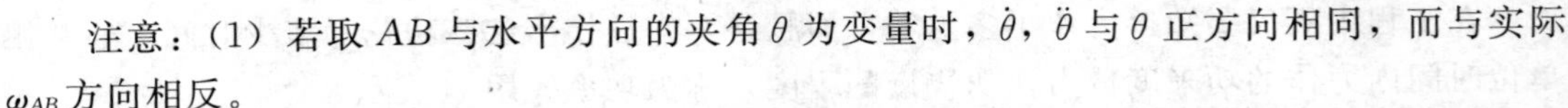

注意：(1) 若取 AB 与水平方向的夹角 θ 为变量时，$\dot{\theta}$，$\ddot{\theta}$ 与 θ 正方向相同，而与实际 ω_{AB} 方向相反。

(2) 本题若应用动能定理积分形式或机械能守恒式两边对时间 t 求导数，可获同样结果。

【例 8.7】 试导出稳定流体的能量方程。

解： 如图 8.12 所示，在稳定流中任取一段用截面 1 和 2 截出的流体，设在某瞬时 t，位于 1—2 位置之间的流体，经过 Δt 移到了 $1'$—$2'$ 位置；而流体以速度 $\boldsymbol{v}_1$ 流入受外界压强 p_1 作用的截面 1，以速度 $\boldsymbol{v}_2$ 流出受外界压强 p_2 作用的截面 2。由于理想流体的内摩擦力为零，故在 Δt 内作用于流体的压力所作之功为

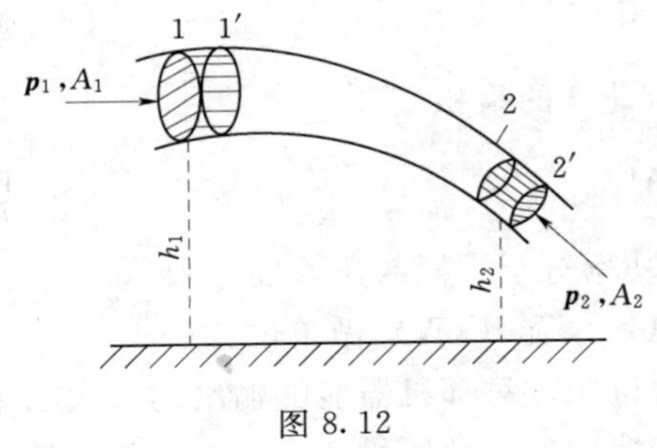

图 8.12

$$W_p=(p_1 v_1 A_1-p_2 v_2 A_2)\Delta t$$

其中，A_1 和 A_2 分别为截面 1 和 2 的面积。设流体不可压缩，进出截面 1，2 的两段流体的体积 ΔV 相等，即 $v_1 A_1\Delta t=v_2 A_2\Delta t=\Delta V$，代入上式得

$$W_p=(p_1-p_2)\Delta V$$

而重力作的功为

$$W_G=\rho g\Delta V(h_1-h_2)$$

考察流体段在 t 和 $t+\Delta t$ 两时刻的变化。由 $T_2-T_1=W_{1-2}$，有

$$\frac{1}{2}\rho\Delta V(v_2^2-v_1^2)=(p_1-p_2)\Delta V+\rho g\Delta V(h_1-h_2)$$

故

$$p_1+\rho g h_1+\frac{1}{2}\rho v_1^2=p_2+\rho g h_2+\frac{1}{2}\rho v_2^2 \quad (8.47)$$

即

$$p+\rho gh+\frac{1}{2}\rho v^2=\text{常数} \tag{8.48}$$

这就是稳定流体的伯努利方程：在稳定流体中，沿同一流线单位体积流体的动能，重力势能与该处的压强之和为常量。

综合以上各例，总结出应用动能定理解题的步骤：

（1）选取某质点或质点系为研究对象。

（2）选定应用动能定理的一段过程。

（3）分析力，计算各力在选定过程中所作的功，并求它们的代数和。

（4）分析运动，计算在选定的过程中，起点和终点的动能，或任一瞬时的动能。

（5）应用动能定理建立方程，求解未知量。

8.5　功率、功率方程和机械效率

1. 功率

在工程中不仅要知道力作了多少功，而且还要知道作出这些功花了多少时间。通常用单位时间内力作的功来度量力作功快慢的程度，称为功率，用 P 表示。

功率的数学表达式为

$$P=\frac{\delta W}{\mathrm{d}t} \tag{8.49}$$

由于力的元功可表示为 $\delta W=\boldsymbol{F}\cdot\mathrm{d}\boldsymbol{r}$，因此功率可写成

$$P=\boldsymbol{F}\cdot\frac{\mathrm{d}\boldsymbol{r}}{\mathrm{d}t}=\boldsymbol{F}\cdot\boldsymbol{v}=F_\tau v \tag{8.50}$$

其中 $\boldsymbol{v}$ 是力 $\boldsymbol{F}$ 作用点的速度。功率等于力与力作用点速度的乘积。

$$P=\frac{\delta W}{\mathrm{d}t}=M_z\frac{\mathrm{d}\varphi}{\mathrm{d}t}=M_z\omega \tag{8.51}$$

其中 M_z 是力对转轴 z 的矩，ω 是角速度。即力矩的功率等于力矩与角速度的乘积。

在 SI 制中，功率的单位为 W（瓦特）。工程中常用千瓦（kW）做单位。

功率是衡量机器工作能力的一个重要标志，每台机床、每部机器能够输出的最大功率是一定的，若需要大的力和力矩，则需降低速度或转速，例如，用机床加工时，如果切削力较大，必须选择较小的转速。又如汽车上坡时，为了获得较大的驱动力，驾驶员会换用低速挡。

2. 功率方程

取质点系功能定理的微分形式，两端除以 $\mathrm{d}t$，得

$$\frac{\mathrm{d}T}{\mathrm{d}t}=\sum\frac{\delta W_i}{\mathrm{d}t}=\sum P_i \tag{8.52}$$

式（8.52）称为功率方程，即质点系动能对时间的一阶导数，等于作用于质点系的所有力的功率的代数和。

功率方程常用来研究机器在工作时能量的变化和转化的问题。例如车床工作时，电场对电机转子作用的力作正功，使转子转动，电场力的功率称为输入功率。由于胶带传动、

齿轮传动和轴承与轴之间都有摩擦，摩擦力作负功，使一部分机械能转化为热能；传动系统中零件也会相互碰撞，也要损失一部分功率。这些功率都取负值，称为无用功率或损耗功率。车床切削工作时，切削阻力对夹持在车床主轴上的工件作负功，这是车床加工零件必须付出的功率，称为有用功率或输出功率。

每部机器的功率都可分为上述三部分。在一般情况下，式（8.51）可写成

$$\frac{\mathrm{d}T}{\mathrm{d}t}=P_{输入}-P_{有用}-P_{无用} \tag{8.53}$$

或

$$P_{输入}=P_{有用}+P_{无用}+\frac{\mathrm{d}T}{\mathrm{d}t} \tag{8.54}$$

一般来说，机器的运转都有三个阶段：启动阶段、正常稳定运转阶段和制动阶段，这三个阶段称为机器的一个循环。

机器启动时，速度逐渐增加，故$\frac{\mathrm{d}T}{\mathrm{d}t}>0$，这时，$P_{入}>P_{有}+P_{无}$，即输入功率要大于有用功率与无用功率之和。

机器刹车时（或负荷突然增加时），机器作减速运动，故$\frac{\mathrm{d}T}{\mathrm{d}t}<0$，这时，$P_{入}<P_{有}+P_{无}$，即输入功率要小于有用功率与无用功率之和。

机器正常稳定运转时，一般来说是匀速的，故$\frac{\mathrm{d}T}{\mathrm{d}t}=0$，此时，输入功率等于有用功率和无用功率之和。即

$$P_{入}=P_{有}+P_{无} \tag{8.55}$$

式（8.55）称为机器的功率平衡方程。

如果不考虑摩擦所消耗的功率，则 $P_{无}=0$，故 $P_{入}=P_{有}$，即

$$M_{入}\cdot\omega_{入}=M_{出}\cdot\omega_{出}$$

所以

$$M_{出}=M_{入}\cdot\frac{\omega_{入}}{\omega_{出}}=M_{入}\cdot i \tag{8.56}$$

其中，$i=\frac{\omega_{入}}{\omega_{出}}$表示传动比（速比），此式在机械运动中求力矩时会经常用到。

3. 机械效率

工程中，要用到有效功率的概念，有效功率$=P_{有用}+\frac{\mathrm{d}T}{\mathrm{d}t}$，有效功率与输入功率的比值称为机器的机械效率，用 η 表示，即

$$\eta=\frac{有效功率}{输入功率} \tag{8.57}$$

由式（8.57）可知，机械效率 η 表明机器对输入功率的有效利用程度，它是评定机器质量好坏的指标之一。显然，一般情况下，$\eta<1$。它与机械的传动方式、制造精度与工作条件有关。一般机械或机械零件转动的效率可在手册或有关说明中查到。

8.6　动力学普遍定理的综合应用

动力学普遍定理包括质点和质点系的动量定理、动量矩定理和动能定理。动量定理和动量矩定理是矢量形式，动能定理是标量形式，它们都是由质点的牛顿定律推出来的，都可应用研究机械运动，而动能定理还可以研究其他形式的运动能量转化问题。

动力学普遍定理提供了解决动力学问题的一般方法。动力学普遍定理的综合应用，大体上包括两方面的含义：一是能根据问题的已知条件和待求量，选择适当的定理求解，包括各种守恒情况的判断，相应守恒定理的应用。避开那些无关的未知量，直接求得需求的结果。二是对比较复杂的问题，能根据需要选用两、三个定理联合求解。

在选择定理时可参考以下几点：

(1) 与路程有关的问题用动能定理，与时间有关的问题用动量定理或动量矩定理。

(2) 已知主动力求质点系的运动用动能定理，已知质点系的运动求约束反力用动量定理或质心运动定理或动量矩定理，已知外力求质点系质心的运动用质心运动定理。

(3) 如果问题是要求速度或角速度，视条件而定。如质点系所受外力的主矢为零或在某轴上的投影为零，可用动量守恒定理求解。如质点系所受外力对某固定轴力矩的代数和为零，用对该轴的动量矩守恒定理。如质点系仅受有势力的作用或非有势力不作功，用机械能守恒定律。如作用在质点系上的非有势力作功，用动能定理。

(4) 如果问题中要求的是加速度或角加速度，可用动能定理求出速度（或角速度），然后再对时间求导，求出加速度（或角加速度），也可用功率方程、动量定理或动量矩定理求解。

对于定轴转动问题，可用定轴转动的微分方程求解，对于刚体的平面运动问题，可用平面运动微分方程求解。

求解过程中，要正确进行运动分析，提供正确的运动学补充方程。下面举例说明动力学普遍定理的综合应用。

【例 8.8】 均质细杆长为 l、质量为 m，静止直立于光滑水平面上。当杆受微小干扰而倒下时，求刚刚达到地面时的角速度及地面约束力。

解：由于地面光滑，直杆沿水平方向不受力，倒下过程中质心将铅直下落。设杆左滑于任一位置，如图 8.13 (a) 所示，P 为杆的瞬心。由运动学知杆的角速度

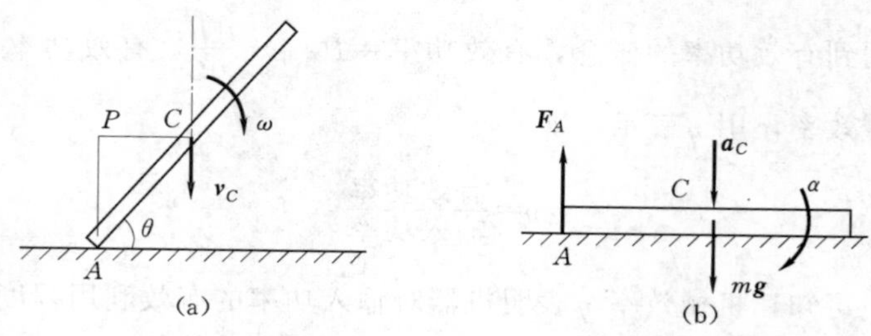

图 8.13

$$\omega=\frac{v_C}{CP}=\frac{av_C}{l\cos\theta}$$

杆的动能为

$$T=\frac{1}{2}mv_C^2+\frac{1}{2}J_C\omega^2$$

$$=\frac{1}{2}m\left(1+\frac{3}{\cos^2\theta}\right)v_C^2$$

初始动能为零，此过程只有重力作功，由动能定理得

$$\frac{1}{2}m\left(1+\frac{1}{3\cos^2\theta}\right)v_C^2=mg\,\frac{l}{2}(1-\sin\theta)$$

当 $\theta=0$ 时解得　　$v_C=\frac{1}{2}\sqrt{3gl}$，$\omega=\sqrt{\frac{3g}{l}}$

杆刚达到地面时，受力及加速度如图 8.13（b）所示，由刚体平面运动方程得

$$mg-F_N=ma_C \tag{a}$$

$$F_N\,\frac{l}{2}=J_C\alpha=\frac{ml^2}{12}\alpha \tag{b}$$

点 A 的加速度 $\boldsymbol{a}_A$ 为水平，由质心守恒，a_C 方向应为铅垂，由运动学知

$$\boldsymbol{a}_C=\boldsymbol{a}_A+\boldsymbol{a}_{CA}^n+\boldsymbol{a}_{CA}^\tau$$

上式往铅垂方向投影得　　$a_C=a_{CA}^\tau=\alpha\,\frac{l}{2}$　　(c)

由式（a）、式（b）、式（c）联立解得　　$F_N=\frac{mg}{4}$

【例 8.9】 一矿井提升设备如图 8.14（a）所示。质量为 m，回转半径为 ρ 的鼓轮装在固定轴 O 上。鼓轮上半径为 r 的轮上用钢索吊有一平衡重量 m_2g。鼓轮上半径为 R 的轮上用钢索牵引载重车，车重 m_1g。设车可在倾角为 α 的轨道上运动。如在鼓轮上作用一常力矩 M_0。求：（1）启动时载重车向上的加速度。

（2）两段钢索中的拉力。

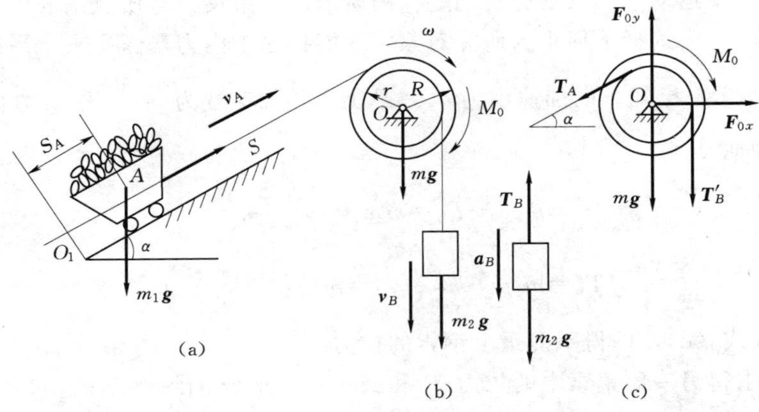

图 8.14

(3) 鼓轮轴承的约束反力。

解： 选取载重车、鼓轮、平衡重和钢索等组成的系统为研究的质点系。质点系受的主动力均为已知力，约束反力都不作功。

(1) 这是已知主动力求运动的问题，可以应用质点系动能定理求解。设开始时质点系处于静止，鼓轮顺时针转过角 φ 后，车的速度为 $\boldsymbol{v}_A$，鼓轮的角速度为 ω，平衡重的速度为 $\boldsymbol{v}_B$。相应地车沿斜面向上走过的距离为 S_A，平衡重下降距离为 S_B。应用质点系动能定理积分形式得

$$\left(\frac{1}{2}m_1v_A^2+\frac{1}{2}m_2v_B^2+\frac{1}{2}J_0\omega^2\right)-0=M_0\varphi+m_2gS_B-m_1gS_A\sin\alpha \tag{a}$$

其中

$$\left.\begin{aligned}v_B&=\omega r=\frac{v_Ar}{R}\\S_B&=\varphi r=\frac{S_Ar}{R}\end{aligned}\right\} \tag{b}$$

将式 (b) 代入式 (a) 有

$$\frac{1}{2}\left(m_1+m_2\frac{r^2}{R^2}+m\frac{\rho^2}{R^2}\right)v_A^2=\left(\frac{M_0}{R}+\frac{m_2gr}{R}-m_1g\sin\alpha\right)S_A$$

因为 S_A 和 v_A 是任意瞬时车的质心的坐标和速度，它们都是时间的函数，故可将上式对时间求导，得

$$a_A\left(m_1+m_2\frac{r^2}{R^2}+m\frac{\rho^2}{R^2}\right)=\frac{M_0}{R}+\frac{m_2gr}{R}-m_1g\sin\alpha$$

车的加速度为

$$a_A=\frac{\dfrac{M_0}{g}-m_1R\sin\alpha+m_2r}{m_1R^2+m_2r^2+m\rho^2}\cdot R\cdot g \tag{c}$$

(2) 这是已知运动求约束反力的问题。因所求的约束反力是质点系的内力，应用动量或动量矩定理时，要选择平衡重为研究对象，才能把这个内力暴露出来。平衡重的受力如图 8.14 (b) 所示。已知车的加速度为 $\boldsymbol{a}_A$，平衡重的加速度为 $a_B=\dfrac{a_Ar}{R}$，方向向下。应用质点系动量定理

$$m_2g-T_B=m_2a_B=m_2\frac{r}{R}a_A$$

得

$$T_B=m_2g-m_2\frac{r}{R}a_A=m_2g\left(1-\frac{r}{R}\frac{a_A}{g}\right) \tag{d}$$

将式 (c) 代入式 (d)，即得平衡重上钢索的拉力。

(3) 为了求得另一段钢索中的拉力 $\boldsymbol{T}_A$ 和鼓轮的轴承 O 的约束力 $\boldsymbol{F}_{0x}$ 和 $\boldsymbol{F}_{0y}$，应选取鼓轮为研究对象，它的受力如图 8.14 (c) 所示。图中 $T_B=T'_B$。

先应用质点系动量矩定理，因未知约束反力对 O 点的力矩为零，若选 O 点为矩心，

则约束反力不出现。设鼓轮的角加速度为 α，顺时针转向，$\alpha=\dfrac{a_A}{R}$ 。根据质点系对 O 轴的动量矩定理得

$$J_0\alpha=M_0+T'_Br-T_AR$$

$$m\rho^2\frac{a_A}{R}=M_0+T_Br-T_AR$$

得
$$T_A=\frac{M_0+T_Br}{R}-m\frac{\rho^2}{R^2}a_A=\frac{M_0+m_2gr}{R}-\frac{m_2r^2+m\rho^2}{R^2}a_A \tag{e}$$

将式（c）代入式（e），即得载重车上钢索的拉力公式。式（d）和式（e）中含有 a_A 的项即为附加的动约束反力。

再应用质心运动定理，因鼓轮的质心即轮的中心 O，其加速度恒等于零，故

$$ma_{0x}=\boldsymbol{F}_{0x}-T_A\cos\alpha=0$$
$$ma_{0y}=\boldsymbol{F}_{0y}-T_A\sin\alpha-T'_B-mg=0$$

于是求得

$$\boldsymbol{F}_{0x}=T_A\cos\alpha=\left(\frac{M_0+m_2gr}{R}-\frac{m_2r^2+m\rho^2}{R^2}a_A\right)\cos\alpha$$

$$\begin{aligned}\boldsymbol{F}_{0y}&=T_A\sin\alpha+T_B+mg\\&=\left(\frac{M_0+m_2gr}{R}-\frac{m_2r^2+m\rho^2}{R^2}a_A\right)\sin\alpha+m_2g\left(1-\frac{r}{R}\frac{a_A}{g}\right)+mg\end{aligned}$$

将式（c）代入以上两式中，即为所求的轴承 O 的反力，其中含有 $\boldsymbol{a}_A$ 项为附加的动约束反力。

从上例可以看出，综合应用普遍定理解决动力学问题时，如果系统是一个较复杂的自由系统，且主动力为已知，一般首先采用动能定理，并取整个系统为研究对象，列出一个数量方程，即可求得该系统的运动（加速度或速度与位移的关系）。在已知运动后，再应用动量（或质心运动）定理或动量矩定理求某些未知的约束反力。当系统具有两个以上自由度时，未知量常为两个以上，动能定理只能提供一个数量方程，因此常需要再取某些部分为分离体，并应用其他普遍定理，建立足够的方程，联立求解，才能解决全部问题。

习　　题

8-1　计算如习题 8-1 图所示中各系统的动量：

（1）习题 8-1（a）图中质量为 M 的圆盘，圆心具有速度 $\boldsymbol{v}_0$ 沿水平面滚动。

（2）习题 8-1（b）图中非匀质圆盘以角速度 ω 绕 O 轴转动，圆盘质量为 M，质心为 C，$OC=a$。

（3）习题 8-1（c）图中 AB 为均质杆，重为 Q。

(4) 习题 8－1 (d) 图中，设各物体均重 Q，C_1、C_2 及 A 分别为 OA、BD 及滑块 A 的质心，求系统的动量。

(5) 习题 8－1 (e) 图所示外啮合行星齿轮机构中，已知齿轮 1 的质量是 m_1，为均质圆盘；两轮的半径分别是 r_1 和 r_2；曲柄是均质杆，质量是 m_0，求当曲柄角速度为 ω 时整个系统的动量。

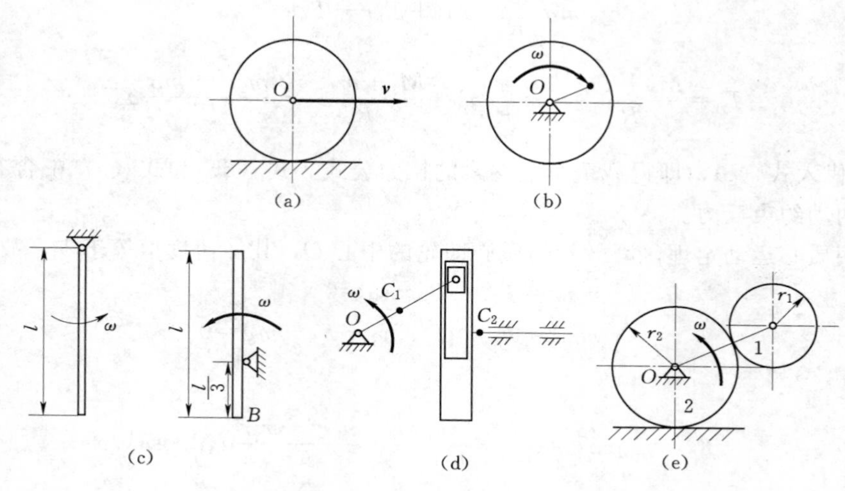

习题 8－1 图

8－2　跳伞者重 600N，从停留在高空中的直升机中跳出。落下 100m 后，将降落伞打开。打开伞以前的空气阻力略去不计，并设在伞张开后运动所受的阻力不变；经 5s 后，跳伞者的速度减至 4.3m/s。设伞重不计，求阻力的大小。

8－3　重 $P=150$N 的物体，在水平力 $F_1=100\sqrt{t}$ 及 $F_2=t-20$（力以 N 计，时间以 s 计）作用下，沿光滑水平面由静止开始作直线运动。求 10s 末的速度。

8－4　如习题 8－4 图所示，滑块 C 的质量 $m=19.6$kg，在力 $P=866$N 的作用下沿与水平面成倾角 $\beta=30°$的导杆 AB 运动。已知力 $\boldsymbol{P}$ 与导杆 AB 之间的夹角 $\alpha=45°$，滑块与导杆间的动摩擦系数 $f'=0.2$，初瞬时滑块静止，试求滑块的速度增大到 $v=2$m/s 所需的时间。

8－5　设一质量 $m=10$kg 的邮包从传送带上以速度 $v_1=3$m/s 沿斜面落入一小车内，如习题 8－5 图所示。已知车的质量 $M=50$kg，原处于静止，不计车与地面的摩擦，求：

(1) 邮包落入车后，小车的速度。

(2) 设邮包与车厢相碰时间 $\tau=0.3$s，地面所受的平均压力。

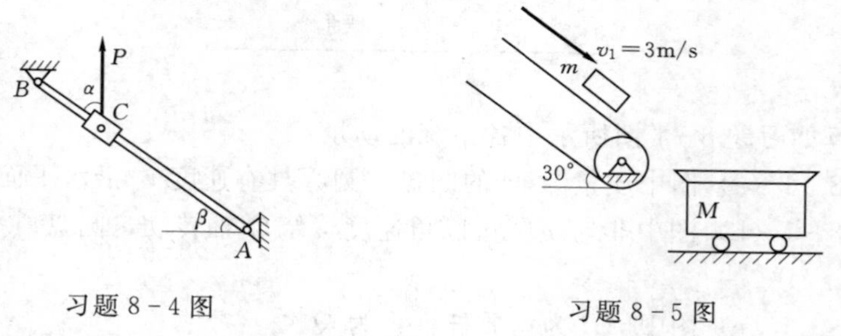

习题 8－4 图　　习题 8－5 图

8-6　三个重物 $P_1=20\text{kg}$，$P_2=15\text{kg}$，$P_3=10\text{kg}$，由一绕过两个定滑轮 M 和 N 的绳子相连接，如习题 8-6 图所示。当重物 P_1 下降时，重物 P_2 在四角截头锥 $ABCD$ 的上面向右移动，而重物 P_3 则沿侧面 AB 上升。截头锥重 $P=100\text{N}$。如略去一切摩擦和绳子的质量，求当重物 P_1 下降 1m 时，截头锥相对地面的位移。

8-7　水平面上放一均质三棱柱 A，在此三棱柱上又放一均质三棱柱 B。两三棱柱的横截面均为直角三角形。三棱柱 A 的质量 m_A 为三棱柱 B 的质量 m_B 的三倍，其尺寸如习题 8-7 图所示，设各处摩擦不计，初始时系统静止，求当三棱柱 B 沿三棱柱 A 滑下接触到水平面时，三棱柱 A 所移动的距离 S。

8-8　如习题 8-8 图所示的凸轮机构中，凸轮以等角速度 ω 绕定轴 O 转动。重 P 的滑杆借右端弹簧的推压而顶在凸轮上，当凸轮转动时，滑杆作往复运动。设凸轮为一均质圆盘，重量为 Q，半径为 r，偏心距为 e。求在任一瞬时机座螺钉的总动反力。

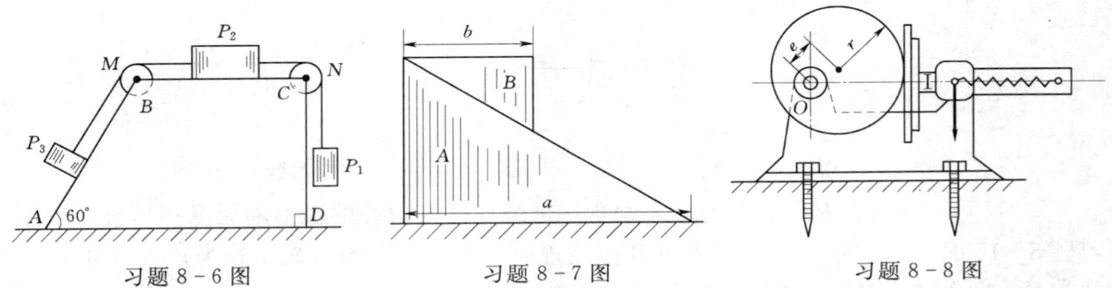

习题 8-6 图　　习题 8-7 图　　习题 8-8 图

8-9　曲柄 AB 长为 r，重 $\boldsymbol{P}_1$，受力偶作用，以不变的角速度 ω 转动，并带动滑槽连杆以及与它固连的活塞 D 运动，如习题 8-9 图所示。滑槽、连杆和活塞共重 $\boldsymbol{P}_2$，质心在 C 点。在活塞上作用一恒力 $\boldsymbol{Q}$。如导板的摩擦略去不计，求作用在曲柄轴 A 上的最大水平分力。

8-10　如习题 8-10 图所示，滑轮中两重物 A 和 B 的重量分别为 $\boldsymbol{P}_1$ 和 $\boldsymbol{P}_2$。如 A 物的下降加速度为 $\boldsymbol{a}$，不计滑轮重量，求支座 O 的反力。

8-11　均质杆 OA 长为 $2l$，重 P，绕通过 O 端的水平轴在竖直面内转动，设转动到与水平成角 φ 时，角速度与角加速度分别为 ω 及 α，试求这时杆在 O 端所受的反力。

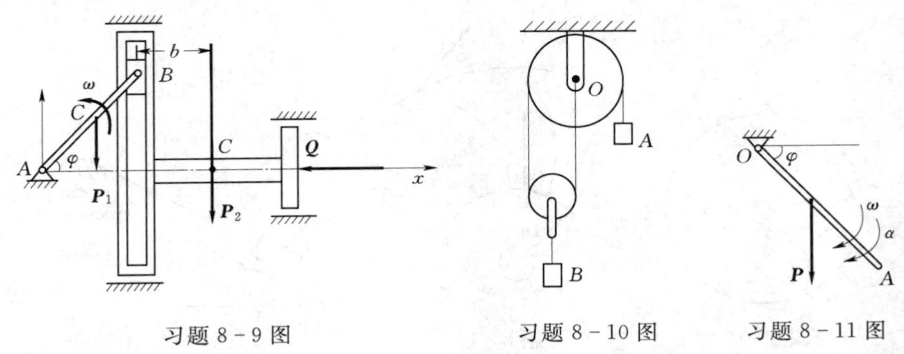

习题 8-9 图　　习题 8-10 图　　习题 8-11 图

8-12　求水柱对涡轮固定压片上的压力的水平分量。已知水的流量为 Q，比重为 γ；水打在叶片上的速度为$\boldsymbol{v}$，方向水平向左；水流出叶片的速度为$\boldsymbol{v}_2$，与水平成 α 角。

8-13　如习题 8-13 图所示，均质圆盘，半径为 R，质量为 m。细杆长 l，绕轴 O 转动，角速度为 ω。求下列三种情况下圆盘对固定轴 O 的动量矩。

（1）圆盘固结于杆；（2）圆盘绕 A 轴转动，相对于杆 OA 的角速度为 $-\omega$；（3）圆盘绕 A 轴转动，相对于杆 OA 的角速度也为 ω。

8-14　小锤系于线 MOA 的一端，此线穿过一铅垂小管。如习题 8-14 图所示，小锤绕管轴沿半径 $MC=R$ 的圆周运动，每分钟 120 转。现将线段 OA 慢慢向下拉，使外面的线段缩短到 OM_1 的长度，此时小锤沿半径 $C_1M_1=R/2$ 的圆周运动。求小锤沿此圆周每分钟的转数。

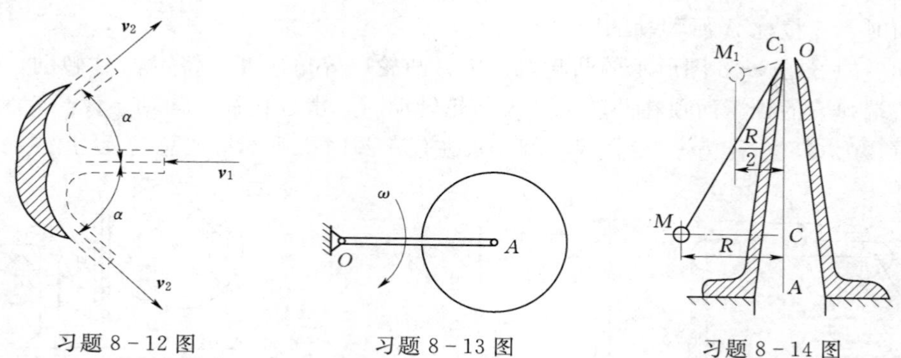

习题 8-12 图　　习题 8-13 图　　习题 8-14 图

8-15　一半径为 R，重 P 的均质圆盘，可绕通过其中心的铅垂轴无摩擦地旋转。如习题 8-15 图所示，另一重 P 的人由 B 点按规律 $s=at^2/2$ 沿到 O 轴半径为 r 的圆周行走。开始时，圆盘与人静止，求圆盘的角速度和角加速度。

8-16　如习题 8-16 图所示，离心式空气压缩机的转速为 $n=8600\text{r/min}$，每分钟容积流量为 $Q=370\text{m}^3/\text{min}$，第一级叶轮气道进口直径为 $D_1=0.355\text{m}$，出口直径为 $D_2=0.6\text{m}$。气流进口绝对速度 $v_1=109\text{m/s}$，与切线成角 $\alpha_1=90°$；气流出口绝对速度 $v_2=183\text{m/s}$，与切线成角 $\alpha_2=21°31'$。设空气密度 $\rho=1.6\text{kg/m}^3$，试求这一级叶轮的转矩。

8-17　高炉运送矿石用的卷扬机如习题 8-17 图所示。已知鼓轮的半径为 R，重量为 P，在铅直平面内绕水平的轴 O 转动。小车和矿石总重量为 Q，作用在鼓轮上的力矩为 M，轨道的倾角为 α。设绳的重量和各处的摩擦均忽略不计，求小车的加速度。

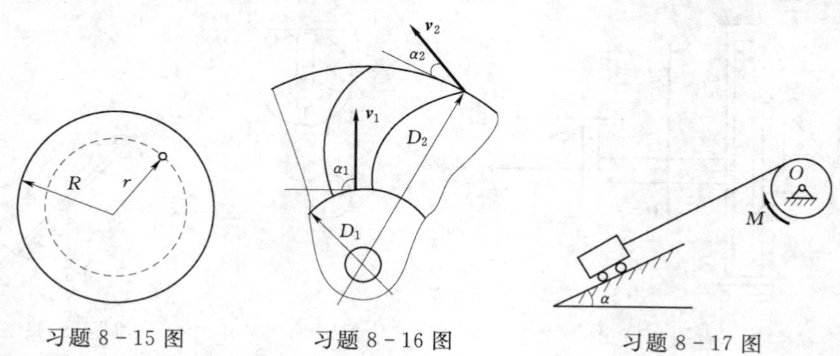

习题 8-15 图　　习题 8-16 图　　习题 8-17 图

8-18　电绞车提升一重 m 的物体，在其主动轴上有一不变的力矩 M。如习题 8-18 图所示，已知主动轴与从动轴和连同安装在这两轴上的齿轮以及其他附属零件的转动惯量分别为 J_1 和 J_2，传动比 $Z_2:Z_1=K$；吊车缠绕在鼓轮上，此轮半径为 R。设轴承的摩擦以及吊索的质量均略去不计，求重物的加速度。

8-19　如习题8-19图所示，两个物体A和B的质量各为m_1和m_2，且$m_1>m_2$，分别挂在两条不可伸长的绳子上，此两绳分别绕在半径为r_1和r_2的塔轮上，物体受重力的作用而运动。试求塔轮的角加速度及轴承的反力。设塔轮的质量与绳的质量均可忽略不计。

8-20　如习题8-20图所示，弹簧原长$l=10\text{cm}$，刚性系数$k=4.9\text{kN/m}$，一端固定在点O处，此点在半径为$R=10\text{cm}$的圆周上。如弹簧的另一端由点B拉至点A和由点A拉到点D，分别计算弹性力所作的功。已知$AC\perp BC$、OA和BD为直径。

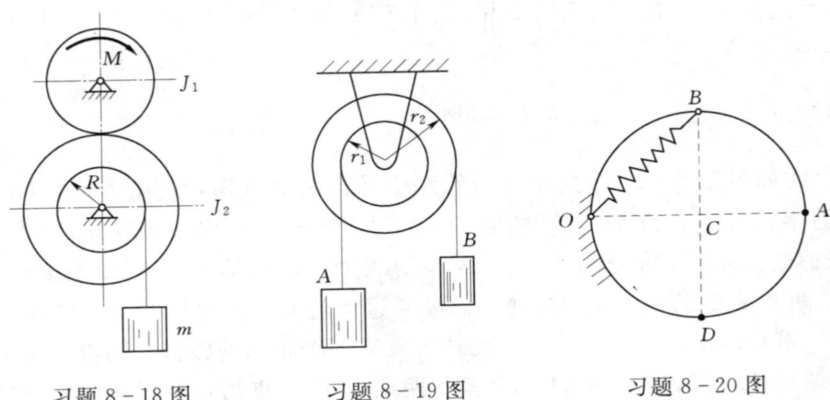

习题8-18图　习题8-19图　习题8-20图

8-21　如习题8-21图所示的坦克的履带重P，每个车轮重Q。车轮被视为均质圆盘，半径为R，两车轮轴间的距离为πR。设坦克前进的速度为v，试计算此质点系的动能。

8-22　如习题8-22图所示，一物体A由静止沿倾角为α的斜面下滑，滑过的距离为s_1，接着在平面上滑动，经距离s_2而停止。如果物体A与斜面和平面间的摩擦系数都相同，求摩擦系数f'。

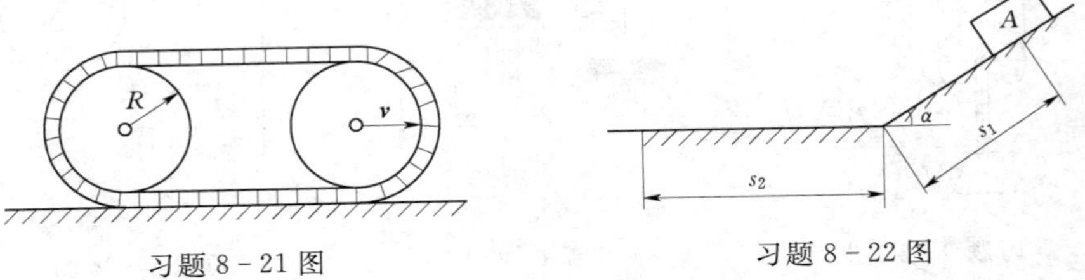

习题8-21图　习题8-22图

8-23　质量为2kg的物体在弹簧上处于静止，如习题8-23图所示。弹簧的刚性系数k为400N/m。现将质量为4kg的物块B放置在物块A上，刚接触就释放它。求：

（1）弹簧对两物块的最大作用力。

（2）两物块得到的最大速度。

8-24　如习题8-24图所示轴Ⅰ和轴Ⅱ（连同安装在其上的带轮和齿轮等）的转动惯量分别为$J_1=5\text{kg}\cdot\text{m}^2$和$J_2=4\text{kg}\cdot\text{m}^2$。已知齿轮的传动比$\dfrac{\omega_1}{\omega_2}=\dfrac{3}{2}$，作用于轴Ⅰ上的力矩$M_1=50\text{N}\cdot\text{m}$，系统由静止开始运动。求Ⅱ轴要经过多少转后，转速能达到$n_2=120\text{r/min}$?

8-25　一不变的力矩M作用在绞车的鼓轮上，使轮转动，如习题8-25图所示。轮

的半径为 r，质量为 m_1。缠绕在鼓轮上的绳子系一质量为 m_2 的重物，使其沿倾角为 α 斜面上升。重物对斜面的滑动摩擦系数为 f'，绳子质量不计，鼓轮可视为均质圆柱。开始时，此系统处于静止。求鼓轮转过 φ 角时的角速度和角加速度。

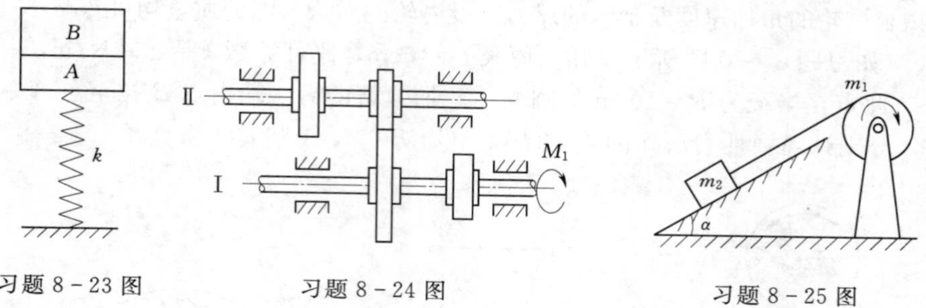

习题 8-23 图　　习题 8-24 图　　习题 8-25 图

8-26　在如习题 8-26 图所示的滑轮组中悬挂两个重物，其中 M_1 重 P，M_2 重 Q。定滑轮 O_1 的半径为 r_1，重 W_1；动滑轮 O_2 的半径为 r_2，重 W_2。两轮都视为均质圆盘。如绳重和摩擦略去不计，并设 $P>2Q-W_2$，求重物 M_1 由静止到下降距离 h 时的速度。

8-27　两个重 Q 的物体用绳连接，此绳跨过滑轮 O，如习题 8-27 图所示。在左方物体上放有一带孔的薄圆板，而在右方物体上放有两个相同的圆板，圆板均重 P。此质点系由静止开始运动，当右方重物 $Q+2P$ 落下距离 x_1 时，重物 Q 通过一固定圆环板，而其上重 $2P$ 的薄板被搁住。如该重物 Q 下降了距离 x_2，然后停止，求 x_2 与 x_1 的比。设摩擦和滑轮质量不计。

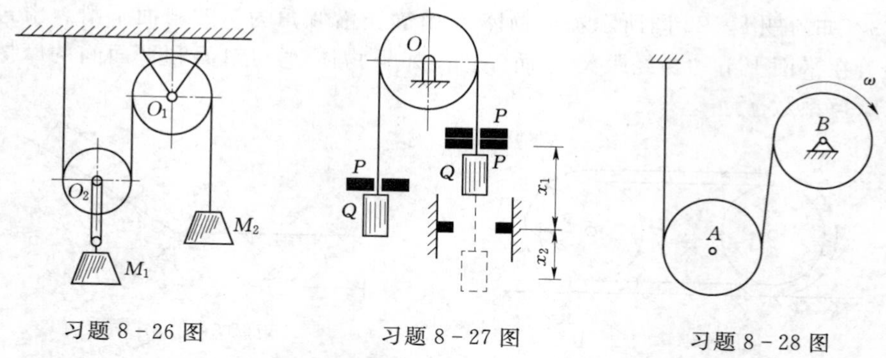

习题 8-26 图　　习题 8-27 图　　习题 8-28 图

8-28　A、B 两圆盘的质量都是 10kg，半径 r 都等于 0.3m，用绳子连接如习题 8-28图所示。设正在旋转的 B 盘的角速度 $\omega=20\text{rad/s}$，求当 B 盘角速度减至 4rad/s 时，A 盘上升的距离。

8-29　周转齿轮传动机构放在水平面内，如习题 8-29 图所示。已知动齿轮半径为 r，重 P 可看成为均质圆盘；曲柄 OA 重 Q，可看成为均质杆；定齿轮半径为 R。今在曲柄上作用一不变的力偶，其矩为 M，使此机构由静止开始运动。求曲柄转过 φ 角后的角速度和角加速度。

8-30　椭圆规位于水平面内，由曲柄 OC 带动规尺 AB 运动，如习题 8-30 图所示。曲柄和椭圆规尺都是均质杆，重量分别为 P 和 $2P$，且 $OC=AC=BC=l$，滑块 A 和 B 重

量均为 Q。如作用在曲柄上的力矩为 M，设 $\varphi=0$ 时系统静止，忽略摩擦，求曲柄的角速度（以转角 φ 的函数表示）和角加速度。

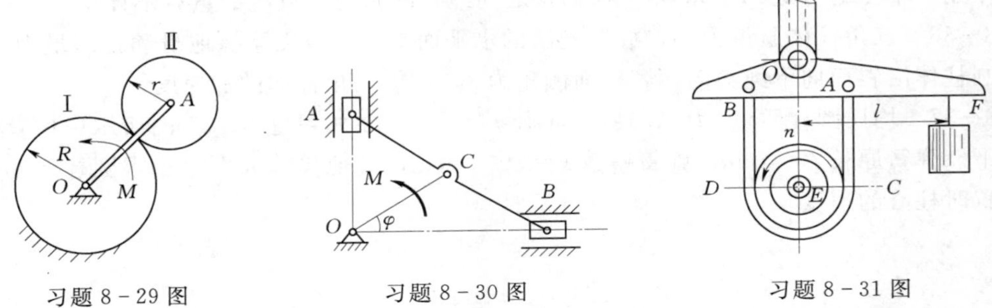

习题 8-29 图　　习题 8-30 图　　习题 8-31 图

8-31　如习题 8-31 图所示，测定机器功率的动力计，由胶带 $ACDB$ 和杠杆 BF 组成。胶带具有铅直的两端 AC 和 BD，并套住机器的滑轮 E 的下半部，而杠杆则搁在支点 O 上。借升高或降低支点 O，可以变更胶带的张力，同时变更轮与胶带间的摩擦力。挂一重锤重 $P=20\text{N}$，使杠杆 BF 处于水平的平衡位置，如力臂 $l=50\text{cm}$，发动机转速 $n=240\text{r/min}$，求发动机的功率。

8-32　如习题 3-32 图所示，重物 M 悬挂在弹簧上，弹簧另一端则固定在位于铅垂平面内一圆环的最高点 A 处。重物不受摩擦地沿圆环滑下。已知圆环的半径为 20cm，重物重 5kg，在初瞬时 $AM_0=20\text{cm}$，且为弹簧的原长，重物初速度为零。试求欲使重物在最低点时对圆环的压力等于零，弹簧刚性系数 k 应多大？

8-33　如习题 8-33 图所示均质直杆 OA，杆长为 l，重为 P，在常力偶的作用下在水平面内从静止开始绕 z 轴转动，设力偶矩为 M。求：

（1）经过时间 t 后杆的动量，对 z 轴的动量矩和动能的变化。

（2）轴承的动反力。

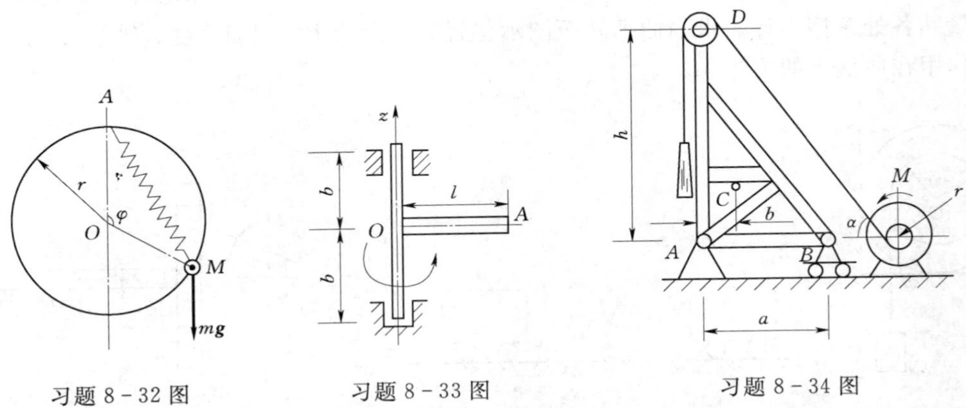

习题 8-32 图　　习题 8-33 图　　习题 8-34 图

8-34　如习题 8-34 图所示，打桩机支架的质量 $m_1=2t$，重心为 C，支架底宽 $a=4\text{m}$，高 $h=10\text{m}$，又知 $b=1\text{m}$。打桩锤质量为 $m_2=0.7t$。铰车转筒半径 $r=0.2\text{m}$，质量 $m_3=0.5t$，回转半径 $\rho=0.2\text{m}$。拉索与水平夹角 $\alpha=60°$。在铰盘上作用一转矩 $M=1962\text{N}\cdot\text{m}$。求支座 A、B 的约束反力。设滑车 D 的尺寸和质量均可不计。

8-35　如习题 8-35 图所示，轮 A 和 B 可视为均质圆盘，半径都为 R，重为 Q。绕在两轮上的绳索中间连着物块 C，设物块 C 重为 P，且放在理想光滑的水平面上。今在轮 A 上作用一不变的力矩 M。求轮 A 与物块之间绳索的张力。设绳的重量不计。

8-36　三角柱体质量为 m，放在光滑的水平面上，可以无摩擦地滑动，质量为 M 的均质圆柱体沿斜面向下纯滚动，若斜面倾角为 α，试求三角柱体的加速度。

8-37　均质圆柱质量 $M=4.1\text{kg}$，半径 $r=1\text{cm}$，在如习题 8-37 图所示中位置由静止滚下。弹簧原长 $l_0=7\text{cm}$，弹簧系数 $k=30\text{N}\cdot\text{cm}$，其他尺寸如图示。求圆柱运动到水平位置时柱心的速度。

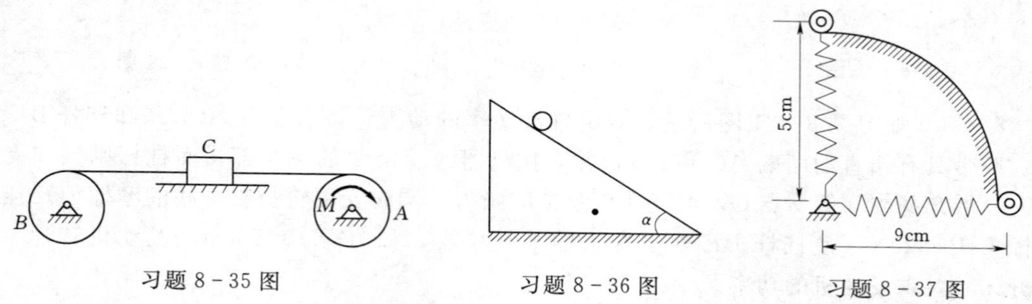

习题 8-35 图　　习题 8-36 图　　习题 8-37 图

8-38　鼓轮质量为 m_1，对于中心轴的回转半径为 ρ，置于摩擦系数为 f 的粗糙水平面上，并与光滑铅直墙接触，如习题 8-38 图所示。重物 A 的质量为 m_2，求 A 的加速度和鼓轮所受的约束反力。

8-39　一弹簧两端各系一重物 A 和 B，放置在光滑面上，如习题 8-39 图所示。A 的质量为 m_1，B 的质量为 m_2，若弹簧的弹簧系数为 k，原长为 l_0，今将弹簧拉到 l，然后无初速地释放。求当弹簧回到原来长度时，A、B 两物体的速度各为多少？

8-40　如习题 8-40 图所示为曲柄滑槽机构，均质曲柄 OA 绕水平轴 O 作匀角速度转动，角速度为 ω_0，已知曲柄 OA 重 P，$OA=r$，滑槽 BC 重 P_2（重心在点 D）。滑块 A 的重量和各处摩擦不计。求当曲柄转至图示位置时，滑槽 BC 的加速度、轴承 O 的动反力以及作用在曲柄上的力矩 M。

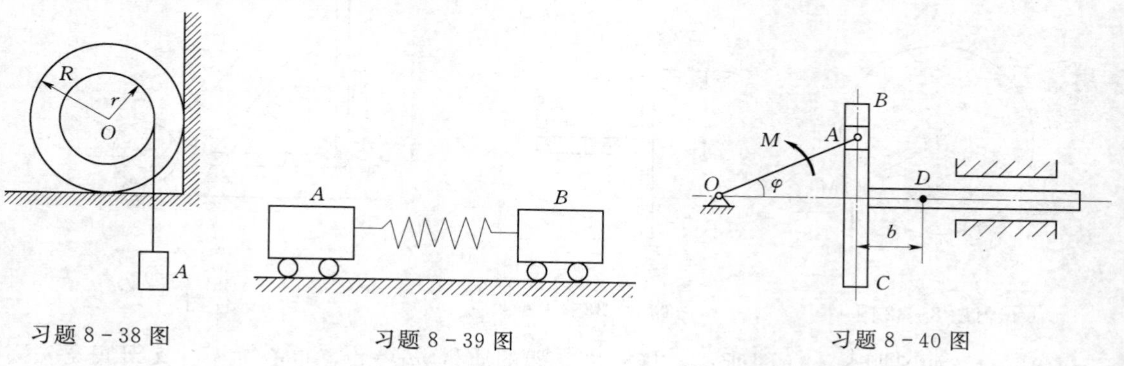

习题 8-38 图　　习题 8-39 图　　习题 8-40 图

第9章 达朗贝尔原理

前面介绍了用微分方程求解动力学问题，下面介绍达朗贝尔原理，通过引入惯性力的概念，把动力学问题用列平衡方程的方法求解，这种方法又称为“动静法”。

9.1 质点的达朗贝尔原理

如图 9.1 所示，质量为 m 的质点沿曲线轨道运动，受主动力 $\boldsymbol{F}$ 和约束力 $\boldsymbol{F}_N$ 作用，由牛顿第二定律有

$$\boldsymbol{F}+\boldsymbol{F}_N=m\boldsymbol{a}$$

即

$$\boldsymbol{F}+\boldsymbol{F}_N-m\boldsymbol{a}=0$$

令

$$\boldsymbol{F}_I=-m\boldsymbol{a}$$

则有

$$\boldsymbol{F}+\boldsymbol{F}_N+\boldsymbol{F}_I=0 \tag{9.1}$$

式（9.1）中 $\boldsymbol{F}_I$ 具有力的量纲，且与质点的质量有关，称其为质点的惯性力，可以想象为当质点加速运动时外部物质世界作用在质点上的一个场力，其大小等于质点的质量与其加速度的乘积，方向与质点加速度方向相反。惯性力与参考系相关。式（9.1）就是质点的达朗贝尔原理：作用在质点上的所有主动力、约束力和惯性力在形式上组成平衡力系。

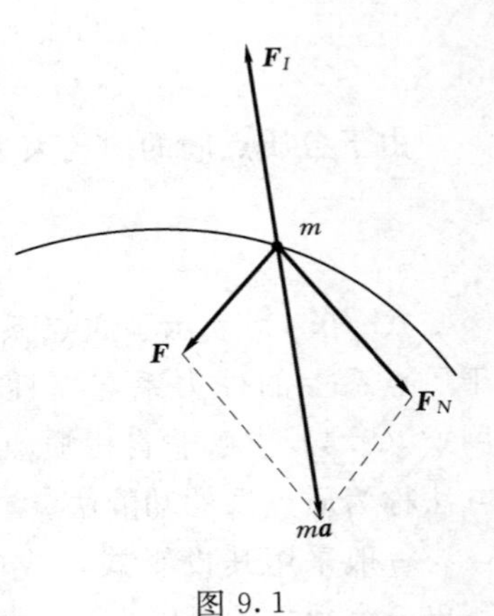

图 9.1

应该注意，质点并非处于平衡状态，这样做的目的是将动力学问题转化为静力学问题，即采用静力学的方法和技巧，求解动力学问题。例如求非自由质点系的动约束力或动内力问题时，由于这一方法具有很多优越性，在工程中应用广泛。

【例 9.1】 有一圆锥摆如图 9.2 所示，质量 $m=1\text{kg}$ 的小球系于长 $l=30\text{cm}$ 的绳上，绳的另一端则系在固定点 O，并与铅直线成 $\alpha=60°$ 角。如小球在水平面内作匀速圆周运动，求小球的速度与绳的张力大小。

解： 以重物为研究的质点如图 9.2 所示，在质点上除作用有重力 $\boldsymbol{P}$ 和绳拉力 $\boldsymbol{T}$ 外，

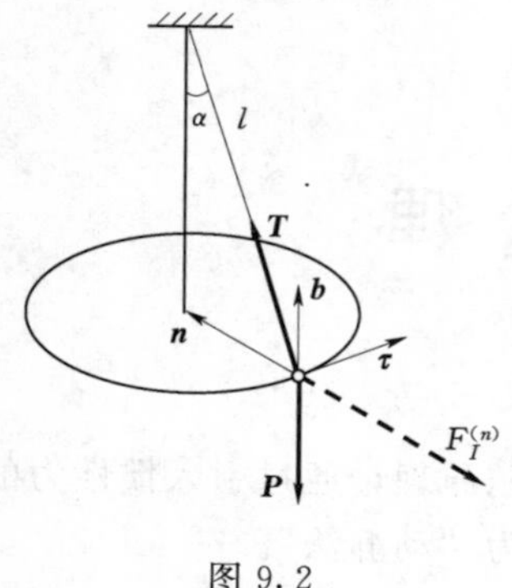

图 9.2

加上法向惯性力 $\boldsymbol{F}_I^{(n)}$，则

$$F_I^{(n)}=\frac{P}{g}a_n=\frac{Pv^2}{gl\sin\alpha}$$

根据达朗伯原理，这三个力在形式上组成平衡力系，即

$$T+P+F_I^{(n)}=0$$

取上式在自然轴上的投影式有

$$T\sin\alpha-F_I^{(n)}=0$$

$$T\cos\alpha-P=0$$

则
$$T=\frac{P}{\cos\alpha}=\frac{1\times 9.8}{\cos 60^\circ}=19.6(\mathrm{N})$$

$$v=\sqrt{\frac{Tgl\sin^2\alpha}{P}}=2.1(\mathrm{m/s})$$

9.2　质点系的达朗贝尔原理

设质点系由 n 个质点组成，作用于第 i 个质点上的所有力分为外力的合力 $\boldsymbol{F}_i^e$，内力的合力 $\boldsymbol{F}_i^i$，质点的质量和加速度分别为 m_i，$\boldsymbol{a}_i$，由质点达朗贝尔原理［式（9.1）］得

$$\begin{cases}\boldsymbol{F}_i^e+\boldsymbol{F}_i^i+\boldsymbol{F}_{Ii}=0\\ \boldsymbol{F}_{Ii}=-m_i\boldsymbol{a}_i\quad(i=1,2,\cdots,n)\end{cases}\tag{9.2}$$

即每个质点的 $\boldsymbol{F}_i^e\boldsymbol{F}_i^i\boldsymbol{F}_{Ii}$ 组成平衡汇交力系。根据加、减平衡力系公理，这 n 个平衡的汇交力系组成一个空间的平衡力系，力系的主矢和对任一点的主矩应同时为零，即空间任意力系平衡的充分必要条件是

$$\begin{cases}\boldsymbol{F}_R=\sum\boldsymbol{F}_i^e+\sum\boldsymbol{F}_i^i+\sum\boldsymbol{F}_{Ii}=0\\ \boldsymbol{M}_O=\sum\boldsymbol{M}_O(\boldsymbol{F}_i^e)+\sum\boldsymbol{M}_O(\boldsymbol{F}_i^i)+\sum\boldsymbol{M}_O(\boldsymbol{F}_{Ii})=0\end{cases}\tag{9.3}$$

由于各质点间的内约束力成对出现，等值反向，故式（9.3）成为

$$\begin{cases}\sum\boldsymbol{F}_i^e+\sum\boldsymbol{F}_{Ii}=0\\ \sum\boldsymbol{M}_O(\boldsymbol{F}_i^e)+\sum\boldsymbol{M}_O(\boldsymbol{F}_{Ii})=0\end{cases}\tag{9.4}$$

式（9.4）表示了质点系的达朗贝尔原理：作用于质点系上的外力系与惯性力系组成平衡力系。应用式（9.4）求解非自由质点系动约束力或动内力的方法称为质点系的动静法。

一般采用其投影式，式中的两个矢量式总共可写出 6 个独立的投影方程。

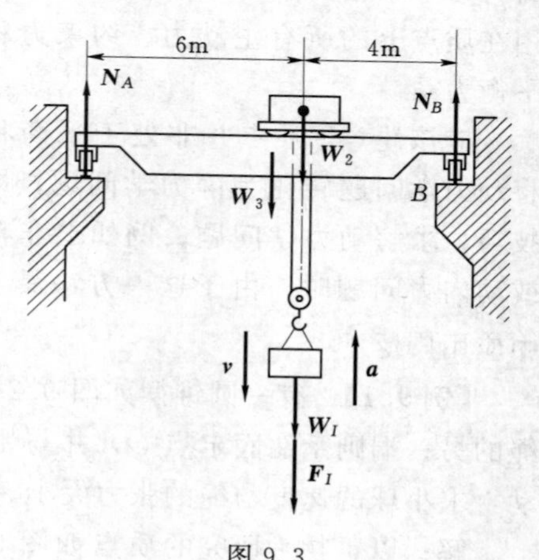

图 9.3

【例 9.2】　桥式起重机的桥梁质量为 $m_3=1000\mathrm{kg}$，吊车质量为 5000kg，吊车吊一个质量为 $m_1=2000\mathrm{kg}$ 的重物下放如图 9.3 所示。吊车刹车时重物的加速度为 $a=0.5\mathrm{m/s^2}$，求此时 A、B 处的约束反力。吊车所处的位置如图 9.3 所示。

解：取桥梁、吊车、重物组成的系统为研究对象，其中只有重物为不平衡物体（有加速度）。为了用达朗伯尔原理来进行计算，应先在重物上附加上它的惯性力，其方向与 $\boldsymbol{a}$ 相反，大小为

$$F_I = m_1 a = 2000 \times 0.5 = 1000(\text{N})$$

然后将整个系统所受的主动力 $\boldsymbol{W}_1$、$\boldsymbol{W}_2$、$\boldsymbol{W}_3$，约束反力 $\boldsymbol{N}_A$、$\boldsymbol{N}_B$ 和惯性力 $\boldsymbol{F}_I$ 组成的力系看作平衡力系，用静力学平衡方程求解。

$$\sum m_B(\boldsymbol{F}) = 0$$

$$-N_A \times (6+4) + (W_1 + F_I) \times 4 + W_2 \times 4 + W_3 \times 5 = 0$$

$$N_A = [(2000 \times 9.81 + 1000 + 5000 \times 9.81) \times 4 + 1000 \times 9.81 \times 5]/10$$
$$= 15100(\text{N}) = 15.1(\text{kN})$$

$$\sum Y = 0$$

$$N_B + N_A - W_1 - W_2 - W_3 - F_I = 0$$

则 $N_B = (W_1 + W_2 + W_3 + F_I) - N_A = 3500 \times 9.81 + 1000 - 15100 = 20200(\text{N}) = 2.02(\text{kN})$

9.3　刚体惯性力系的简化

应用动静法求解质点动力学问题的关键是正确添加惯性力。对于单个质点，其惯性力很简单，但对于刚体来说，其惯性力就较复杂了，因为刚体上的质点为无穷多，要在每个质点上加上惯性力，显然不便进行，所以应当将刚体上分布的惯性力系进行简化和计算，用惯性力系的主矢和主矩表示。

1. 平移刚体

刚体平移时，其内各质点的加速度相同，并等于质心的加速度 $\boldsymbol{a}_c$，因而刚体内各点的惯性力组成一平行力系，即

$$\boldsymbol{F}_I = \sum \boldsymbol{F}_{Ii} = \sum[-(m_i \boldsymbol{a}_i)] = -\boldsymbol{a}_c \sum m_i = -m\boldsymbol{a}_c \tag{9.5}$$

所以刚体平移时，其惯性力系简化为通过质心的一个合力，大小等于刚体的总质量与质心加速度的乘积，方向与质心加速度的方向相反，如图 9.4 所示。

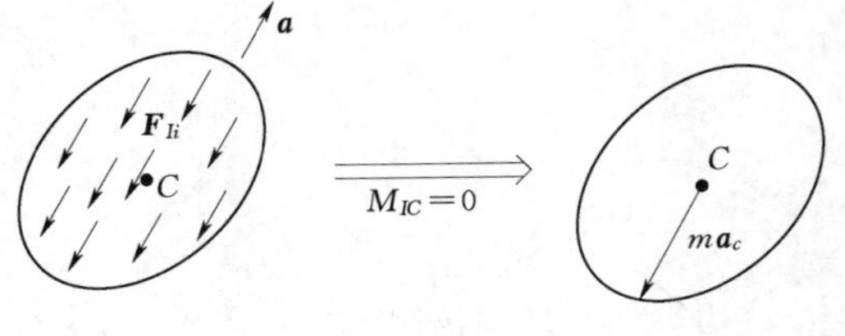

图 9.4

2. 定轴转动刚体

这里仅限于讨论具有质量对称平面且转轴垂直于此平面的简单情形，如图 9.5 所示，那么作用在刚体上的空间惯性力系可以简化为在质量对称平面内的平面力系，再将此平面力系向转轴与对称平面的交点 O 简化。由于惯性力系的主矢与简化中心的位置选取无关，故无论是取质心 C 还是取交点 O 作为简化中心，其主矢都是一样的，即

$$\boldsymbol{F}_{IR} = -m\boldsymbol{a}_c \tag{9.6}$$

在质量对称面内任一点 i 的质量为 m_i，到转轴的距离为 r_i，则作用其上的惯性力可分解为切向分力和法向分力，即 $\boldsymbol{F}_{Ii} = \boldsymbol{F}_{Ii}^{\tau} + \boldsymbol{F}_{Ii}^{n}$，惯性力系对 O 点的主矩为

$$M_{IO} = \sum[M_O(\boldsymbol{F}_{Ii}^{\tau}) + M_O(\boldsymbol{F}_{Ii}^{n})]$$
$$= \sum M_O(\boldsymbol{F}_{Ii}^{\tau}) = -(\sum m_i r_i^2)\alpha = -J_C\alpha \tag{9.7}$$

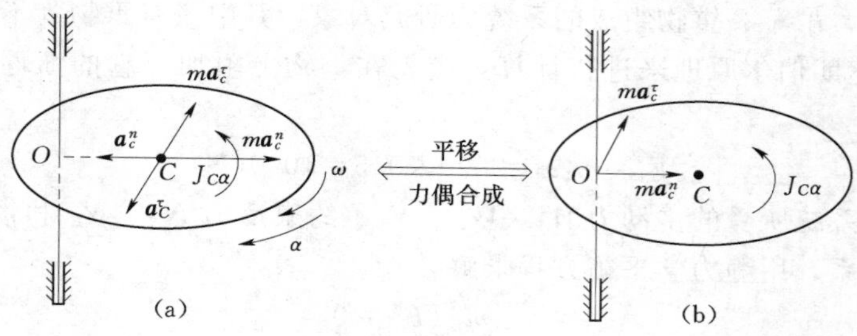

图 9.5

所以刚体绕垂直于质量对称平面的固定轴转动时，其惯性力系可简化为一个作用于转轴与对称面交点的力及一个力偶；该力的大小等于 ma_C，方向与 $\boldsymbol{a}_c$ 相反；该力偶的力偶矩大小为 $J_O\alpha$，转向与 α 相反。

从式（9.6）、式（9.7）可以看出，当刚体绕质心转动时，$\boldsymbol{F}_{IR}=0$，惯性力系简化为一个力偶；当刚体作匀速转动时，$\boldsymbol{M}_{IO}=0$，惯性力系简化为一个过 O 点的力；当刚体绕质心轴匀速转动时，则主矢和主矩都为零，惯性力系为一平衡力系。

3. 平面运动刚体

仅讨论刚体具有质量对称面且刚体平行此平面运动的情形。此时与定轴转动的方法类似，先将刚体的惯性力系简化为对称面内的平面力系。由于平面运动可以分解为随质心 C 点的平动和绕 C 点的转动，将其惯性力系向质心 C 简化，得到一个作用在质心的惯性力和一个惯性力偶。这个惯性力的大小和方向与惯性力系的主矢 F_{IR} 相同；这个惯性力偶的力偶矩等于惯性力系对 C 点的主矩 M_{IC}。

$$\boldsymbol{F}_{IR}=-m\boldsymbol{a}_C,\ M_{IC}=-J_C\alpha \tag{9.8}$$

其中，J_C 是刚体对过质心 C 且垂直于该对称面的轴的转动惯量，如图 9.6 所示。平面平移和定轴转动刚体是平面运动刚体的特殊情形。

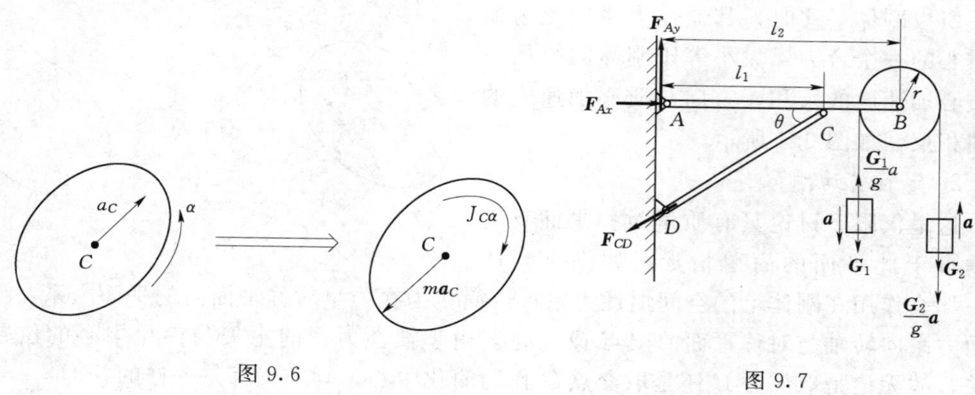

图 9.6

图 9.7

【例 9.3】 如图 9.7 所示，已知悬吊物体重量分别为 G_1、G_2（$G_1>G_2$）及相关尺寸参数 θ、l_1、l_2、r，不计杆重与滑轮质量，试求重物运动时 CD 杆内力。

解： 研究整体，设重物加速度大小为 $\boldsymbol{a}$，加惯性力，受力如图 9.7 所示。因不计滑轮质量，所以滑轮两边绳的张力相等，有

$$G_1-\frac{G_1}{g}a=G_2+\frac{G_2}{g}a$$

故重物的加速度为

$$a=\frac{G_1-G_2}{G_1+G_2}g \tag{a}$$

由$\sum M_A=0$，有

$$F_{CD}l_1\sin\theta+\left(G_1-\frac{G_1}{g}a\right)(l_2-r)+\left(G_2+\frac{G_2}{g}a\right)(l_2+r)=0 \tag{b}$$

将式（a）代入式（b）得

$$F_{CD}=-\frac{4G_1G_2l_2}{(G_1+G_2)l_1\sin\theta}(\text{压})$$

【例 9.4】 重 G，半径为 r 的匀质圆球沿倾角是 θ 的斜面无初速地滚下（如图 9.8 所示）。欲使球滚而不滑，摩擦系数 f 最小应等于多少？

解： 圆球作平面运动。设质心 C 的加速度为 a_c，因滚而不滑，球的角加速度 $\alpha=\frac{a_c}{r}$，球所受外力有重力 G、法向反力 N 和摩擦力 F（不计滚阻）。对其加惯性力系

$$F_I=\frac{G}{g}a_c$$

$$M_I=J_c\alpha=\frac{2}{5}\frac{G}{g}r^2\alpha=\frac{2}{5}\frac{G}{g}ra_c$$

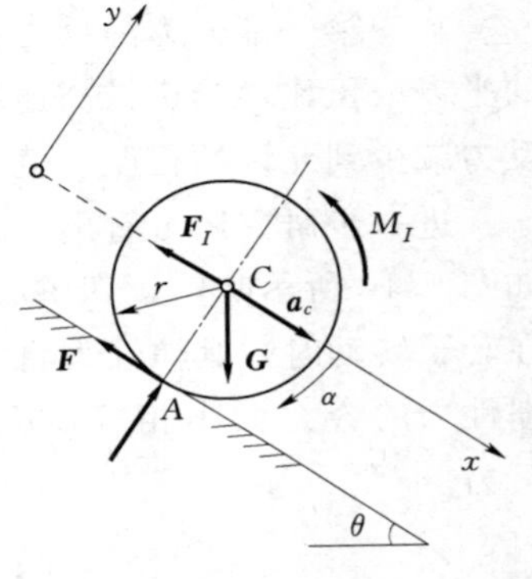

图 9.8

方向如图 9.8 所示。根据达朗伯原理列出平衡方程

$$\sum X=0 \qquad G\sin\theta-F-\frac{G}{g}a_c=0$$

$$\sum Y=0 \qquad N-G\cos\theta=0$$

$$\sum M_A=0 \qquad \frac{G}{g}a_cr+\frac{2}{5}\frac{G}{g}a_cr-Gr\sin\theta=0$$

联立以上三式求得

$$a_C=5g\sin\theta/7$$

$$F=2G\sin\theta/7$$

$$N=G\cos\theta$$

要使球滚而不滑，应有 $F\leqslant fN$，即

$$2G\sin\theta/7\leqslant fG\cos\theta$$

其中 f 是静摩擦系数。则

$$f\geqslant 2\tan\theta/7$$

可见，摩擦系数最小应等于 $f_{\min}=2\tan\theta/7$，才能保证球只滚不滑。

9.4　转动刚体的轴承动反力——静平衡和动平衡的概念

在工程实际中，高速转子绕定轴转动时，常常使轴承承受巨大的附加动压力，以致损

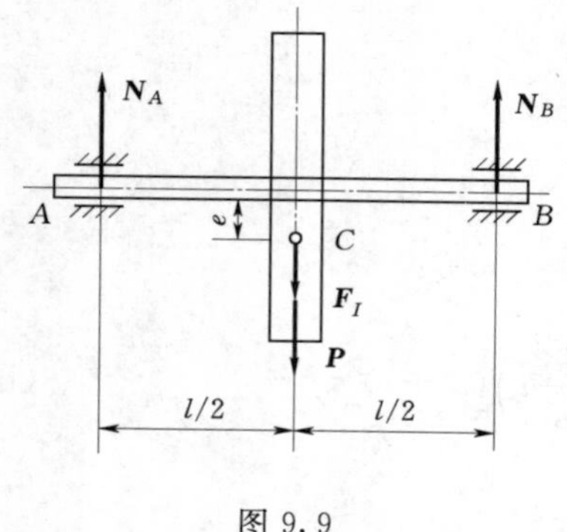

图 9.9

坏机器零件或引起剧烈的振动。所以消除轴承附加动压力是机械工程中一个重要问题。

【例 9.5】 某叶轮质量为 m，质心的偏心距为 e，安装在轴 AB 的中点（如图 9.9 所示）。当叶轮以匀角速度 ω 转动时，质心的法向加速度 $a_n=e\omega^2$，相应的惯性力大小为 $F_I=me\omega^2$，方向与 a_n 的方向相反。

设某瞬时，质心转至图示位置，则作用在叶轮与轴上的力有叶轮的重力 $\boldsymbol{P}$，轴承反力 $\boldsymbol{N}_A$ 和 $\boldsymbol{N}_B$，再加上惯性力 F_I。则这四个力组成一个互相平衡的平面平行力系，列出平衡方程为

$$\sum Y=0 \qquad N_A+N_B-P-F_I=0$$

$$\sum m_B=0 \qquad -N_A\cdot l+P\cdot l/2+F_I\cdot l/2=0$$

解之得

$$N_A=N_B=P+F_I=mg/2+me\omega^2/2$$

式中第一部分为静反力，第二部分是由转子的惯性力引起的附加动反力，它与角速度的平方成正比，当机械高速旋转时，这个动反力是不可忽视的。因此人们总是要尽量使动反力减少到允许的程度。就上述转子而言，就要消除偏心，使质心 C 位于轴线上。

进一步研究还可看出，除做到没有偏心外，还要使转轴轴线与转子对称面垂直。例如如图 9.10 所示叶轮，其质心位于转轴上，但由于转轴轴线不与转子对称面垂直，因此，在转子转动时，其惯性力将大致简化为如图 9.10 所示的 $\boldsymbol{q}$ 与 $\boldsymbol{q}'$ 二组分布惯性力，这两组惯性力的合力大小相等，反向而不共线，形成一个惯性力偶，仍将引起相当大的轴承反力。

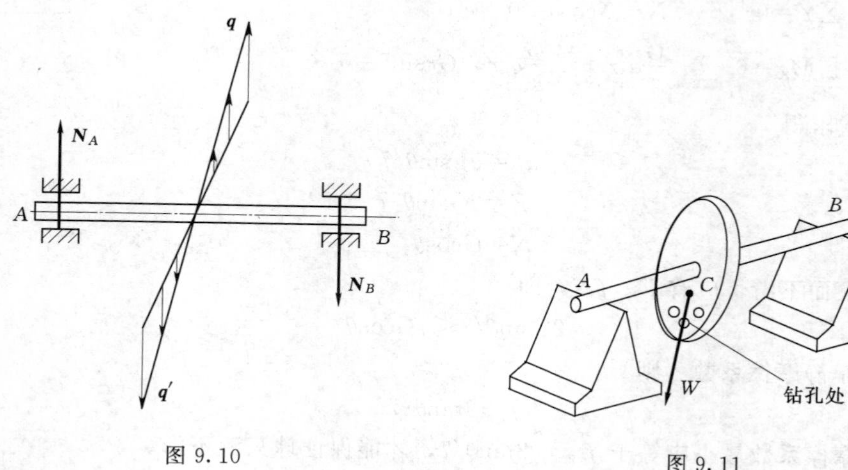

图 9.10

图 9.11

为了检查转子质心是否在转轴上，需要进行静平衡，即将转子轴放在两个水平刀口支撑上，如果质心在转轴上，转子可以在任何位置随意平衡。如果质心不在转轴上，转子就只能平衡在质心 C 最低时的稳定平衡位置上（如图 9.11 所示）。在沿质心铅垂

线上方焊接一些材料，或在正下方挖去一些材料，直到质心准确落在轴线上而实现静平衡。

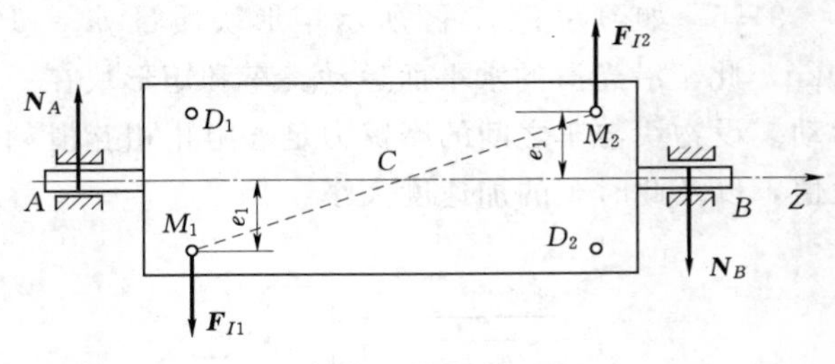

图 9.12

静平衡的刚体转动时，惯性力主矢必等于零，但不能保证其主矩也等于零。为此需要进行动平衡。如图 9.12 所示的长转子上有两个不平衡的质量 M_1 和 M_2。虽然转子的质心也在转轴上，但惯性力系组成力偶，由于惯性力偶的存在，仍然产生附加动压力。为了解除这种惯性力偶，可在图示 D_1、D_2 部位同时附加一定质量来平衡 M_1 和 M_2 组成的惯性力偶，使其达到动平衡。

习 题

9-1 如习题 9-1 图所示，列车以匀加速度 $\boldsymbol{a}$ 向右行驶，此时悬挂在车厢内随同车厢一起运动的单摆 OM 将偏离铅垂线一个角度 α，设摆锤 M 的质量为 m，摆杆质量不计。试求偏角 α 及摆杆的拉力。

9-2 为了研究交变力对金属杆的影响，将受试验的金属杆 A 的顶点固定在曲柄连杆机构的滑块 B 上，而在其下端挂一重为 Q 的重物，如习题 9-2 图所示。设连杆长为 l，曲柄长为 r，求当曲柄以等角速度 ω 绕 O 轴转动时，金属杆所受的拉力。

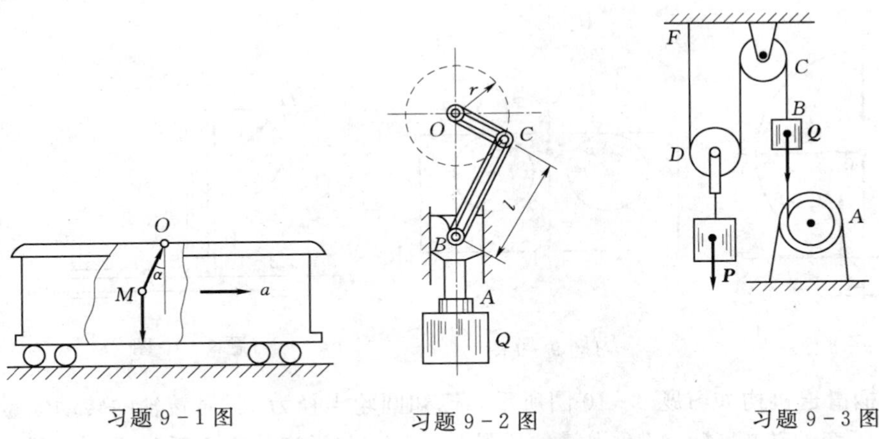

习题 9-1 图　　习题 9-2 图　　习题 9-3 图

9-3 两重物 $P=20\text{kN}$ 和 $Q=8\text{kN}$，连接如习题 9-3 图所示，并由电动机 A 拖动。如电动机转子的绳的张力为 3kN，不计滑轮重，求重物 P 的加速度和绳 FD 的张力。

9-4 如习题 9-4 图所示汽车重 P，以加速度 $\boldsymbol{a}$ 作水平直线运动。汽车重心 G 离地面的高度为 h，汽车的前后轴到重心垂线的距离分别等于 c 和 b。求其前后轮的正压力以及汽车应如何行驶方能使前后轮的压力相等。

9－5 如习题 9－5 图所示矩形块质量 $m_1=100\text{kg}$，置于平台车上，车质量为 $m_2=50\text{kg}$，此车沿光滑的水平面运动。车和矩形块在一起由质量为 m_3 的物体牵引，使之加速运动。设物块与车之间的摩擦力足够阻止相互滑动，求能够使车加速运动的质量 m_3 的最大值，以及此时车的加速度大小。

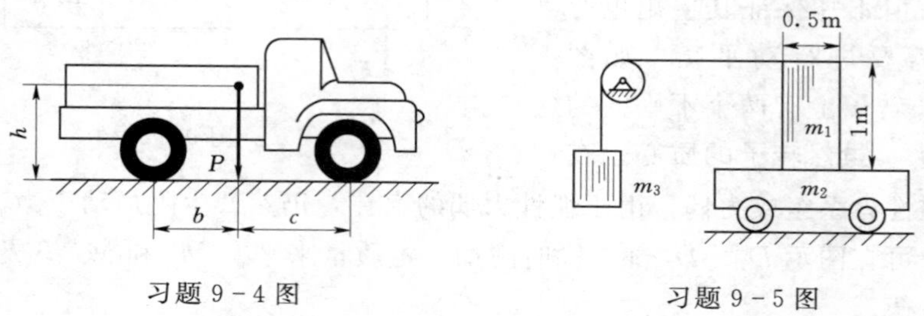

习题 9－4 图　　习题 9－5 图

9－6 用动静法重作 9－4 题。

9－7 用动静法重作 9－5 题。

9－8 如习题 9－8 图所示轮式拖拉机驱动轮简图。已知轮子自重为 P，对质心的转动惯量为 J_0，半径为 r_k，由轮轴传来的铅垂载荷为 Q，轮轴推动机架而受到水平反力 $\boldsymbol{T}$，滚动摩阻系数为 f_k。试求拖拉机以加速度 $\boldsymbol{a}$ 直线前进时，由轮轴传到驱动轮上的驱动力矩 M 应为多大？

9－9 调速器由两个重 P_1 的均质圆盘所构成，圆盘偏心地铰接于距转轴为 a 的 A、B 两点。调速器以等角速度 ω 绕铅直轴转动，圆盘中心到悬挂点的距离为 l，如习题9－9 图所示。调速器的外壳重 P_2，并放在两个圆盘上。如不计摩擦，试求角速度 ω 与圆盘离铅垂线的偏角 φ 之间的关系。

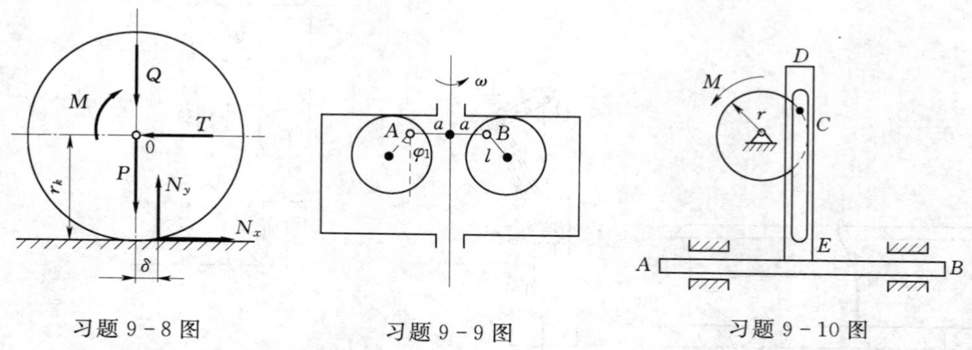

习题 9－8 图　　习题 9－9 图　　习题 9－10 图

9－10 曲柄滑道机构如习题 9－10 图所示，已知圆轮半径为 r，对转轴的转动惯量为 J，轮上作用一不变的转矩 M，ABC 滑槽的质量为 m，它与滑道的摩擦系数为 f'。销钉 C 沿铅直滑槽 DE 的摩擦不计。求圆轮的转动微分方程。

9－11 如习题 9－11 图所示，长方形均质平板长 20cm，宽 15cm，质量为 27kg，由两个销 A 和 B 悬挂。如果突然撤去销 B，求撤去销 B 的瞬时，平板的角加速度和销 A 的约束反力。

9－12 如习题 9－12 图所示，曲柄 OA 重为 P，长为 r，以等角速度 ω 绕水平的 O 轴逆时针方向转动。由曲柄的 A 端推动水平板 B，使重为 Q 的滑杆 C 沿铅直方向运动。忽略各处摩擦不计。求当曲柄与水平方向夹角为 30°时其上所受力矩 M 及轴承 O 的反力。

9－13　龙门刨床简化模型如习题 9－13 图所示，已知齿轮半径为 R，转动惯量为 J，其上作用一不变力矩 M，工作台 AB 和工件共重 P，齿轮与工作台底的齿条相啮合，刨刀的切削力为 $\boldsymbol{F}$。求工作台的加速度和齿轮轴承的水平反力。

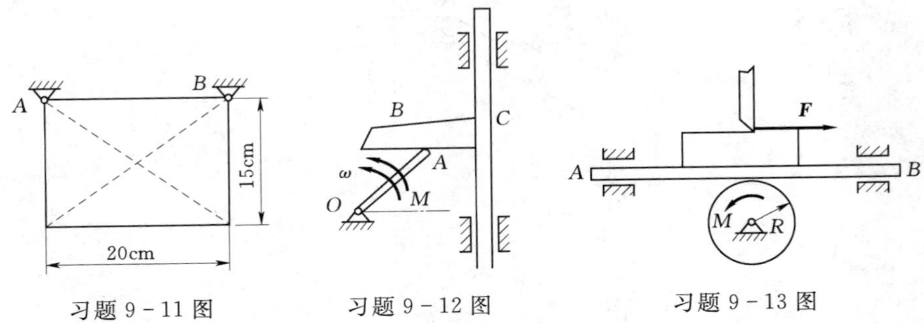

习题 9－11 图　　习题 9－12 图　　习题 9－13 图

9－14　如习题 9－14 图所示均质板重 Q，放在两个均质圆柱滚子上，滚子各重 $Q/2$，其半径均为 r。如在板上作用一水平力 $\boldsymbol{P}$，并设滚子无滑动，求板的加速度。

9－15　如习题 9－15 图所示为曲柄滑槽机构，作用在活塞上的力为 $\boldsymbol{Q}$，均质杆 OA 以匀角速度 ω 绕 O 轴转动。已知曲柄重 P_1，$OA=r$，滑槽 BC 重 P_2（重心在 D 点），滑块 A 的重量和各处摩擦忽略不计。求当曲柄转至图示位置时轴承 O 的反力和加在曲柄上的力偶矩 M。

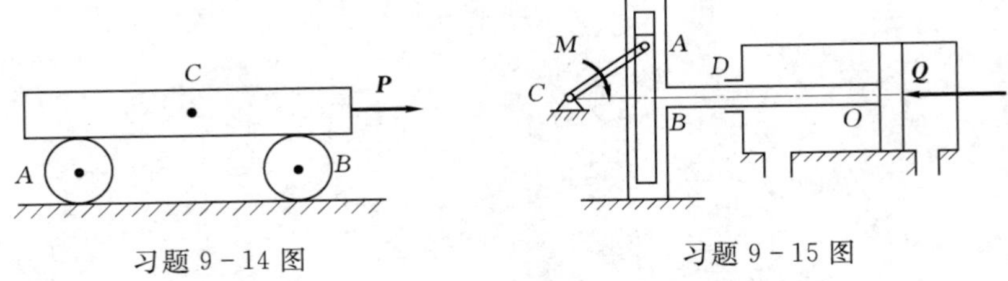

习题 9－14 图　　习题 9－15 图

9－16　重物 A 质量为 m，连在一根无重的不能伸长的绳子上，绳子跨过固定滑轮 D 并绕在鼓轮 B 上。由于重物下降，带动了轮 C 沿水平轨道滚而不滑动地直线前进。鼓轮 B 的半径为 r，轮 C 的半径为 R，两者固连在一起，总质量为 M，对于水平轴 O 的回转半径为 ρ。求重物 A 的加速度。

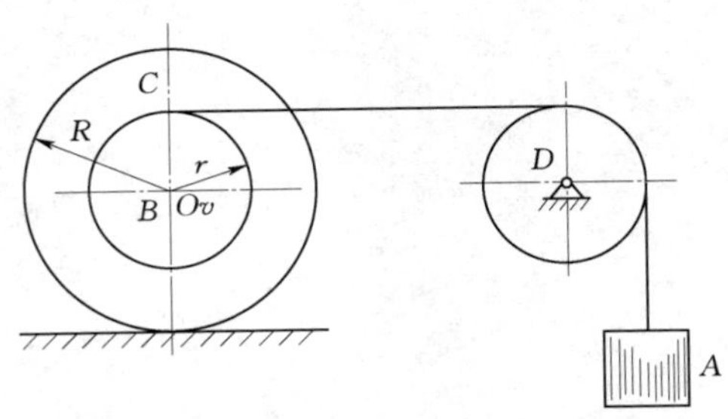

习题 9－16 图

9－17 如习题9－17图所示，重P的物体A沿光滑斜面滑下，借细绳带重P_1、半径是r的鼓轮。求鼓轮的角加速度α。已知斜面的倾角是α，鼓轮可看成均质圆柱。绳子和滑轮C的质量、轴承中的摩擦都忽略不计。

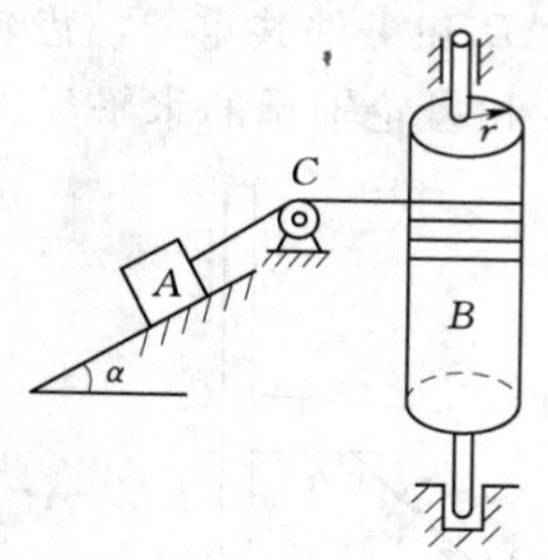

习题9－17图

第10章 虚位移原理

本章介绍的虚位移原理是分析静力学的理论基础，它应用功的概念建立任意质点系平衡的充要条件，是解决质点系平衡问题的最一般的原理。不同于前面的矢量法而以能量法解平衡问题，虚位移原理是研究静力学问题的另一途径。对于具有理想约束的物体系统，由于未知的约束反力不作功，应用虚位移原理求解常比列平衡方程更为方便。

如图10.1所示的曲柄连杆机构，当要求作用在曲柄上的主动力矩 M 与作用在滑块上的主动力 F 之间的平衡关系时，用静力学求解，则需要分别取出曲柄、滑块为研究对象，列出平衡方程，联立求解，得到主动力之间的平衡关系，显然十分繁琐。而应用虚位移原理求解系统的平衡问题时，在所列的方程中，将不出现约束反力，联立方程的数目也将减少，因而可使运算简化。

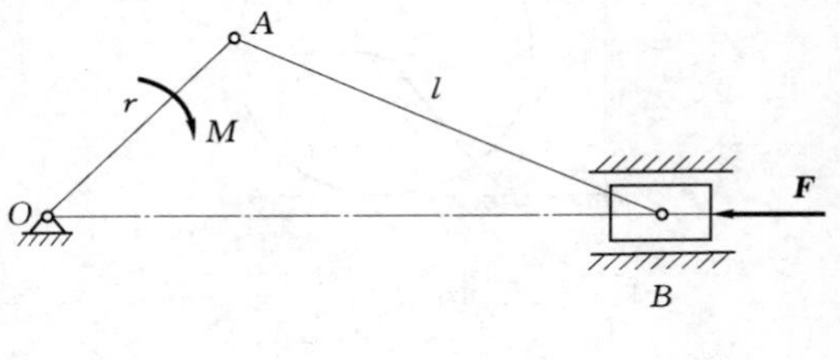

图10.1

10.1 约束

质点系内的质点，由于受到约束，它们的运动不可能是完全自由的，例如如图10.1所示的曲柄连杆机构，质点 A 只能在半径为 r 的圆周上运动，滑块 B 只能沿滑道运动，杆 AB 长度不变，这样的质点系称为非自由质点系，为分析问题方便，这里把限制非自由质点系运动的条件称为约束，表示约束的数学方程称为约束方程。

1. 几何约束和运动约束

限制质点或质点系在空间的几何位置的条件称为几何约束。如图10.2所示的单摆为几何约束，其约束方程为 $x^2+y^2=l^2$。又如图10.3所示的曲柄连杆机构为几何约束，其约束方程为

$$\begin{cases} x_A^2+y_A^2=r^2 \\ (x_A-x_B)^2+(y_A-y_B)^2=l^2 \\ y_B=0,\ z_B=0,\ z_A=0 \end{cases}$$

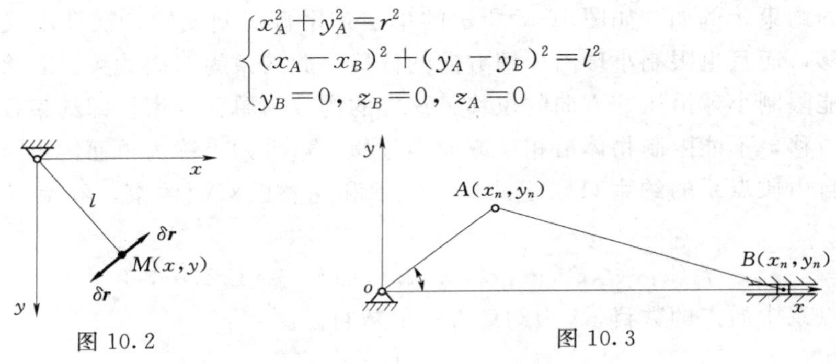

图10.2　　图10.3

如果约束方程中含有坐标对时间的导数，或者说，约束限制质点（或质点系）运动的条件，称为运动约束。例如如图 10.4 所示在平直轨道上作纯滚动的圆轮，轮心 C 的速度为

$$v_c=\omega r$$

运动约束方程则为

$$v_c-\omega r=0$$

设 x_c 和 φ 分别为轮心 C 点的坐标和圆轮的转角，则上式可改写为

$$\dot{x}_c-\dot{\varphi}r=0$$

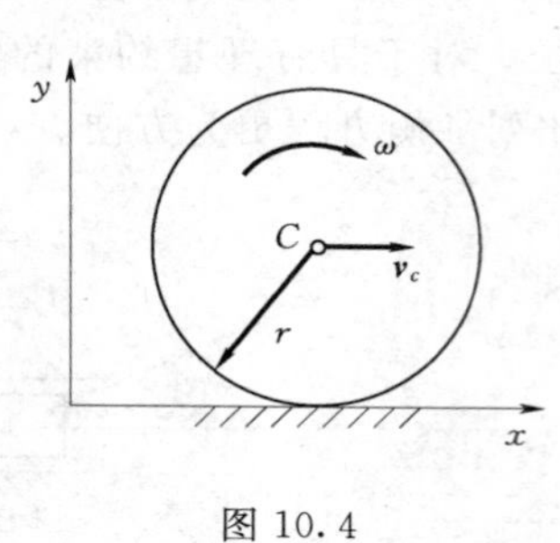

图 10.4

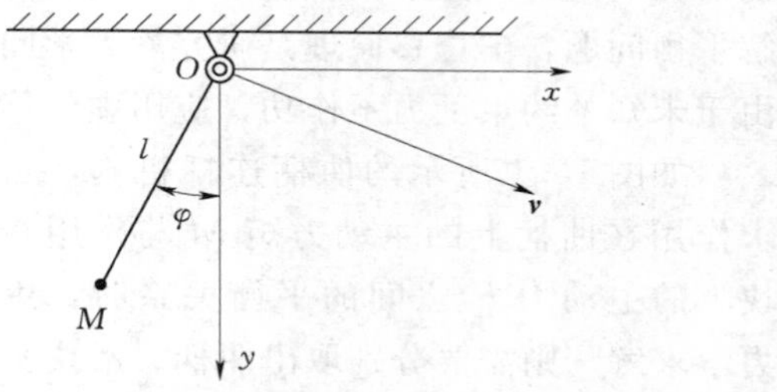

图 10.5

2. 定常约束与非定常约束

约束方程中不显含时间的约束称为定常约束，上面各例中的约束均为定常约束。约束方程中显含时间的约束称为非定常约束，例如将单摆的绳穿在小环上，如图 10.5 所示，设初始摆长为 l_0，以不变的速度拉动摆绳，单摆的约束方程为

$$x^2+y^2=(l_0-vt)^2$$

其约束方程中有时间变量 t，故属于非定常约束。

3. 完整约束与非完整约束

约束方程中含有坐标对时间的导数，而且方程不能积分成有限形式，称为非完整约束。反之，约束方程中不含有坐标对时间的导数；或约束方程中含有坐标对时间的导数，但能积分成有限形式，称为完整约束。如图 10.4 所示中在平直轨道上作纯滚动的圆轮，其运动约束方程为完整约束。

4. 双面约束与单面约束

如果约束不仅限制物体沿某一方向的位移，同时也限制物体沿相反方向的位移，这种约束称为双面约束。例如，如图 10.5 所示的单摆是用直杆制成的，摆杆不仅限制小球拉伸方向的位移，而且也限制小球沿压缩方向的位移，此约束为双面约束。若将摆杆换成绳索，绳索不能限制小球沿压缩方向的位移，这样的约束为单面约束。即约束仅限制物体沿某一方向的位移，不能限制物体沿相反方向的位移，这种约束称为单面约束。

本章非自由质点系的约束只限于几何、定常和完整的双面约束，约束方程的一般形式为

$$f_j(x_1,y_1,z_1,\cdots,x_n,y_n,z_n)=0\quad(j=1,2,\cdots,s)\tag{10.1}$$

其中 n 为质点系中质点的数目，s 为约束方程的数目。

10.2 自由度和广义坐标

确定具有完整约束的质点系位置所需独立坐标的数目称为质点系的自由度数，简称自由度，用 k 表示。例如，在空间运动的质点，其独立坐标为（x，y，z），自由度为 $k=3$；在平面运动的质点，其独立坐标为（x，y），自由度为 $k=2$；作平面运动的刚体，其独立坐标为（x，y，φ），自由度为 $k=3$。

一般情况，由 n 个质点组成的质点系，受有 s 个几何约束（约束方程数），此完整系统的自由度数为：

（1）空间运动的自由度数 $k=3n-s$ (10.2)

（2）平面运动的自由度数 $k=2n-s$ (10.3)

确定质点系位置的独立参量称为质点系的广义坐标，常用 $q_j(j=1，2，\cdots，s)$ 表示。广义坐标的形式是多种的，可以是笛卡尔直角坐标 x、y、z，弧坐标 s 和转角 φ 等。

如图 10.6 所示，平面中摆动的单摆约束方程为

$$x_m^2+y_m^2=l^2;z_m=0$$

自由度

$$k=3n-s$$

$$k=3-2=1$$

广义坐标可选 x_m 或 y_m 或 θ 或 s

若选 θ 为广义坐标，则约束方程为 $\begin{cases}x_m=l\cos\theta\\y_m=l\sin\theta\end{cases}$

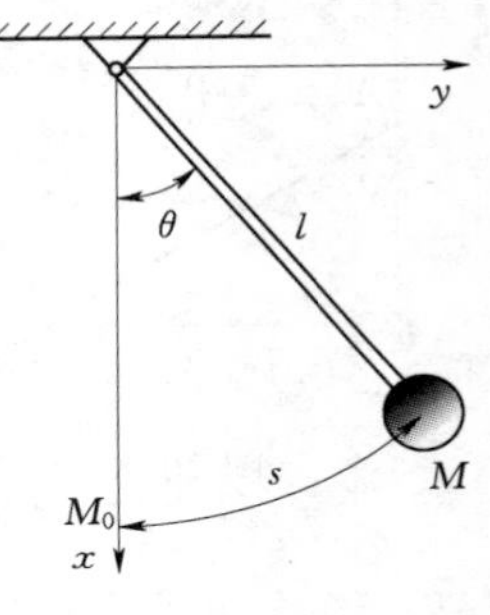

图 10.6

一般情况下，质点系中任意质点 M_i 的广义坐标的关系函数为

$$r_i=r_i(q_1,q_2,\cdots,q_k)\qquad(i=1,2,\cdots n)\tag{10.4}$$

或

$$\begin{cases}x_i=x_i(q_1,q_2,\cdots,q_k)\\y_i=y_i(q_1,q_2,\cdots,q_k)\\z_i=z_i(q_1,q_2,\cdots,q_k)\end{cases}\qquad(i=1,2,\cdots n)\tag{10.5}$$

10.3 虚 位 移

在静止平衡问题中，设想在某质点约束允许的条件下，给其一个任意的、极其微小的位移。如图 10.7 所示中，可设想曲柄在平衡位置上转过任一微小角度，这时点 A 沿圆弧切线方向有相应的位移，点 B 沿导轨方向有相应的位移，这些位移都是约束所允许的极微小的位移。在某瞬时，质点系在约束允许的条件下，可能实现的任何无限小的位移称为虚位移。虚位移可以是线位移，也

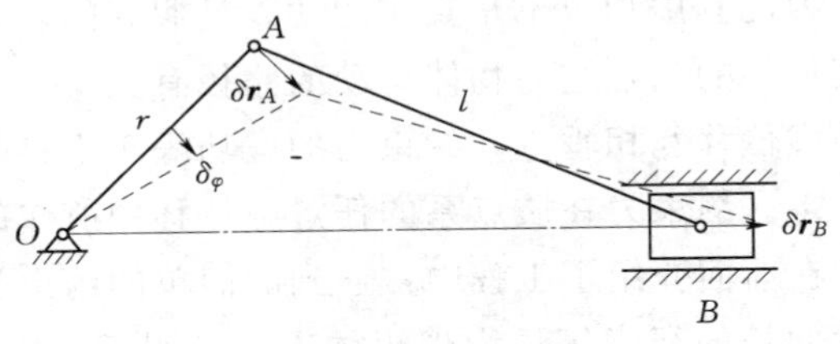

图 10.7

可以是角位移。虚位移用变分符号"δ"表示，如δr，$\delta\varphi$等，以区别于真实位移dr、dφ。

虚位移和实位移虽然都是约束所容许的位移，但二者是有区别的。实位移是在一定力的作用和已知的初始条件下，在一定的时间内发生的位移，具有确定的方向。而虚位移则纯粹是一个几何概念，它既不牵涉到系统的实际运动，也不牵涉到力的作用，与时间过程和初始条件无关，在不破坏系统约束的条件下，它具有任意性。例如一个被约束在固定面上的质点，它的实际位移只有一个，而虚位移在它的约束面上则有无限多个。

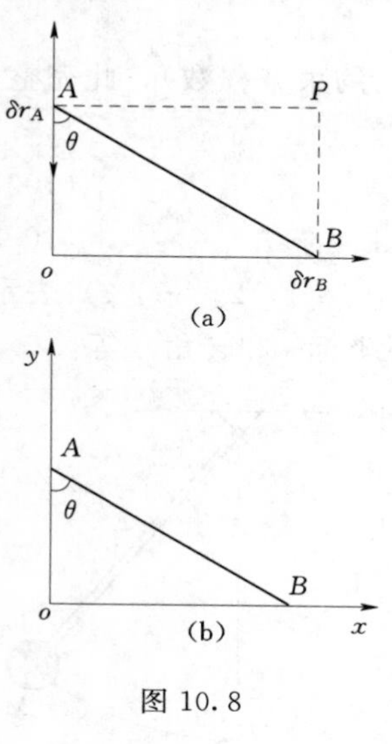

图 10.8

系统的虚位移可用对坐标做变分运算，即如果系统中某一点M的坐标（x，y，z）可以表示为某些参变数的函数，则对该坐标做变分运算，便可求得该质点的虚位移投影。除此之外，还可以用图解法，即直接作图来标出系统的虚位移，然后按约束条件推求各质点虚位移之间的关系，下面举例说明虚位移的求法。

【例 10.1】 在如图10.8所示中，设$AB=l$，求$\theta=60°$时，A，B两点虚位移关系。

解：（1）几何法。由如图10.8（a）所示位置，任给系统一组虚位移，由投影定理$[\delta\boldsymbol{r}_A]_{AB}=[\delta\boldsymbol{r}_B]_{AB}$

$$\delta r_A\cos\theta=\delta r_B\sin\theta,\ \delta r_B=\cot\theta\delta r_A$$

当$\theta=60°$时，$\delta r_B=\dfrac{\sqrt{3}}{3}\delta r_A$。

（2）解析法。建立坐标如图10.8（b）所示。

$$x_B=l\sin\theta \qquad \delta x_B=l\cos\theta\delta\theta$$

$$y_A=l\cos\theta \qquad \delta y_A=-l\sin\theta\delta\theta$$

$$\frac{\delta x_B}{\delta y_A}=-\cot\theta \qquad \delta x_B=-\cot\delta y_A$$

当$\theta=60°$时，$\delta x_B=-\dfrac{\sqrt{3}}{3}\delta y_A$。

10.4 虚功和理想约束

力在虚位移上作的功称为虚功，用δW表示，即

$$\delta W=\boldsymbol{F}\cdot\delta\boldsymbol{r} \tag{10.6}$$

应当注意，虚位移是假想的，不是真实位移，因此其虚功也不是真实的功，是假想的，它与实际位移无关；而实际位移中的元功是真实位移的功，它与物体运动的路径有关。

在很多情况下，约束反力与约束所允许的虚位移互相垂直，约束力的虚功等于零；很多系统内部的相互约束力所作虚功之和也等于零。约束力在质点系的任意虚位移中所作的虚功之和等于零，这样的约束称为理想约束。在前面介绍了工程中常遇到的简单的约束类型，如光滑表面、光滑铰链、刚性杆以及不可伸长的绳索等均为理想约束。若用F_{Ni}表示质点系中第i个质点所受的约束力，$\delta\boldsymbol{r}_i$表示质点系中第i个质点的虚位移，则理想约束所

作虚功为

$$\delta W = \sum_{i=1}^{s} \boldsymbol{F}_{Ni} \cdot \delta \boldsymbol{r}_i = 0 \tag{10.7}$$

10.5 虚位移原理

当质点系处于平衡，其中任一质点 M_i 受到主动力 $\boldsymbol{F}_i$ 和约束力 $\boldsymbol{F}_{Ni}$ 处于平衡，则有

$$\boldsymbol{F}_i + \boldsymbol{F}_{Ni} = 0 \qquad (i=1,2,\cdots,n)$$

若给该质点系以某种虚位移，其中 M_i 的虚位移为 $\delta \boldsymbol{r}_i$，有

$$(\boldsymbol{F}_i + \boldsymbol{F}_{Ni}) \cdot \delta \boldsymbol{r}_i = 0 \qquad (i=1,2,\cdots,n)$$

将以上这些等式相加，有

$$\sum_{i=1}^{n} \boldsymbol{F}_i \cdot \delta \boldsymbol{r}_i + \sum_{i=1}^{n} \boldsymbol{F}_{Ni} \cdot \delta \boldsymbol{r}_i = 0 \qquad (i = 1,2,\cdots,n)$$

若质点系具有理想约束，即

$$\sum_{i=1}^{n} \boldsymbol{F}_{Ni} \cdot \delta \boldsymbol{r}_i = 0 \qquad (i=1,2,\cdots,n)$$

则有

$$\delta W_F = \sum_{i=1}^{n} \boldsymbol{F}_i \cdot \delta \boldsymbol{r}_i = 0 \qquad (i=1,2,\cdots,n) \tag{10.8}$$

因此，具有理想、双面和定常约束的质点系其平衡的必要与充分条件是：作用在质点系上的所有主动力在任何虚位移中所作的虚功之和等于零，这就是虚位移原理，又称虚功原理。虚位移原理由拉格朗日于 1764 年提出的，它是研究一般质点系平衡的普遍定理，也称静力学普遍定理。

式（10.8）称为虚功方程，也可写成解析表达式

$$\sum_{i=1}^{n} (F_{xi}\delta x_i + F_{yi}\delta y_i + F_{zi}\delta z_i) = 0 \qquad (i=1,2,\cdots,n) \tag{10.9}$$

其中 F_{xi}、F_{yi}、F_{zi} 为作用于质点 M_i 的主动力 $\boldsymbol{F}_i$ 在直角坐标轴上的投影。

以上证明了虚位移原理的必要性，下面采用反证法证明其充分性，即证明如果质点系受力作用时满足式（10.8），则质点系必定平衡。

假设 $\sum_{i=1}^{n} \boldsymbol{F}_i \cdot \delta \boldsymbol{r}_{ii} = 0$ 成立，而质点系不处于平衡状态，那么至少有一个质点将从静止进入运动，质点系的动能 T 必增加，同时质点系必然发生实位移 $\mathrm{d}\boldsymbol{r}_i$，根据质点系动能定理有

$$\mathrm{d}T = \sum (\boldsymbol{F}_i + \boldsymbol{F}_{Ni}) \cdot \delta \boldsymbol{r}_i > 0$$

在稳定约束的条件下，实位移是虚位移中的一种，因此存在某一虚位移 $\mathrm{d}r_i$ 等于实位移，在理想约束条件下，有 $\sum \boldsymbol{F}_{Ni} \cdot \delta \boldsymbol{r}_i = 0$，于是可得出

$$\mathrm{d}T = \sum \boldsymbol{F}_i \cdot \delta \boldsymbol{r}_i > 0$$

这个结论与原假设矛盾，故质点系处于平衡。

虚位移原理是在质点系具有理想约束的条件下建立的，但是也可以推广应用于约束中

有摩擦的情形，这时只要把摩擦力也当作主动力，在虚功方程中计入摩擦力所作的虚功即可。

式（10.8）或式（10.9）可用来导出刚体静力学的全部平衡条件，亦可方便地用来解决一般质点系的平衡问题。在工程实际中，特别是解决一些复杂的机构或结构的平衡问题时，不必像几何静力学那样解一系列的联立方程组，而是根据具体的要求建立方程，使那些未知的但不需要求出的约束反力在方程中不出现，从而使繁冗的运算过程得到很大的简化。

10.6 虚位移原理的应用

下面举例说明虚位移原理在工程实际中的应用。

【例 10.2】 如图 10.9 所示的机构中，当曲柄 OC 绕轴 O 转动时，滑块 A 沿曲柄滑动，从而带动杆 AB 在铅直的滑槽内移动，不计各杆的自重与各处的摩擦。试求平衡时力 F_1 和 F_2 的关系。

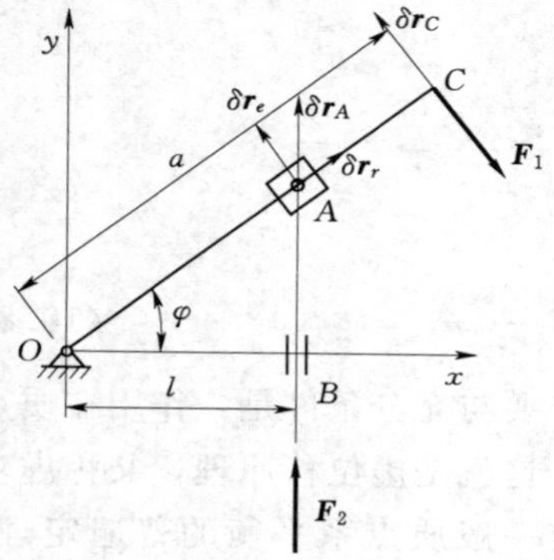

图 10.9

解： 作用在该机构上的主动力为力 $\boldsymbol{F}_1$ 和 $\boldsymbol{F}_2$，约束是理想约束，且为 1 个自由度体系。有如下的两种解法。

（1）几何法。如图 10.9 所示，A、C 两点的虚位移为 $\delta\boldsymbol{r}_A$、$\delta\boldsymbol{r}_C$，则由虚位移原理得

$$F_2\delta r_A - F_1\delta r_C = 0 \tag{1}$$

由图中的几何关系得

$$\delta r_e = \delta r_A\cos\varphi$$

$$\delta r_C = \frac{\delta r_e}{OA}a = \frac{\delta r_A\cos\varphi}{\dfrac{l}{\cos\varphi}}a = \delta r_A\,\frac{\cos^2\varphi}{l}a \tag{2}$$

将式（2）代入式（1），得

$$F_2\delta r_A - F_1\delta r_A\,\frac{\cos^2\varphi}{l}a = 0$$

$$\left(F_2 - F_1\,\frac{\cos^2\varphi}{l}a\right)\delta r_A = 0$$

由于虚位移为 $\delta\boldsymbol{r}_A$ 是任意独立的，则

$$F_2 - F_1\,\frac{\cos^2\varphi}{l}a = 0$$

有关系为

$$\frac{F_1}{F_2} = \frac{l}{a\cos^2\varphi}$$

（2）解析法。由于体系具有 1 个自由度，广义坐标为曲柄 OC 绕轴 O 转动时的转角 φ，则滑块 A 在图示坐标系中的坐标为

$$y = l\tan\varphi$$

滑块 A 的虚位移为

$$\delta r_A = \delta y = \frac{l}{\cos^2\varphi}\delta\varphi$$

C 点的虚位移为

$$\delta r_C = \delta(a\varphi) = a\delta\varphi$$

将点 A、C 的虚位移代入式（1）得

$$F_2 \frac{l}{\cos^2\varphi}\delta\varphi - F_1 a\delta\varphi = 0$$

$$\left(F_2 \frac{l}{\cos^2\varphi} - F_1 a\right)\delta\varphi = 0$$

由于广义虚位移 $\delta\varphi$ 是任意独立的，则有

$$F_2 \frac{l}{\cos^2\varphi} - F_1 a = 0$$

即
$$\frac{F_1}{F_2} = \frac{l}{a\cos^2\varphi}$$

【例 10.3】 已知曲柄连杆机构在如图 10.10 所示位置（φ，ψ）平衡，设 $OA=r$。求使机构在图示位置平衡时，主动力偶矩 M 与 F 的关系。

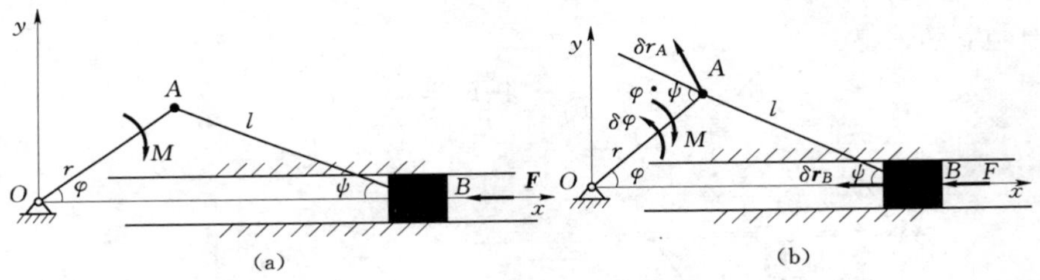

图 10.10

解： 研究对象的整体自由度为 $k=1$，主动力为 M、F，约束均为理想约束，任给一组虚位移如图 10.11 所示。

由虚位移原理有

$$\delta W_F = \sum_{i=1}^{n} \boldsymbol{F}_i \cdot \delta \boldsymbol{r}_i = 0$$

$$-M\delta\theta + F\delta r_B = 0 \tag{1}$$

虚位移关系为 $\delta r_A = r\delta\varphi$；$\delta r_A \cos[90° - (\varphi+\psi)] = \delta r_B \cos\psi$

有
$$\delta r_B = \frac{\sin(\varphi+\psi)}{\cos\psi} r\delta\varphi \tag{2}$$

将式（2）代入式（1）有

$$\left[-M + Fr\frac{\sin(\varphi+\psi)}{\cos\psi}\right]\delta\varphi = 0$$

因为 $\delta\varphi$ 是独立的，得

$$M = Fr\frac{\sin(\varphi+\psi)}{\cos\psi}$$

【例 10.4】 已知如图 10.11 所示，在螺旋压榨机的手柄 AB 上作用一在水平面内的

力偶（$\boldsymbol{F}$，$\boldsymbol{F}'$），其力偶矩等于 $2Fl$。设螺杆的螺矩为 h，求平衡时，作用于被压榨物体上的压力。

解：研究对象的整体自由度为 $k=1$，主动力为 $\boldsymbol{F}$、$\boldsymbol{F}'$、$\boldsymbol{F}_N$，约束均为理想约束，任给一组虚位移如图 10.11 所示。

由虚位移原理求解

$$\delta W_F = \sum_{i=1}^{n} \boldsymbol{F}_i \cdot \delta \boldsymbol{r}_i = 0$$

$$-F_N \delta r + 2Fl\delta\varphi = 0 \tag{1}$$

虚位移关系：对于单头螺纹，有

$$\frac{2\pi}{h} = \frac{\delta\varphi}{\delta r}$$

即

$$\delta\varphi = \frac{2\pi}{h}\delta r \tag{2}$$

将式（2）代入式（1），有

$$\left(-F_N + F\,\frac{4\pi l}{h}\right)\delta r = 0$$

因为 δr 是独立的，得

$$F_N = \frac{4\pi F l}{h}$$

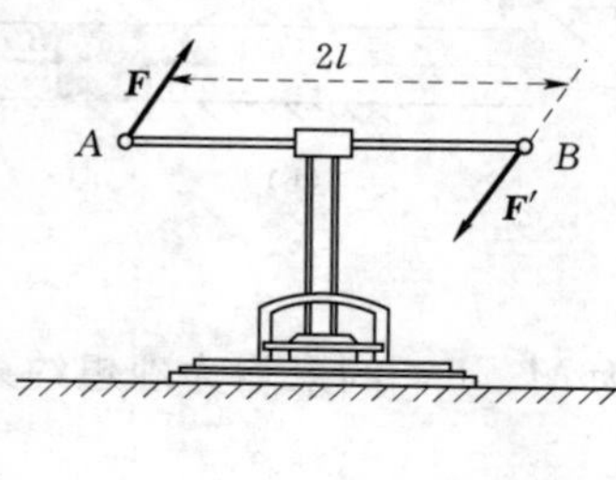

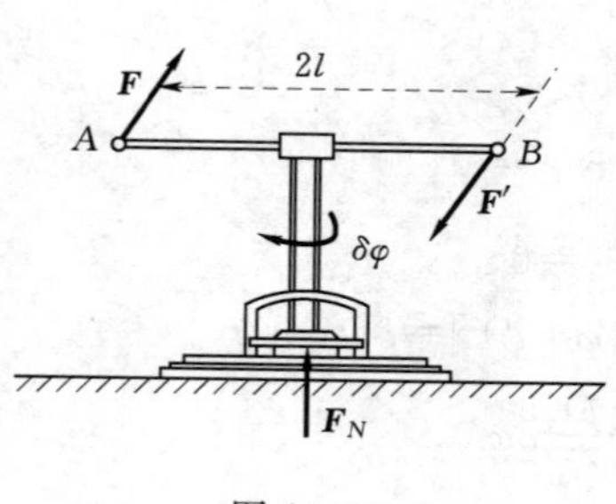

图 10.11

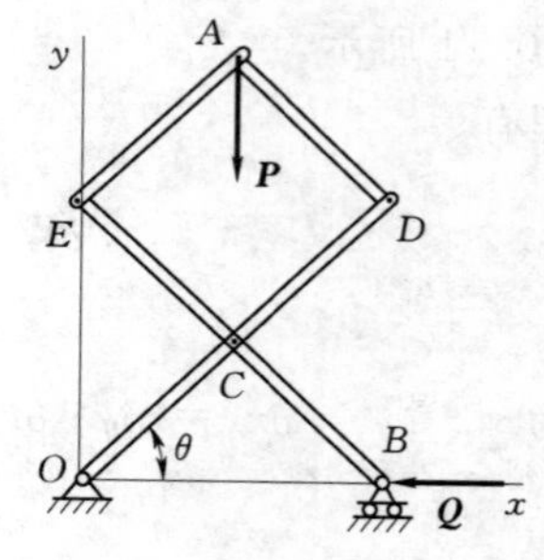

图 10.12

【例 10.5】　四杆连接如图 10.12 所示，设 $AE=AD=EC=DC=OC=CB=l$。不计杆重。求平衡时 $\boldsymbol{P}$ 与 $\boldsymbol{Q}$ 的关系。

解：此机构的自由度为 1，所受约束均为理想约束。选 θ 为广义坐标。任取广义虚位移 $\delta\theta$，由虚功原理得

$$P \cdot \delta y_A + Q \cdot \delta x_B = 0 \tag{1}$$

其中 δy_A，δx_B 可以用广义虚位移 $\delta\theta$ 表示。由几何关系

$$y_A=3l\sin\theta, x_B=2l\cos\theta \tag{2}$$

有

$$\delta y_A=3l\cos\theta\cdot\delta\theta,\ \delta x_B=-2l\sin\theta\cdot\delta\theta \tag{3}$$

将式（3）代入式（1），得到

$$(3P\cos\theta-2\sin\theta)l\cdot\delta\theta=0$$

由于广义虚位移 $\delta\theta$ 的任意性，由此得平衡时 P 与 Q 的关系

$$\frac{P}{Q}=\frac{2}{3}\tan\theta$$

习　题

10－1　试判断如习题 10－1（a）图和习题 10－1（b）图所示中各点虚位移有无错误？

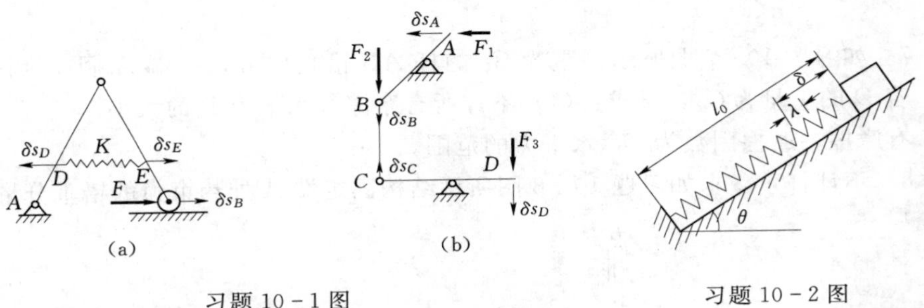

习题 10－1 图　　　习题 10－2 图

10－2　一弹簧振子沿倾角为 θ 的斜面滑动，已知物块重 G，弹簧刚度系数为 k，动摩擦因数为 f；求从弹簧原长压缩 s 的路程中所有力的功及从压缩 s 再回弹 λ 的过程中所有力的功。

10－3　如习题 10－3 图所示中机构在力 F_1 和 F_2 作用下在图示位置平衡，不计各构件自重和各处摩擦，$OD=BD=l_1$，$AD=l_2$。求 F_1/F_2 的值。

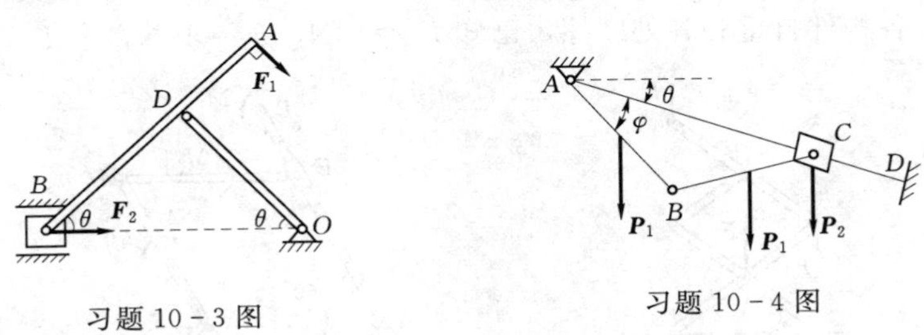

习题 10－3 图　　　习题 10－4 图

10－4　在如习题 10－4 图示机构中，曲柄 AB 和连杆 BC 为均质杆，具有相同的长度和重量 P_1。滑块 C 的重量为 P_2，可沿倾角为 θ 的导轨 AD 滑动。设约束都是理想的，求系统在铅垂面内的平衡位置。

10－5　在如习题 10－5 图所示机构中，当曲柄 OC 绕 O 轴摆动时，滑块 A 沿曲柄滑

动，从而带动杆 AB 在铅直导槽内移动，不计各构件自重和各处摩擦。求机构平衡时 F_1 与 F_2 的关系。

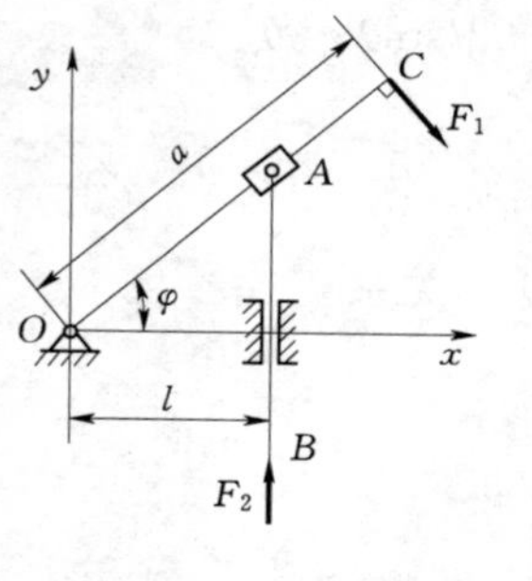

习题 10-5 图

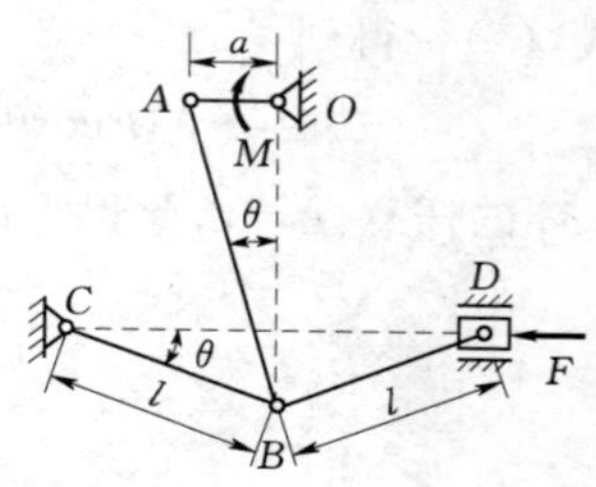

习题 10-6 图

10-6　在如习题 10-6 图所示机构中，曲柄 OA 上作用一力偶 M，滑块 D 上作用一力 F。机构尺寸如图示，不计各构件自重和各处摩擦。求机构平衡时力 F 与力偶 M 的关系。

10-7　如习题 10-7 图所示，重为 G_1 的杆 AB 铅垂放置，一端 A 搁在半圆柱面 D 上平衡。若 D 的重量为 G_2，试求：(1) 不计所有摩擦，水平力 F 的大小。

(2) 有摩擦，摩擦因数为 f，水平力的范围。

10-8　不计杆重，求如习题 10-8 图所示结构固定端 A 处约束力的铅垂分量。

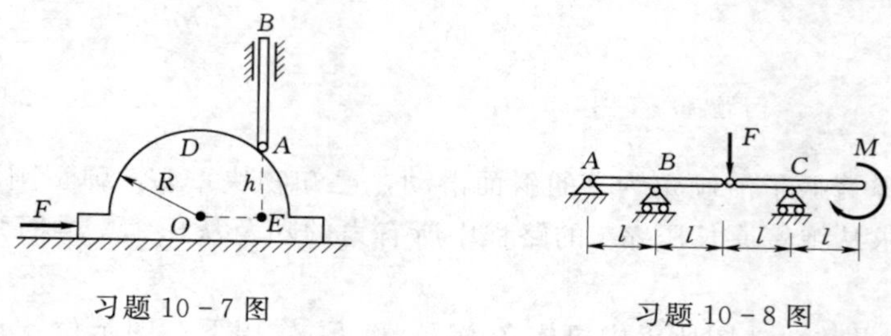

习题 10-7 图　　　　习题 10-8 图

10-9　等长的四杆连接如习题 10-9 图所示，A 和 B 铰在杆的中点，机构在三力作用下平衡，不计各构件自重和各处摩擦，已知 $F_1=40\text{N}$，$F_2=10\text{N}$，求 F_3。

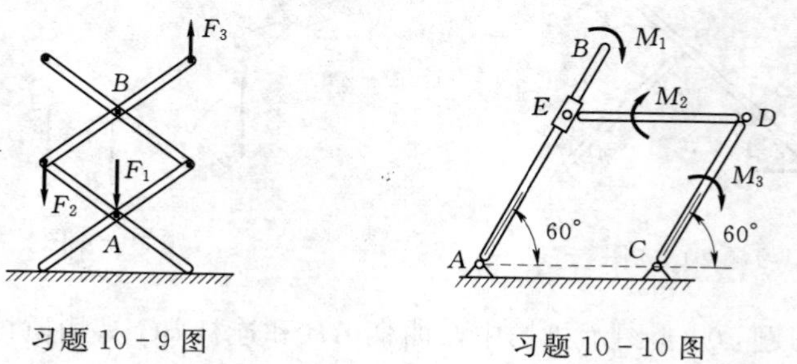

习题 10-9 图　　　　习题 10-10 图

10-10　如习题 10-10 图所示机构中 $AC=CD=DE$，今在三杆上分别作用一力偶，并在图示位置平衡。不计各构件自重和各处摩擦，已知 M_1，求 M_2 和 M_3。

10-11　如习题 10-11 图所示滑套 D 套在直杆 AB 上，并带动 CD 杆在铅直滑道上滑动。已知 $\theta=0$ 时弹簧为原长，弹簧刚度系数为 5kN/m，不计各构件自重和各处摩擦。求在任意位置平衡时应加多大的力偶矩 M?

10-12　长度相等的两杆 AB 和 BC 在 B 点用铰链连接，在 D、E 两点用弹簧连接，形成如习题 10-12 图所示机构。弹簧刚度系数为 k，当 $AC=a$ 时，弹簧为原长，不计各构件自重和各处摩擦。今在点 C 处作用一力 F，机构处于平衡，求距离 AC 之值。

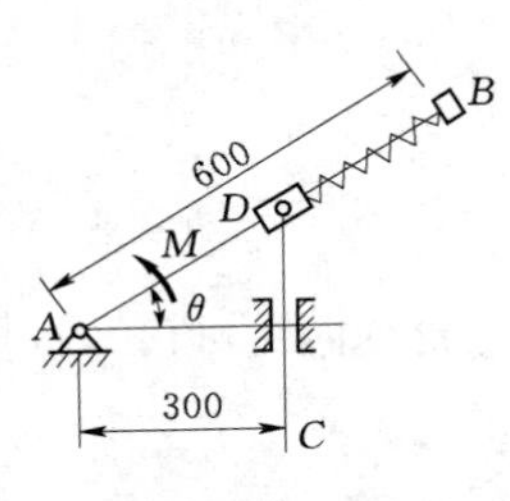

习题 10-11 图

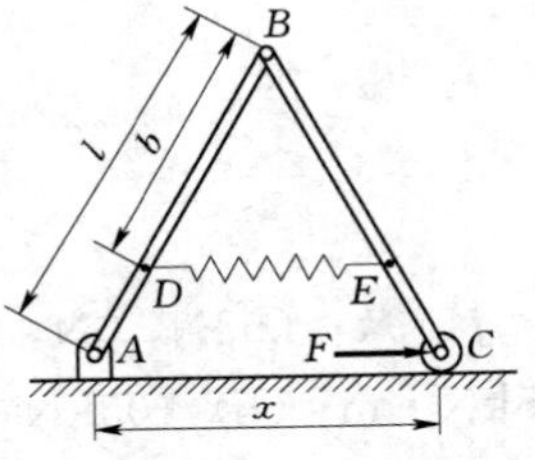

习题 10-12 图

习 题 答 案

第1章

（略）

第2章

2-1　①$2\boldsymbol{i}$，$6\boldsymbol{j}$，$9\boldsymbol{k}$；②2N，6N，9N；③11N；④2/11，6/11，9/11
2-2　(a) 15kN·m；(b) 105kN·m
2-3　$M_x=F(h-3r)/4$，$M_y=\sqrt{3}F(h+r)/4$，$M_z=-Fr/2$
2-4　$M_x=\dfrac{c(M+\sqrt{2}aF)}{\sqrt{a^2+2c^2}}$，$M_y=\dfrac{c(M-\sqrt{2}aF)}{\sqrt{a^2+2c^2}}$，$M_z=\dfrac{cM}{\sqrt{a^2+2c^2}}$
2-5　$M_y(F)=\dfrac{acF}{\sqrt{a^2+b^2+c^2}}$，$M_{CD}(F)=\dfrac{abcF}{\sqrt{a^2+b^2+c^2}\sqrt{b^2+c^2}}$
2-6　80kN
2-7　$F_1=\dfrac{\sqrt{6}}{4}F_2$
2-8　$F_R=4\sqrt{2}N$，$\theta_x=45°$
2-9　力偶，$M=\dfrac{\sqrt{3}}{2}Fl$，逆时针
2-10　力偶，$M=\sqrt{19}Fa$，$\cos(\boldsymbol{M},\boldsymbol{i})=\cos(\boldsymbol{M},\boldsymbol{j})=\dfrac{-3}{\sqrt{19}}$，$\cos(\boldsymbol{M},\boldsymbol{k})=\dfrac{-1}{\sqrt{19}}$
2-11　主矢：$R=50$N；主矩：$M_o=300$N·m
2-12　合力为$2F$，方向沿对角线DH
2-13　$\dfrac{a}{F_1}+\dfrac{b}{F_2}+\dfrac{c}{F_3}=0$时可简化为合力；$\dfrac{F_1}{bF_3}=\dfrac{F_2}{cF_1}=\dfrac{F_3}{aF_2}$时可简化为力螺旋
2-14　(a)（0，170）；(b)（0，99.8）
2-15　$x_c=90$mm
2-16　$x_c=19.05$mm
2-17　(1.319，1.333，1.361)m
2-18　(21.43，21.43，−7.14)mm
2-19　(1.68，0.659)m

第3章

3-1　(a) 1次静不定；(b) 2次静不定；(c) 3次静不定；(d) 6次静不定；(e) 静

定；(f) 静定

3－2　$P>60kN$

3－3　(a) $F_A=63.22kN$，$F_B=88.74kN$，$F_C=-30kN$；(b) $F_B=8.42kN$，$F_C=3.45kN$，$F_D=57.4kN$

3－4　(a) $F_{Ax}=0$，$F_{Ay}=6kN$，$M_A=32kN\cdot m$，$F_{Bx}=0$，$F_{By}=6kN$，$F_C=18kN$；(b) $F_{Ax}=0$，$F_{Ay}=-44kN$，$F_B=32kN$，$F_{Cx}=0kN$，$F_{Cy}=-5kN$，$F_D=15kN$

3－5　(a) $F_{Ax}=0$，$F_{Ay}=-qa$，$F_B=5qa/2$，$F_{Cx}=0$，$F_{Cy}=qa/2$，$F_D=3qa/2$；(b) $F_{Ax}=0$，$F_{Ay}=7qa/6$，$M_A=2qa2$，$F_{Bx}=0$，$F_{By}=-2qa/3$，$F_C=5qa/6$

3－6　$F_{Ax}=1200N$，$F_{Ay}=150N$，$F_B=1050N$，$F_{BA}=-1500N$

3－7　$F_{Ex}=F$，$F_{Ey}=F/3$

3－8　$F_{Ax}=0$，$F_{Ay}=M/a$，$F_B=M/(2a)$，$F_{Dx}=0$，$F_{Dy}=M/a$

3－9　$F_{Ax}=-120kN$，$F_{Ay}=-160kN$，$F_{CD}=-80kN$，$F_{By}=0$，$F_{BE}=160\sqrt{2}kN$

3－10　$F_{Ax}=267N$，$F_{Ay}=-87.5N$，$F_{NB}=-550N$，$F_{Cx}=209N$，$F_{Cy}=187.5N$

3－11　$G_{min}=2G(1-r/R)$

3－12　$F_{BC}=\sqrt{13}G/12$，$F_{BD}=5G/12$

3－13　$F_A=750N$，$F_B=433N$，$F_N=500N$

3－14　$F_1=F_2=-5kN$，$F_3=-7.07kN$，$F_4=F_5=-5kN$，$F_6=10kN$

3－15　$a_{max}=35cm$

3－16　(1) $M=22.5N\cdot m$；(2) $F_{Ax}=75N$，$F_{Ay}=0N$，$F_{Az}=50N$；(3) $F_x=75N$，$F_y=0N$

3－17　$F=70.9N$，$F_{Ax}=47.6N$，$F_{Az}=-68.4N$，$F_{Bx}=-19N$，$F_{Bz}=207.4N$

3－18　1、4、7、9、11、13、14 为零杆

3－19　$F_{N1}=-16.9kN$，$F_{N2}=3.1kN$，$F_{N3}=15.0kN$

3－20　$F_{AB}=-F/2$

3－21　$F_1=-5.33F$，$F_2=-2F$，$F_3=-1.67F$

3－22　$F_{CD}=-\sqrt{3}F/2$

第4章

4－1　$F=128.23N$

4－2　$G_A=1.37kN$

4－3　11.55kN

4－4　$F=280N$

4－5　$b\leqslant 110mm$

4－6　$6.0N\leqslant F_P\leqslant 46.1N$

4－7　$l>100cm$

4－8　$b_{min}=f_s h/3$，与门重无关

4－9　滑动摩擦力：$F=P_2\sin\theta$；法向方力：$FN=P_1-P_2\cos\theta$；滚动摩阻：$M_C=$

$P_2(R\sin\theta-r)$

4-10 $\theta_{min}=1°9'$

4-11 $f_s \geqslant 0.752$

第5章

5-1 $v_D=53.7\text{cm/s}$

5-2 $y_B=\sqrt{64+t^2}-8$，$v_B=\dfrac{1}{\sqrt{64+t^2}}$，$a_B=\dfrac{64}{(\sqrt{64+t^2})^3}$，$t=15\text{s}$

5-3 $y=e\sin\omega t+\sqrt{R^2-e^2\cos^2\omega t}$，$v_y=e\omega\left[\cos\omega t+\dfrac{e\sin^2\omega t}{2\sqrt{R^2-e^2\cos^2\omega t}}\right]$

5-4 $v_B=\dfrac{l\omega(1+3\cos\omega l)}{(3+\cos\omega l)^2}$，$a_B=\dfrac{l\omega(3\cos\omega l-7)\sin\omega l}{(3+\cos\omega l)^3}$

5-5 直角坐标法：$x_c=\dfrac{al}{\sqrt{l2+(ul)^2}}$，$y_c=\dfrac{uat}{\sqrt{l2+(ut)^2}}$

自然法：$S_c=a\varphi$，$\varphi=\arctan\dfrac{ut}{l}$，$\varphi=\dfrac{\pi}{4}$时，$v_c=\dfrac{au}{2l}$

5-6 $S=2r\omega t$，$v=2r\omega$，$a=4r\omega^2$

5-7 $a_n=1800\text{m/s}^2$，$a_\tau=6\text{m/s}^2$

5-8 $a=\sqrt{b^2+\dfrac{(v_0-bt)^2}{R^2}}$，$t=\dfrac{v_0}{b}$，$n=\dfrac{v_0^2}{4\pi bR}$

5-9 $a_\tau=\dfrac{1}{9}\text{m/s}^2$，$a_n=\dfrac{2}{9}\text{m/s}^2$，$a=0.25\text{m/s}^2$

5-10 $a=3.12\text{m/s}^2$

5-11 $\rho=22.36\text{m}$

5-12 $v_c=450\omega_0\,\text{mm/s}$

5-13 $v_c=992\text{cm/s}$，轨迹是半径为 25cm 的圆

5-14 $\omega=2\text{rad/s}$，$d=500\text{mm}$

5-15 $\omega_2=24\text{rad/s}$，$\alpha_2=24\text{rad/s}^2$，$a_B=12\sqrt{1+576t^4}$ (m/s^2)

5-16 $\varphi=4\text{rad}$

5-17 (1) $\alpha_2=\dfrac{50\pi}{d^2}\text{rad/s}^2$；(2) $a=30\pi\sqrt{40000\pi^2+1}$ (cm/s^2)

5-18 $v=168\text{cm/s}$

5-19 $N=244$ 圈

第6章

6-1 $v_{CD}=10\text{cm/s}$

6-2 $\omega_1=2.67\text{rad/s}$

6-3 $v_r=3.98\text{m/s}$；当传送带 B 的速度 $v_2=1.04\text{m/s}$ 时，v_r 才与它垂直

6-4 $v=51.9\text{cm/s}$

6-5　$\varphi=0°$时，$v_e=290\text{cm/s}$，$a_e=6317\text{cm/s}^2$；

$\varphi=30°$时，$v_e=0$，$a_e=7294\text{cm/s}^2$

6-6　$a_M=2.24\text{m/s}^2$，方向与x轴夹角$209°$

6-7　$a_{CD}=34.6\text{cm/s}^2$

6-8　$v_a=6.57\pi$（cm/s），$a_a\approx21\text{cm/s}^2$

6-9　$v_P=80\text{mm/s}$，$a_P=11.55\text{mm/s}^2$

6-10　$a_M=356\text{mm/s}^2$

6-11　$a_1=r\omega^2-\dfrac{u^2}{r}$，$a_3=3r\omega^2+\dfrac{u^2}{r}$

$$a_2=a_4=\sqrt{4r^2\omega^4+\frac{u^4}{r^2}+4\omega^2u^2}$$

6-12　$a_{KA}=2\omega u$，$a_{KB}=2\omega u$，$a_{KC}=0$，$a_{KD}=\dfrac{\omega}{2}u$，$a_{KE}=2\omega u$

6-13　$v_M=17.3\text{cm/s}$，$a_M=35\text{cm/s}^2$

6-14　$\omega=\dfrac{v_1-v_2}{2r}$，$v_0=\dfrac{v_1+v_2}{2}$

6-15　$\omega_{DE}=0.5\text{rad/s}$

6-16　$\omega_{OD}=10\sqrt{3}\text{rad/s}$，$\omega_{DE}=\dfrac{10}{3}\sqrt{3}\text{rad/s}$

6-17　$v_F=46.19\text{cm/s}$，$\omega_{EF}=1.33\text{rad/s}$

6-18　$v_{BC}=2.512\text{m/s}$

6-19　$\omega=\dfrac{v\sin^2\theta}{R\cos\theta}$

6-20　$\omega_{BC}=8\text{rad/s}$，$v_C=187\text{cm/s}$

6-21　$\omega_{OB}=3.75\text{rad/s}$，$\omega_1=6\text{rad/s}$

6-22　$n=10800\text{r/min}$

6-23　$\omega_{O_1D}=6.19\text{rad/s}$

6-24　$v=1.15a\omega_0$

6-25　$v_{CD}=\dfrac{2a\sqrt{3}}{3}\text{cm/s}$

6-26　$\omega_{AB}=2\text{rad/s}$，$\alpha_{AB}=16\text{rad/s}$，$a_B=565\text{cm/s}^2$

6-27　$a_n=2a\omega_0^2$，$a_\tau=a(2\varepsilon_0-\sqrt{3}\omega_0^2)$

6-28　$\alpha_{O_1B}=\dfrac{2}{\sqrt{3}}\omega_0^2$，顺时针方向

6-29　$v_c=\dfrac{3}{2}r\omega_0$，$a_c=\dfrac{\sqrt{3}}{12}r\omega_0^2$

6-30　$a_C=7\sqrt{3}r\omega_0^2$，$\alpha_{BC}=\dfrac{7\sqrt{3}}{5}\omega_0^2$

6-31　$v_M=\sqrt{10}R\omega_0$，$a_M=\sqrt{10}R\omega_0^2$

第7章

7-1 （1）$F=2369\text{N}$；（2）$F=0$

7-2 （1）$N_{\max}=m(g+a\omega^2)$；（2）$\omega_{\max}=\sqrt{\dfrac{g}{a}}$

7-3 19.6N，2.1m/s

7-4 $T=\dfrac{p}{g}\left(g+\dfrac{l^2v_0^2}{x^3}\right)\sqrt{1+\left(\dfrac{l}{x}\right)^2}$

7-5 $y=\dfrac{eA}{mk^2}(kt-\sin kt)-v_0t\sin\alpha$

7-6 $x=\dfrac{(3a-bt)t^2}{6m}\quad\left(0\leqslant t\leqslant\dfrac{a}{b}\right)$

7-7 （1）19.6mm；（2）0.31m/s

7-8 48.19°

7-9 $\sqrt{\dfrac{2k}{m}\ln\dfrac{R}{r}}$

7-10 $H=\dfrac{\ln(k^2v_0^2+1)}{2gk^2}$，$T=\dfrac{\text{arccot}kv_0}{kg}$

7-11 $t=\dfrac{\omega r_1}{2gf\left(1+\dfrac{P_1}{P_2}\right)}$

7-12 270N

7-13 $J_x=mh^2/6$

7-14 $J_A=J_B+(a^2-b^2)m$

7-15 $9.46\text{kg}\cdot\text{m}^2$

7-16 $v=2\sqrt{3gh}/3$，$T=mg/3$

7-17 $a=\dfrac{P(R-r)^2g}{Q(\rho^2+r^2)+P(R-r)^2}$

7-18 $a=\dfrac{3g}{2l}\cos\varphi$，$\omega=\sqrt{\dfrac{3g}{l}(\sin\varphi_0-\sin\varphi)}$，$\varphi_1=\arcsin\left(\dfrac{2}{3}\sin\varphi_0\right)$

7-19 $a_c=\dfrac{2(m_1+m_2)}{3m_1+2m_2}g$，$F_T=\dfrac{m_1m_2}{3m_1+2m_2}g$

7-20 $\alpha=\dfrac{F-f'g(m_1+m_2)}{m_1+\dfrac{m_2}{3}}$

第8章

8-1 （略）

8-2 1090N

8-3 128m/s

8-4 0.09s

8-5 (1) 0.433m/s；(2) 638N

8-6 向左 13.8cm

8-7 $l=(a-b)/4$，向左

8-8 $R_x=-(P+Q)e\omega^2\cos\omega t/g$，$R_y=-Qe\omega^2\sin\omega t/g$

8-9 $(Q+P_1/2+P_2)r\omega^2$

8-10 $P_1+P_2+(P_2-2P_1)a/2g$

8-11 $-Pl(\omega^2\cos\varphi+\varepsilon\sin\varphi)/g$，$P+Pl(\omega^2\sin\varphi-\varepsilon\sin\varphi)/g$

8-12 $N_x=Qr(v_2\cos\alpha+v_1)/g$

8-13 (1) $m\left(\frac{R^2}{2}+l^2\right)\omega$；(2) $ml^2\omega$；(3) $m(R^2+l^2)\omega$

8-14 480r/min

8-15 $\omega=-\frac{2Part}{PR^2+2Pr^2}$，$\alpha=-\frac{2Par}{PR^2+2Pr^2}$

8-16 366N·m

8-17 $a_c=\frac{2(M-QR\sin\alpha)}{(P+2Q)R}\cdot g$

8-18 $a=\frac{(KM-mgR)R}{mR^2+J_1K^2+J_2}$

8-19 $\alpha=\frac{(m_1r_1-m_2r_2)g}{m_1r_1^2+m_2r_2^2}$，$F=(m_1+m_2)g-\frac{(m_1r_1-m_2r_2)^2}{m_1r_1^2+m_2r_2^2}g$

8-20 $W_{BA}=-20.3\text{J}$，$W_{BA}=20.3\text{J}$

8-21 $T=(3Q+2P)v^2/(2g)$

8-22 $f'=s_1\sin\alpha/(s_1\cos\alpha+s_2)$

8-23 (1) $F=98\text{N}$；(2) $v_{\max}=0.8\text{m/s}$

8-24 $2.34r$

8-25 $\omega=\frac{2}{r}\sqrt{\frac{[M-m_2gr(\sin\alpha+f'\cos\alpha)]\varphi}{m_1+2m_2}}$，$\alpha=\frac{2[M-m_2gr(\sin\alpha+f'\cos\alpha)]}{r^2(2m_2+m_1)}$

8-26 $2\sqrt{gh(P-2Q+W_2)/(2P+8Q+4W_1+3W_2)}$

8-27 $x_2:x_1=(2Q+P):(2Q+3P)$

8-28 1.54m

8-29 $\omega=\frac{2}{R+r}\sqrt{\frac{3gM}{9P+2Q}\varphi}$，$\alpha=\frac{6gM}{(R+r)^2(9P+2Q)}$

8-30 $\omega=\sqrt{2gM\varphi/(3P+4Q)\ l^2}$，$\alpha=gM/(3P+4Q)l^2$

8-31 0.376kW

8-32 $k=2.45\text{N/cm}$

8-33 (1) $\Delta p=3Mt/(2l)$，$\Delta L=Mt$，$\Delta T=3M^2t^2g/(2Pl^2)$；
(2) $R_C^n=R_D^n=9M^2t^2g/(4Pl^3)$，$R_C^\tau=R_D^\tau=3M/(4l)$

8-34 $X_A=4320\text{N}$，$Y_A=19800\text{N}$，$Y_B=15700\text{N}$

8-35 $S=\dfrac{M(Q+2P)}{2R(Q+P)}$

8-36 $a=\dfrac{mg\sin2\alpha}{3M+m+2m\sin^2\alpha}$

8-37 $v=0.808\text{m/s}$

8-38 $a=\dfrac{m_2r^2-Rrf(m_2+m_1)}{m_2r(r-fR)+m_1\rho^2}g$ $N_C=\dfrac{m_2(r^2+\rho^2)+m_1\rho^2}{m_2r(r-fR)+m_1\rho^2}\cdot m_1g$

$F=\dfrac{m_2(r^2+\rho^2)+m_1\rho^2}{m_2r(r-fR)+m_1\rho^2}fm_1g$ $N_B=\dfrac{m_2(r^2+\rho^2)+m_1\rho^2}{m_2r(r-fR)+m_1\rho^2}fm_1g$

8-39 $v_A=\dfrac{\sqrt{m_2k}(l-l_0)}{\sqrt{m_1(m_1+m_2)}}$，$v_B=\dfrac{\sqrt{m_1k}(l-l_0)}{\sqrt{m_2(m_1+m_2)}}$

8-40 $a_{BC}=-r\omega^2\cos\omega t$，$R_x=-r\omega^2(P_2+P_1/2)\cos\omega t/g$

$R_y=P_1[1-r\omega^2\sin\omega t/(2g)]$ $M=r(P_1/2+P_2r\omega^2\sin\omega t/g)\cos\omega t$

第9章

9-1 $\alpha=\text{tg}^{-1}(a/g)$，$T=m\sqrt{a^2+g^2}$

9-2 $T=Q+Qr\omega^2[\cos\omega t+(r\cos2\omega t)/l]/g$

9-3 $a_P=37.7\text{cm/s}^2$，$T_{Fd}=10.38\text{kN}$

9-4 $N_A=P\dfrac{bg-ha}{g(c+b)}$，$N_B=P\dfrac{cg+ha}{g(c+b)}$，$a=\dfrac{(b-c)g}{2h}$时 $N_A=N_B$

9-5 $m_3=50\text{kg}$，$a=2.45\text{m/s}^2$

9-6 （略）

9-7 （略）

9-8 $M=T_{rR}+(P+Q)f_k+(J_0/rR+P_{rR}/g)a$

9-9 $\omega=\sqrt{g\cdot(2P_1+P_2)\tan\varphi/[2P_1(a+l\sin\varphi)]}$

9-10 $(J+mr^2\sin^2\varphi)\ddot{\varphi}+mr^2\dot{\varphi}\cos\varphi\cdot\sin\varphi+f'mgr\sin\varphi=M$

9-11 $\alpha=47\text{rad/s}^2$，$X_A=95\text{N}$，$Y_A=137\text{N}$

9-12 $M=\dfrac{\sqrt{3}}{4}r(P+2Q)-\dfrac{\sqrt{3}}{4}\dfrac{Q}{g}r^2\omega^2$，$X_c=-\dfrac{\sqrt{3}}{4}\dfrac{P}{g}r\omega^2$，$Y_0=P+Q-\dfrac{(P+2Q)r\omega^2}{4g}$

9-13 $a=(M-FR)gR/(Jg+PR^2)$

9-14 $a=8Pg/(11Q)$

9-15 $X_0=Q-r\omega^2(P_1/2+P_2)\cos\omega t/g$，$Y_0=P_1-P_1r\omega^2\sin\omega t/(2g)$

$M=(Q-P_2r\omega^2\cos\omega t/g)r\sin\omega t-P_1r\cos\omega t/2$

9-16 $a=m(R+r)^2g/[M(\rho^2+R^2)+m(R+r)^2]$

9-17 $a=280\text{cm/s}^2$

9-18 $\alpha=2Pg\sin\alpha/r(2P+P_1)$

第10章

10-1 （略）

10-2　压缩过程中 $W=G(\sin\theta-f\cos\theta)s-\frac{1}{2}ks^2$；

回弹过程中 $W=G(-\sin\theta-f\cos\theta)\lambda+\frac{1}{2}k[s^2-(s-\lambda)^2]$

10-3　$\frac{F_1}{F_2}=\frac{2l_1\sin\theta}{l_2+l_1(1-2\sin^2\theta)}$

10-4　$\tan\varphi=\frac{P_1}{2(P_1+P_2)}\cot\theta$

10-5　$F_1=\frac{lF_2}{a\cos^2\varphi}$

10-6　$F=\frac{M}{a}\cot2\theta$

10-7　（1）$F=\frac{\sqrt{R^2-h^2}}{h}G_1$；

（2）$\frac{\sqrt{R^2-h^2}}{h}G_1-(G_1+G_2)f\leqslant F\leqslant\frac{\sqrt{R^2-h^2}}{h}G_1+(G_1+G_2)f$

10-8　$F_B=2(F_1-M/l)$，$F_C=M/l$

10-9　15N

10-10　$M_2=M_1/2$，$M_3=M_1$

10-11　$M=450\times\frac{\sin\theta(1-\cos\theta)}{\cos^3\theta}$(N·m)

10-12　$x=a+\frac{F}{k}\left(\frac{l}{b}\right)^2$

参 考 文 献

[1] 清华大学理论力学教研室．理论力学．4版．北京：高等教育出版社，1994.
[2] 哈尔滨工业大学理论力学教研室．理论力学．7版．北京：高等教育出版社，2009.
[3] 刘又文，彭献．理论力学．北京：高等教育出版社，2006.
[4] 郝桐生．理论力学．2版．北京：高等教育出版社，1982.
[5] 范钦珊．工程力学教程．北京：高等教育出版社，1998.
[6] 北京科技大学，东北大学．工程力学．北京：高等教育出版社，1997.